GAOYA GELI KAIGUAN JIANXIU JISHU
JI ANLI FENXI

高压隔离开关检修技术及案例分析

国网福建省电力有限公司检修分公司 组编

内 容 提 要

本书主要围绕隔离开关通用检修要点及常见类型隔离开关具体检修方法、隔离开关检测手段、具体故障案例分析等内容进行阐述，较详细地讲解了敞开式隔离开关检修维护方法及注意要点。

本书共分 8 章，分别为隔离开关检修维护概述、平高 GW16/17－252 型隔离开关检修工艺、长高 GW35/36－550 型隔离开关检修工艺、泰开 GW4 型隔离开关检修工艺、如高 GW22 型隔离开关检修工艺、西安西电 GW11A－550 型隔离开关检修工艺、隔离开关无损检测技术、隔离开关故障案例分析。

本书内容具有实用性和实践性强的特点，可供从事隔离开关检修、运维及管理等工作的一线人员参考学习。

图书在版编目（CIP）数据

高压隔离开关检修技术及案例分析 / 国网福建省电力有限公司检修分公司组编. —北京：中国电力出版社，2019.11

ISBN 978-7-5198-3235-3

Ⅰ. ①高… Ⅱ. ①国… Ⅲ. ①高电压–隔离开关–检修 Ⅳ. ①TM564.1

中国版本图书馆 CIP 数据核字（2019）第 277049 号

出版发行：中国电力出版社
地　　址：北京市东城区北京站西街 19 号（邮政编码 100005）
网　　址：http://www.cepp.sgcc.com.cn
责任编辑：崔素媛　马玲科（010-63412392）
责任校对：黄　蓓　李　楠
装帧设计：郝晓燕
责任印制：杨晓东

印　　刷：三河市航远印刷有限公司
版　　次：2019 年 11 月第一版
印　　次：2019 年 11 月北京第一次印刷
开　　本：787 毫米×1092 毫米　16 开本
印　　张：17.75
字　　数：450 千字
印　　数：0001—3000 册
定　　价：89.00 元

前　言

隔离开关是电力系统中关键的设备元件，在分闸时有明显可见断口，在合闸时能可靠地通过正常工作电流，并能在规定的时间内承载故障短路电流和承受相应电动力的冲击。在电力系统中，它具有很多重要作用：造成明显断开点、改变运行方式、开断小电流电路和旁路电流等。为确保电网检修人员对隔离开关有正确的检修保养方法，提高维护人员在实际现场工作中的技能和管理水平，特编写本书。

本书共8章，主要围绕隔离开关通用检修要点及常见类型隔离开关具体检修方法、隔离开关检测手段、具体故障案例分析等内容进行阐述，较详细地讲解了敞开式隔离开关检修维护方法及注意要点，书内案例较为详尽，具有实用性和实践性强的特点，可供从事隔离开关运维、检修及管理等工作的一线人员参考学习。

本书主要由国网福建省电力有限公司检修分公司谢育鹏、洪稳居、郑深锐、张浪华、陈加盛编写，在编写时，国网福建省电力有限公司检修分公司陈灵、黄雄涛、谢春雷给予了详尽的指导，同时，检修部门的历届领导或班组长郑国顺、池善活、张永记、李朝辉、蒋云平提供了较多丰富的案例素材。本书的编写离不开大家的群策群力，在此一并向他们表示深切的谢意。

限于新技术、新设备的不断发展及编者水平，书中不妥之处在所难免，恳请专家和读者批评指正，并由衷地希望此书对您的工作有所帮助。

编　者

2019年10月

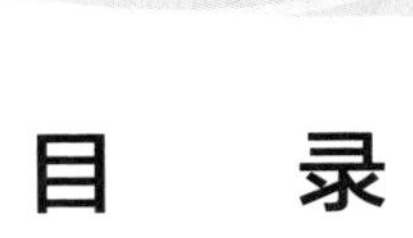

目 录

第1章　隔离开关检修维护概述

1.1　检　修　规　定

隔离开关的检修工作分为四类：A类检修、B类检修、C类检修、D类检修。

A类检修指整体性检修，包含整体更换、解体检修；B类检修指局部性检修，包含部件的解体检查、维修及更换。A、B类检修都应按照设备状态评价决策进行，同时应符合厂家说明书要求。

C类检修指例行检查及试验，包含本体及外观检查维护、操动机构检查维护及整体调试。其检修基准周期有如下规定：

（1）35kV及以下4年、110（66）kV及以上3年，可依据设备状态、地域环境、电网结构等特点，在基准周期的基础上酌情延长或缩短检修周期，调整后的检修周期一般不小于1年，也不大于基准周期的2倍。

（2）对于未开展带电检测设备，检修周期不大于基准周期的1.4倍；未开展带电检测老旧设备（大于20年运龄），检修周期不大于基准周期。

110（66）kV及以上新设备投运满1～2年，以及停运6个月以上重新投运前的设备，应进行检修。对核心部件或主体进行解体性检修后重新投运的设备，可参照新设备要求执行。

（3）现场备用设备应视同运行设备进行检修；备用设备投运前应进行检修。

（4）符合以下各项条件的设备，检修可以在周期调整后的基础上最多延迟1个年度：

1）巡视中未见可能危及该设备安全运行的任何异常；

2）带电检测（如有）显示设备状态良好；

3）上次试验与其前次（或交接）试验结果相比无明显差异；

4）没有任何可能危及设备安全运行的家族缺陷；

5）上次检修以来，没有经受严重的不良工况。

D类检修指在不停电状态下进行的检修，其作业内容包含专业巡视、辅助二次元器件更换、金属部件防腐处理、传动部件润滑处理、箱体维护等不停电工作，一般依据设备运行工况及时安排，保证设备正常功能即可。

1.2　巡　检　评　价

1. 本体巡视要求

（1）隔离开关外观清洁、无异物，“五防”[即防止误分、合断路器；防止带负荷分、合隔离开关；防止带电挂（合）接地线（接地开关）；防止带地线送电；防止误入带电间隔］装置完好无缺失。

（2）触头接触良好，无过热、变形，合、分闸位置正确，符合相关技术规范要求。

（3）引弧触头完好，无缺损、移位。

（4）导电臂及导电带无变形、开裂，无断片、断股，连接螺栓紧固。

（5）接线端子或导电基座无过热、变形，连接螺栓紧固。

（6）均压环无变形、倾斜、锈蚀，连接螺栓紧固。

（7）绝缘子外观及辅助伞裙无破损、开裂，无严重变形，外绝缘放电不超过第二伞裙，中部伞裙无放电现象。

（8）本体无异响及放电、闪络等异常现象。

（9）法兰连接螺栓紧固，胶装部位防水胶无破损、裂纹。

（10）防污闪涂料涂层完好，无龟裂、起层、缺损。

（11）传动部件无变形、锈蚀、开裂，连接螺栓紧固。

（12）连接卡、销、螺栓等附件齐全，无锈蚀、缺损，开口销打开角度符合技术要求。

（13）拐臂过死点位置正确，限位装置符合相关技术规范要求。

（14）机械闭锁盘、闭锁板、闭锁销无锈蚀、变形，闭锁间隙符合产品技术要求。

（15）底座部件无歪斜、锈蚀，连接螺栓紧固。

（16）铜质软连接应无散股、断股，外观无异常。

（17）隔离开关支持绝缘子浇注法兰无锈蚀、裂纹等异常现象。

2. 操动机构巡视要求

（1）箱体无变形、锈蚀，封堵良好。

（2）箱体固定可靠、接地良好。

（3）箱内二次元器件外观完好。

（4）箱内加热驱潮装置功能正常。

3. 引线巡视要求

（1）引线弧垂满足运行要求。

（2）引线无散股、断股。

（3）引线两端线夹无变形、松动、裂纹、变色。

（4）引线连接螺栓无锈蚀、松动、缺失。

4. 基础构架巡视要求

（1）基础无破损、沉降、倾斜。

（2）构架无锈蚀、变形，焊接部位无开裂，连接螺栓无松动。

（3）接地无锈蚀，连接紧固，标志清晰。

5. 隔离开关精益化评价要求

（1）设备标志。

1）设备出厂铭牌齐全、清晰可识别。

2）运行编号标志清晰可识别。

3）相序标志清晰可识别。

（2）线夹及引线。

1）抱箍、线夹无裂纹、过热现象，压接型设备线夹，朝上 30°～90° 安装时应配钻直径 6mm 的排水孔，排水孔无堵塞。

2）不应使用对接式铜铝过渡线夹。

3）引线无散股、扭曲、断股现象。

4）设备与引线连接应可靠，电气连接处力矩检查合格。

（3）绝缘子。

1）绝缘子表面清洁，无破损、裂纹、放电痕迹，法兰无开裂现象。

2）金属法兰与瓷件胶装部位黏合应牢固，防水胶应完好。

3）绝缘子爬电比距应满足所处地区的污秽等级，不满足污秽等级要求的需有防污闪措施。

4）增爬措施（伞裙、防污涂料）完好，伞群应无塌陷变形，表面无击穿，黏接界面牢固；防污闪涂层不应存在剥离、破损。

（4）导电回路。

1）导电回路无异常放电声，红外测温设备检查设备接头温度合格。

2）导电臂（管）表面无锈蚀，新安装或大修（A、B 类检修）后的隔离开关回路电阻测试合格。

3）隔离开关、接地开关触头完好，无异常。

4）均压环无锈蚀、变形、破损。

5）导电臂（管）连接螺栓无松动，轴销齐全，软连接无开裂、断股。

6）本体及引线无异物。

（5）接地。

1）构支架应有两点与主地网连接。

2）接地端子应有明显的接地标志，应与设备底座可靠连接，无放电、发热痕迹。

3）接地引下线完好，接地可靠，接地螺栓直径不应小于 12mm，接地引下线截面积应满足安装地点短路电流的要求。

（6）基础与支架。

1）基础无沉降或损坏。

2）支架无锈蚀。

（7）传动。

1）传动连杆无锈蚀、变形。

2）破冰装置应完好（如有）。

3）传动部件润滑良好，分合闸到位，无卡涩。

4）传动部件无裂纹，传动连杆及其他外露零件无锈蚀，连接紧固。

5）单柱垂直伸缩式隔离开关调试时应保证隔离开关主拐臂过死点。

6）隔离开关与其所配的接地开关间配有可靠的机械闭锁，机械闭锁应有足够的强度。

（8）机构箱。

1）机构箱密封良好，箱内无水迹，有加热或驱潮措施。若使用加热器，则其位置与各元件、电缆及电线的距离应大于 50mm。

2）外观完整、无损伤、接地良好，箱门与箱体之间接地连接铜线截面积不小于 $4mm^2$。

3）机构箱内二次元器件完好，可操作的二次元器件应有中文标志并且齐全正确。

4）机构箱内无异物，无遗留工具和备件。

5）二次接线布置整齐，无松动、损坏，二次电缆走向标牌应完整。

6）箱内端子排无锈蚀，二次电缆绝缘层无变色、老化、损坏现象，辅助和控制回路绝缘电阻应大于 10MΩ。

7）辅助触点无松动、锈蚀、破损现象。

8）由隔离开关本体机构箱至就地端子箱之间的二次电缆的屏蔽层应在就地端子箱处可靠连接至等电位接地网的铜排上，在本体机构箱内不接地。

9）操作电动机“电动/手动”切换把手外观无异常，操作功能正常。

10）“远方/就地”切换把手、“合闸/分闸”控制把手外观无异常，操作功能正常。

11）电动机行程开关动作正确可靠。

12）设备电动、手动操作正常，手动操作闭锁电动操作正确。

13）操动机构各转动部件灵活、无卡涩现象。

14）辅助开关转动灵活，触点到位，功能正常，辅助开关接线正确，齿轮箱机械限位准确可靠。

15）同一间隔内的多台隔离开关的电动机电源，在端子箱内必须分别设置独立的开断设备。

1.3 检 修 安 装

1.3.1 单柱垂直伸缩式本体检修

1.3.1.1 整体更换

1. 安全注意事项

（1）电动机构二次电源确已断开，隔离措施符合现场实际条件。

（2）拆、装隔离开关时，结合现场实际条件适时装设临时接地线。

（3）按厂家规定正确吊装设备。

2. 关键工艺质量控制

（1）前期准备：

1）检查包装箱无破损，核对产品数量、产品合格证、安装使用说明书、出厂试验报告等技术文件齐全。

2）检查各导电部件无变形、缺损，导电带无断片、断股，焊接处无松动，镀银层厚度符合标准（厚度不小于 20μm），表面完好、无脱落。

3）均压环（罩）和屏蔽环（罩）外观清洁，无毛刺、变形，焊接处牢固、无裂纹。

4）绝缘子探伤试验合格，外观完好，无破损、裂纹，胶装部位应牢固，胶装后露砂高度为 10～20mm，且不应小于 10mm，胶装处应均匀涂以防水密封胶。

5）底座无锈蚀、变形，转动轴承转动部位灵活，无卡滞、异响。

6）操动机构箱体外观无变形、锈蚀，箱内各零部件应齐全、无缺损、连接无松动。

7）操动机构箱密封条、密封圈完好，无缺损、龟裂，且密封良好。

（2）底座组装：

1）底座安装牢固且在同一水平线上，相间距误差：220kV及以下不大于10mm，220kV以上不大于20mm。

2）连接螺栓紧固，力矩值符合产品技术要求，并做紧固标记。

（3）绝缘子组装：

1）应垂直于底座平面，同一绝缘子柱的各绝缘子中心应在同一垂直线上；同相各绝缘子柱的中心线应在同一垂直平面内。

2）各绝缘子间安装时可用调节垫片校正其水平或垂直偏差，垫片不宜超过3片，总厚度不应超过10mm。

3）连接螺栓紧固，力矩值符合产品技术要求，并做紧固标记。

（4）均压环（罩）和屏蔽环（罩）安装：水平、连接紧固、排水孔通畅。

（5）导电部件组装：

1）导电带无断片、断股，焊接处无裂纹，连接螺栓紧固，旋转方向正确。

2）接线端子应涂薄层电力复合脂，触头表面涂层应根据本地环境条件确定。

3）合闸位置符合产品技术要求，触头夹紧力均匀、接触良好。

4）分闸位置触头间的净距离或拉开角度，应符合产品技术要求。

5）动、静触头及导电连接部位应清理干净，并按厂家规定进行涂覆。

6）导电接触检查可用 0.05mm×10mm 的塞尺进行检查。对于线接触应塞不进去，对于面接触其塞入深度：在接触表面宽度为50mm及以下时不应超过4mm，在接触表面宽度为60mm及以上时不应超过6mm。

7）检查所有紧固螺栓，力矩值符合产品技术要求，并做紧固标记。

（6）传动部件组装：

1）传动部件与带电部位的距离应符合有关技术要求。

2）连杆应与操动机构相配合，连接轴销无锈蚀、缺失。

3）当连杆损坏或折断可能接触带电部分而引起事故时，应采取防倾倒、弹起措施。

4）转动轴承、拐臂等部件，安装位置正确、固定牢固，齿轮咬合准确、操作轻便灵活。

5）定位、限位部件应按产品技术要求进行调整，并加以固定。

6）检查破冰装置应完好。

7）复位或平衡弹簧的调整应符合产品技术要求，固定牢固。

8）传动箱固定可靠、密封良好、排水孔通畅。

9）转动及传动连接部位应涂以适合当地气候的润滑脂。

（7）闭锁装置组装：

1）隔离开关、接地开关机械闭锁装置安装位置正确、动作准确可靠并具有足够的机械强度。

2）机械闭锁板、闭锁盘、闭锁销等互锁配合间隙符合产品技术要求。

3）连接螺栓紧固，力矩值符合产品技术要求，并做紧固标记。

（8）操动机构组装：

1）安装牢固，同一轴线上的操动机构位置应一致，机构输出轴与本体主拐臂在同一中心线上。

2）合、分闸动作平稳，无卡阻、异响。

3）辅助开关安装牢固、动作灵活、接触良好。

4）二次接线正确、紧固，备用线芯装有绝缘护套。

5）机构箱接地、密封、驱潮加热装置完好，连接螺栓紧固。

6）组装完毕，复查所有连接螺栓紧固，力矩值符合产品技术要求，并做紧固标记。

（9）设备调试和测试：

1）合、分闸位置及合闸过死点位置符合厂家技术要求。

2）三相同期应符合厂家技术要求。

3）电气及机械闭锁动作可靠。

4）限位装置应准确可靠，到达分、合极限位置时，应可靠地切除电源。

5）操动机构的分、合闸指示与本体实际分、合闸位置相符。

6）主回路电阻测试符合产品技术要求。

7）接地回路电阻测试符合产品技术要求。

8）二次元件及控制回路的绝缘电阻及电阻测试符合技术要求。

9）辅助开关切换可靠、准确。

1.3.1.2 触头及导电臂检修

1. 安全注意事项

（1）在分闸位置，应用固定夹板固定导电折臂。

（2）起吊时应采用适合吊物重量的专用吊带或尼龙吊绳。

（3）起吊时，吊物应保持水平起吊，且绑揽风绳控制吊物摆动。

（4）结合现场实际条件适时装设临时接地线。

2. 关键工艺质量控制

（1）静触头杆（座）表面应平整、无严重烧损、镀层无脱落。

（2）抱轴线夹、引线线夹接触面应涂以薄层电力复合脂，连接螺栓紧固。

（3）钢芯铝绞线表面无损伤、断股、散股，切割端部应涂保护清漆防锈。

（4）动触头夹（动触头）无过热、无严重烧损、镀层无脱落。

（5）引弧角无严重烧伤或断裂情况。

（6）动触头夹座与上导电管接触面无腐蚀，连接紧固。

（7）动触头夹座上部的防雨罩性能完好，无开裂、缺损。

（8）导电臂无变形、损伤、锈蚀。

（9）夹紧弹簧及复位弹簧无锈蚀、断裂，外露尺寸符合技术要求。

（10）导电带及软连接无断片或断股，接触面无氧化，镀层无脱落，连接螺栓紧固。

（11）中间触头及触头导电盘完好，无破损、过热变色，防雨罩完好、无破损。

（12）中间接头连接叉、齿轮箱无开裂及变形。

（13）中间接头处轴、键完好，齿轮、齿条完好，无锈蚀、缺齿，并涂适合本地气候条件的润滑脂。

（14）中间接头处弹性圆柱销、轴套、滚轮、弹簧无锈蚀、变形等，装配正确，动作灵活。

（15）触头表面应平整、清洁。

（16）平衡弹簧无锈蚀、断裂，测量其自由长度，符合技术要求。

（17）导向滚轮无磨损、变形。

（18）触头座排水孔（如有）通畅。

（19）打开后的弹性圆柱销、挡圈、绝缘垫圈均应更换。

（20）连接螺栓紧固，力矩值符合产品技术要求，并做紧固标记。

1.3.1.3　导电基座检修

1. 安全注意事项

（1）结合现场实际条件适时装设临时接地线。

（2）按厂家规定正确吊装设备。

2. 关键工艺质量控制

（1）基座完好，无锈蚀、变形。

（2）转动轴承座法兰表面平整，无变形、锈蚀、缺损。

（3）转动轴承座转动灵活，无卡滞、异响。

（4）检查键槽及连接键完好。

（5）调节拉杆的双向接头螺纹完好，转动灵活，轴孔无磨损、变形。

（6）检查齿轮完好，无破损、裂纹，并涂以适合当地气候的润滑脂。

（7）检修时拆下的弹性圆柱销、挡圈、绝缘垫圈等应予以更换。

（8）导电带安装方向正确。

（9）接线座无变形、裂纹、腐蚀，镀层完好。

（10）连接螺栓紧固，力矩值符合产品技术要求，并做紧固标记。

1.3.1.4　均压环检修

1. 安全注意事项

（1）起吊时应采用适合吊物重量的专用吊带或尼龙吊绳。

（2）起吊时，吊物应保持水平起吊，且绑揽风绳控制吊物摆动。

（3）均压环上严禁工作人员踩踏、站立。

（4）结合现场实际条件适时装设临时接地线。

2. 关键工艺质量控制

（1）均压环完好，无变形、缺损。

（2）安装牢固、平正，排水孔通畅。

（3）焊接处无裂纹，连接螺栓紧固，力矩值符合产品技术要求，并做紧固标记。

1.3.1.5　绝缘子检修

1. 安全注意事项

（1）起吊时应采用适合吊物重量的专用吊带或尼龙吊绳。

（2）起吊时，吊物应保持垂直角度起吊，且绑揽风绳控制吊物摆动。

（3）绝缘子拆、装时应逐节进行吊装。

（4）结合现场实际条件适时装设临时接地线。

2. 关键工艺质量控制

（1）绝缘子外观及绝缘子辅助伞裙清洁、无破损（瓷绝缘子单个破损面积不得超过40mm^2，总破损面积不得超过100mm^2）。

（2）绝缘子法兰无锈蚀、裂纹。

（3）绝缘子胶装后露砂高度为10～20mm，且不应小于10mm，胶装处应涂防水密封胶。

（4）防污闪涂层完好，无龟裂、起层、缺损，憎水性应符合相关技术要求。

1.3.1.6 传动及限位部件检修

1. 安全注意事项

（1）断开机构二次电源。

（2）工作人员严禁踩踏传动连杆。

（3）结合现场实际条件适时装设临时接地线。

2. 关键工艺质量控制

（1）传动连杆及限位部件无锈蚀、变形，限位间隙符合技术要求。

（2）垂直安装的拉杆顶端应密封，未封口的应在拉杆下部打排水孔。

（3）传动连杆应采用装配式结构，不应在施工现场进行切焊装配。

（4）轴套、轴销、螺栓、弹簧等附件齐全，无变形、锈蚀、松动，转动灵活，连接牢固。

（5）转动部分涂以适合当地气候的润滑脂。

1.3.1.7 底座检修

1. 安全注意事项

（1）电动机构二次电源确已断开，隔离措施符合现场实际条件。

（2）拆、装隔离开关时，结合现场实际条件适时装设临时接地线。

（3）按厂家规定正确吊装设备。

2. 关键工艺质量控制

（1）底座无变形，接地可靠，焊接处无裂纹及严重锈蚀。

（2）底座连接螺栓紧固、无锈蚀，锈蚀严重应更换，力矩值符合产品技术要求，并做紧固标记。

（3）转动部件应转动灵活、无卡滞。

（4）底座调节螺杆应紧固、无松动，且保证底座上端面水平。

1.3.1.8 机械闭锁检修

1. 安全注意事项

（1）断开电动机电源和控制电源，二次电源隔离措施符合现场实际条件。

（2）结合现场实际条件适时装设临时接地线。

2. 关键工艺质量控制

（1）操动机构与本体分、合闸位置一致。

（2）闭锁板、闭锁盘、闭锁杆无变形、损坏、锈蚀。

（3）闭锁板、闭锁盘、闭锁杆的互锁配合间隙符合相关技术规范要求。

（4）限位螺栓符合产品技术要求。

（5）机械联锁正确、可靠。

（6）连接螺栓紧固，力矩值符合产品技术要求，并做紧固标记。

1.3.1.9　调试及测试

1. 安全注意事项

（1）结合现场实际条件适时装设临时接地线。

（2）施工现场的大型机具及电动机具金属外壳接地良好、可靠。

（3）工作人员严禁踩踏传动连杆。

（4）工作人员工作时，应及时断开电动机电源和控制电源。

2. 关键工艺质量控制

（1）调整时应遵循“先手动后电动”的原则进行，电动操作时应将隔离开关置于半分半合位置。

（2）限位装置切换准确可靠，机构到达分、合位置时，应可靠地切断电动机电源。

（3）操动机构的分、合闸指示与本体实际分、合闸位置相符。

（4）合、分闸过程中无异常卡滞、异响，主、弧触头动作次序正确。

（5）合、分闸位置及合闸过死点位置符合厂家技术要求。

（6）调试、测量隔离开关技术参数，符合相关技术要求。

（7）调节闭锁装置，应达到“隔离开关合闸后接地开关不能合闸，接地开关合闸后隔离开关不能合闸”的防误要求。

（8）与接地开关间闭锁板、闭锁盘、闭锁杆的互锁配合间隙符合相关技术规范要求。

（9）电气及机械闭锁动作可靠。

（10）检查螺栓、限位螺栓紧固，力矩值符合产品技术要求，并做紧固标记。

（11）主回路接触电阻测试符合产品技术要求。

（12）接地回路接触电阻测试符合产品技术要求。

（13）二次元件及控制回路的绝缘电阻及直流电阻测试符合技术要求。

1.3.2　双柱水平开启式本体检修

1.3.2.1　整体更换

1. 安全注意事项

（1）电动机构二次电源确已断开，隔离措施符合现场实际条件。

（2）拆、装隔离开关时，结合现场实际条件适时装设临时接地线。

（3）按厂家规定正确吊装设备。

2. 关键工艺质量控制

（1）前期准备：

1）检查包装箱无破损，核对产品数量、产品合格证、安装使用说明书、出厂试验报告等技术文件齐全。

2）检查各导电部件无变形、缺损，导电带无断片、断股，焊接处无松动，镀银层厚度符合标准（厚度不小于 20μm），表面完好、无脱落。

3）均压环（罩）和屏蔽环（罩）外观清洁，无毛刺、变形，焊接处牢固、无裂纹。

4）绝缘子探伤试验合格，外观完好，无破损、裂纹，胶装部位应牢固，胶装后露砂高度为 10～20mm，且不应小于 10mm，胶装处应均匀涂以防水密封胶。

5）底座无锈蚀、变形，转动轴承转动部位灵活，无卡滞、异响。

6）操动机构箱体外观无变形、锈蚀，箱内各零部件应齐全、无缺损、连接无松动。

7）操动机构箱密封条、密封圈完好，无缺损、龟裂，且密封良好。

（2）底座组装：

1）底座安装牢固且在同一水平线上，相间距误差：220kV 及以下不大于 10mm，220kV 以上不大于 20mm。

2）连接螺栓紧固力矩值符合产品技术要求，并做紧固标记。

（3）绝缘子组装：

1）应垂直于底座平面，同一绝缘子柱的各绝缘子中心应在同一垂直线上；同相各绝缘子柱的中心线应在同一垂直平面内。

2）各绝缘子间安装时可用调节垫片校正其水平或垂直偏差，垫片不宜超过 3 片，总厚度不应超过 10mm。

3）连接螺栓紧固，力矩值符合产品技术要求，并做紧固标记。

（4）均压环（罩）和屏蔽环（罩）安装：水平、连接紧固、排水孔通畅。

（5）导电部件组装：

1）导电带无断片、断股，焊接处无裂纹，连接螺栓紧固，旋转方向正确。

2）接线端子应涂薄层电力复合脂，触头表面涂层应根据本地环境条件确定。

3）合闸位置符合产品技术要求，触头夹紧力均匀、接触良好。

4）分闸位置触头间的净距离或拉开角度，应符合产品技术要求。

5）动、静触头及导电连接部位应清理干净，并按厂家规定进行涂覆。

6）导电接触检查可用 0.05mm×10mm 的塞尺进行检查。对于线接触应塞不进去，对于面接触其塞入深度：在接触表面宽度为 50mm 及以下时不应超过 4mm，在接触表面宽度为 60mm 及以上时不应超过 6mm。

7）检查所有紧固螺栓，力矩值符合产品技术要求，并做紧固标记。

（6）传动部件组装：

1）传动部件与带电部位的距离应符合有关技术要求。

2）连杆应与操动机构相配合，连接轴销无锈蚀、缺失。

3）当连杆损坏或折断可能接触带电部分而引起事故时，应采取防倾倒、弹起措施。

4）转动轴承、拐臂等部件，安装位置正确、固定牢固，齿轮咬合准确、操作轻便灵活。

5）定位、限位部件应按产品技术要求进行调整，并加以固定。

6）转动及传动连接部位应涂以适合当地气候的润滑脂。

（7）闭锁装置组装：

1）隔离开关、接地开关机械闭锁装置安装位置正确、动作准确可靠并具有足够的机械强度。

2）机械闭锁板、闭锁盘、闭锁销等互锁配合间隙符合产品技术要求。

3）连接螺栓紧固，力矩值符合产品技术要求，并做紧固标记。

（8）操动机构组装：

1）安装牢固，同一轴线上的操动机构位置应一致，机构输出轴与本体主拐臂在同一中心线上。

2）合、分闸动作平稳，无卡阻、异响。

3）辅助开关安装牢固、动作灵活、接触良好。

4）二次接线正确、紧固，备用线芯装有绝缘护套。

5）机构箱接地、密封、驱潮加热装置完好，连接螺栓紧固。

6）组装完毕，复查所有连接螺栓紧固，力矩值符合产品技术要求，并做紧固标记。

（9）设备调试和测试：

1）合、分闸位置符合厂家技术要求。

2）三相同期应符合厂家技术要求。

3）电气及机械闭锁动作可靠。

4）限位装置应准确可靠，到达分、合极限位置时，应可靠地切除电源。

5）操动机构的分、合闸指示与本体实际分、合闸位置相符。

6）主回路电阻测试符合产品技术要求。

7）接地回路电阻测试符合产品技术要求。

8）二次元件及控制回路的绝缘电阻及电阻测试符合技术要求。

9）辅助开关切换可靠、准确。

1.3.2.2　触头及导电臂检修

1. 安全注意事项

（1）拆、装导电臂时应采取防护措施。

（2）结合现场实际条件适时装设临时接地线。

2. 关键工艺质量控制

（1）导电臂拆解前应做好标记。

（2）触头侧导电杆表面应平整、清洁，镀层无脱落。

（3）触指侧触头夹无烧损，镀层无脱落，压紧弹簧无锈蚀、断裂，弹性良好。

（4）触头表面应平整、清洁。

（5）导电臂（管）无变形、锈蚀，焊接面无裂纹。

（6）导电带绕向正确、无断片，接触面无氧化，镀层无脱落，连接紧固。

（7）接线座无变形、裂纹，镀层完好。

（8）连接螺栓紧固，力矩值符合产品技术要求，并做紧固标记。

1.3.2.3　均压环检修

1. 安全注意事项

（1）起吊时应采用适合吊物重量的专用吊带或尼龙吊绳。

（2）起吊时，吊物应保持水平起吊，且绑揽风绳控制吊物摆动。

（3）均压环上严禁工作人员踩踏、站立。

（4）结合现场实际条件适时装设临时接地线。

2. 关键工艺质量控制

（1）均压环完好，无变形、缺损。

（2）安装牢固、平正，排水孔通畅。

（3）焊接处无裂纹，连接螺栓紧固，力矩值符合产品技术要求，并做紧固标记。

1.3.2.4 绝缘子检修

1. 安全注意事项

（1）起吊时应采用适合吊物重量的专用吊带或尼龙吊绳。

（2）起吊时，吊物应保持垂直角度起吊，且绑揽风绳控制吊物摆动。

（3）绝缘子拆、装时应逐节进行吊装。

（4）结合现场实际条件适时装设临时接地线。

2. 关键工艺质量控制

（1）绝缘子外观及绝缘子辅助伞裙清洁、无破损（瓷绝缘子单个破损面积不得超过 $40mm^2$，总破损面积不得超过 $100mm^2$）。

（2）绝缘子法兰无锈蚀、裂纹。

（3）绝缘子胶装后露砂高度为 10～20mm，且不应小于 10mm，胶装处应涂防水密封胶。

（4）防污闪涂层完好，无龟裂、起层、缺损，憎水性应符合相关技术要求。

1.3.2.5 传动及限位部件检修

1. 安全注意事项

（1）断开机构二次电源。

（2）工作人员严禁踩踏传动连杆。

（3）结合现场实际条件适时装设临时接地线。

2. 关键工艺质量控制

（1）传动连杆及限位部件无锈蚀、变形，限位间隙符合技术要求。

（2）垂直安装的拉杆顶端应密封，未封口的应在拉杆下部打排水孔。

（3）传动连杆应采用装配式结构，不应在施工现场进行切焊装配。

（4）轴套、轴销、螺栓、弹簧等附件齐全，无变形、锈蚀、松动，转动灵活，连接牢固。

（5）转动部分涂以适合当地气候的润滑脂。

1.3.2.6 底座检修

1. 安全注意事项

（1）电动机构二次电源确已断开，隔离措施符合现场实际条件。

（2）拆、装隔离开关时，结合现场实际条件适时装设临时接地线。

（3）按厂家规定正确吊装设备。

2. 关键工艺质量控制

（1）底座无锈蚀、变形，接地可靠。

（2）转动轴承座法兰表面平整，无变形、锈蚀、缺损。

（3）转动轴承座转动灵活，无卡滞、异响，且密封良好。

（4）连接螺栓紧固，力矩值符合产品技术要求，并做紧固标记。

（5）伞齿轮完好、无破损，并涂以适合当地气候的润滑脂。

1.3.2.7　机械闭锁检修

1. 安全注意事项

（1）断开电动机电源和控制电源，二次电源隔离措施符合现场实际条件。

（2）结合现场实际条件适时装设临时接地线。

2. 关键工艺质量控制

（1）操动机构与本体分、合闸位置一致。

（2）闭锁板、闭锁盘、闭锁杆无变形、损坏、锈蚀。

（3）闭锁板、闭锁盘、闭锁杆的互锁配合间隙符合相关技术规范要求。

（4）限位螺栓符合产品技术要求。

（5）机械联锁正确、可靠。

（6）连接螺栓紧固，力矩值符合产品技术要求，并做紧固标记。

1.3.2.8　调试及测试

1. 安全注意事项

（1）结合现场实际条件适时装设临时接地线。

（2）施工现场的大型机具及电动机具金属外壳接地良好、可靠。

（3）工作人员严禁踩踏传动连杆。

（4）工作人员工作时，应及时断开电动机电源和控制电源。

2. 关键工艺质量控制

（1）调整时应遵循“先手动后电动”的原则进行，电动操作时应将隔离开关置于半分半合位置。

（2）限位装置切换准确可靠，机构到达分、合位置时，应可靠地切断电动机电源。

（3）操动机构的分、合闸指示与本体实际分、合闸位置相符。

（4）合、分闸过程中无异常卡滞、异响，主、弧触头动作次序正确。

（5）合、分闸位置及合闸过死点位置符合厂家技术要求。

（6）调试、测量隔离开关技术参数，符合相关技术要求。

（7）调节闭锁装置，应达到“隔离开关合闸后接地开关不能合闸，接地开关合闸后隔离开关不能合闸”的防误要求。

（8）与接地开关间闭锁板、闭锁盘、闭锁杆的互锁配合间隙符合相关技术规范要求。

（9）电气及机械闭锁动作可靠。

（10）检查螺栓、限位螺栓紧固，力矩值符合产品技术要求，并做紧固标记。

（11）主回路接触电阻测试符合产品技术要求。

（12）接地回路接触电阻测试符合产品技术要求。

（13）二次元件及控制回路的绝缘电阻及直流电阻测试符合技术要求。

1.3.3　双柱水平伸缩式本体检修

1.3.3.1　整体更换

1. 安全注意事项

（1）电动机构二次电源确已断开，隔离措施符合现场实际条件。

（2）拆、装隔离开关时，结合现场实际条件适时装设临时接地线。

（3）按厂家规定正确吊装设备。

2. 关键工艺质量控制

（1）前期准备：

1）检查包装箱无破损，核对产品数量、产品合格证、安装使用说明书、出厂试验报告等技术文件齐全。

2）检查各导电部件无变形、缺损，导电带无断片、断股，焊接处无松动，镀银层厚度符合标准（厚度不小于 20μm），表面完好、无脱落。

3）均压环（罩）和屏蔽环（罩）外观清洁，无毛刺、变形，焊接处牢固、无裂纹。

4）绝缘子探伤试验合格，外观完好，无破损、裂纹，胶装部位应牢固，胶装后露砂高度为 10～20mm，且不应小于 10mm，胶装处应均匀涂以防水密封胶。

5）底座无锈蚀、变形，转动轴承转动部位灵活，无卡滞、异响。

6）操动机构箱体外观无变形、锈蚀，箱内各零部件应齐全、无缺损、连接无松动。

7）操动机构箱密封条、密封圈完好，无缺损、龟裂，且密封良好。

（2）底座组装：

1）底座安装牢固且在同一水平线上，相间距误差：220kV 及以下不大于 10mm，220V 以上不大于 20mm。

2）连接螺栓紧固，力矩值符合产品技术要求，并做紧固标记。

（3）绝缘子组装：

1）应垂直于底座平面，同一绝缘子柱的各绝缘子中心应在同一垂直线上；同相各绝缘子柱的中心线应在同一垂直平面内。

2）各绝缘子间安装时可用调节垫片校正其水平或垂直偏差，垫片不宜超过 3 片，总厚度不应超过 10mm。

3）连接螺栓紧固，力矩值符合产品技术要求，并做紧固标记。

（4）均压环（罩）和屏蔽环（罩）安装：水平、连接紧固、排水孔通畅。

（5）导电部件组装：

1）导电带无断片、断股，焊接处无裂纹，连接螺栓紧固，旋转方向正确。

2）接线端子应涂薄层电力复合脂，触头表面涂层应根据本地环境条件确定。

3）合闸位置符合产品技术要求，触头夹紧力均匀、接触良好。

4）分闸位置触头间的净距离或拉开角度，应符合产品技术要求。

5）动、静触头及导电连接部位应清理干净，并按厂家规定进行涂覆。

6）导电接触检查可用 0.05mm×10mm 的塞尺进行检查。对于线接触应塞不进去，对于面接触其塞入深度：在接触表面宽度为 50mm 及以下时不应超过 4mm，在接触表面宽度为 60mm 及以上时不应超过 6mm。

7）检查所有紧固螺栓，力矩值符合产品技术要求，并做紧固标记。

（6）传动部件组装：

1）传动部件与带电部位的距离应符合有关技术要求。

2）连杆应与操动机构相配合，连接轴销无锈蚀、缺失。

3）当连杆损坏或折断可能接触带电部分而引起事故时，应采取防倾倒、弹起措施。

4）转动轴承、拐臂等部件，安装位置正确、固定牢固，齿轮咬合准确、操作轻便灵活。

5）定位、限位部件应按产品技术要求进行调整，并加以固定。

6）检查破冰装置应完好。

7）复位或平衡弹簧的调整应符合产品技术要求，固定牢固。

8）传动箱固定可靠、密封良好、排水孔通畅。

9）转动及传动连接部位应涂以适合当地气候的润滑脂。

（7）闭锁装置组装：

1）隔离开关、接地开关间机械闭锁装置安装位置正确、动作准确可靠并具有足够的机械强度。

2）机械闭锁板、闭锁盘、闭锁销等互锁配合间隙符合产品技术要求。

3）连接螺栓紧固，力矩值符合产品技术要求，并做紧固标记。

（8）操动机构组装：

1）安装牢固，同一轴线上的操动机构位置应一致，机构输出轴与本体主拐臂在同一中心线上。

2）合、分闸动作平稳，无卡阻、异响。

3）辅助开关安装牢固、动作灵活、接触良好。

4）二次接线正确、紧固，备用线芯装有绝缘护套。

5）机构箱接地、密封、驱潮加热装置完好，连接螺栓紧固。

6）组装完毕，复查所有连接螺栓紧固，力矩值符合产品技术要求，并做紧固标记。

（9）设备调试和测试：

1）合、分闸位置及合闸过死点位置符合厂家技术要求。

2）三相同期应符合厂家技术要求。

3）电气及机械闭锁动作可靠。

4）限位装置应准确可靠，到达分、合极限位置时，应可靠地切除电源。

5）操动机构的分、合闸指示与本体实际分、合闸位置相符。

6）主回路电阻测试符合产品技术要求。

7）接地回路电阻测试符合产品技术要求。

8）二次元件及控制回路的绝缘电阻及电阻测试符合技术要求。

9）辅助开关切换可靠、准确。

1.3.3.2　触头及导电臂检修

1. 安全注意事项

（1）在分闸位置，应用固定夹板固定导电折臂。

（2）起吊时应采用适合吊物重量的专用吊带或尼龙吊绳。

（3）起吊时，吊物应保持水平起吊，且绑揽风绳控制吊物摆动。

（4）结合现场实际条件适时装设临时接地线。

2. 关键工艺质量控制

（1）导电臂拆解前应做好标记。

（2）静触头杆（座）表面应平整、无严重烧损、镀层无脱落。

（3）抱轴线夹、引线线夹接触面应涂以薄层电力复合脂，连接螺栓紧固。

（4）动触头夹（动触头）无过热、无严重烧损、镀层无脱落。

（5）引弧角无严重烧伤或断裂情况。

（6）动触头夹座与上导电管接触面无腐蚀，连接紧固。

（7）动触头夹座上部的防雨罩性能完好，无开裂、缺损。

（8）导电臂无变形、损伤、锈蚀。

（9）夹紧弹簧及复位弹簧弹性良好，无锈蚀、断裂，外露尺寸符合技术要求。

（10）导电带及软连接无断片或断股，接触面无氧化，镀层无脱落，连接螺栓紧固，旋转方向正确。

（11）中间触头及触头导电盘完好，无破损、过热变色，防雨罩完好、无破损。

（12）中间接头连接叉、齿轮箱无开裂及变形。

（13）中间接头处轴、键完好，齿轮、齿条完好，无锈蚀、缺齿，并涂适合本地气候条件的润滑脂。

（14）中间接头处弹性圆柱销、轴套、滚轮、弹簧无锈蚀、变形等，装配正确，动作灵活。

（15）触头表面应平整、清洁。

（16）导向滚轮无磨损、变形。

（17）打开后的弹性圆柱销、挡圈、绝缘垫圈均应更换。

（18）连接螺栓紧固，力矩值符合产品技术要求，并做紧固标记。

1.3.3.3 均压环检修

1. 安全注意事项

（1）起吊时应采用适合吊物重量的专用吊带或尼龙吊绳。

（2）起吊时，吊物应保持水平起吊，且绑揽风绳控制吊物摆动。

（3）均压环上严禁工作人员踩踏、站立。

（4）结合现场实际条件适时装设临时接地线。

2. 关键工艺质量控制

（1）均压环完好，无变形、缺损。

（2）安装牢固、平正，排水孔通畅。

（3）焊接处无裂纹，连接螺栓紧固，力矩值符合产品技术要求，并做紧固标记。

1.3.3.4 绝缘子检修

1. 安全注意事项

（1）起吊时应采用适合吊物重量的专用吊带或尼龙吊绳。

（2）起吊时，吊物应保持垂直角度起吊，且绑揽风绳控制吊物摆动。

（3）绝缘子拆、装时应逐节进行吊装。

（4）结合现场实际条件适时装设临时接地线。

2. 关键工艺质量控制

（1）绝缘子外观及绝缘子辅助伞裙清洁、无破损（瓷绝缘子单个破损面积不得超过 $40mm^2$，总破损面积不得超过 $100mm^2$）。

（2）绝缘子法兰无锈蚀、裂纹。

（3）绝缘子胶装后露砂高度为 10～20mm，且不应小于 10mm，胶装处应涂防水密封胶。

（4）防污闪涂层完好，无龟裂、起层、缺损，憎水性应符合相关技术要求。

1.3.3.5 传动及限位部件检修

1. 安全注意事项

（1）断开机构二次电源。

（2）工作人员严禁踩踏传动连杆。

（3）结合现场实际条件适时装设临时接地线。

2. 关键工艺质量控制

（1）传动连杆及限位部件无锈蚀、变形，限位间隙符合技术要求。

（2）垂直安装的拉杆顶端应密封，未封口的应在拉杆下部打排水孔。

（3）传动连杆应采用装配式结构，不应在施工现场进行切焊装配。

（4）轴套、轴销、螺栓、弹簧等附件齐全，无变形、锈蚀、松动，转动灵活，连接牢固。

（5）转动部分涂以适合当地气候的润滑脂。

1.3.3.6 底座检修

1. 安全注意事项

（1）电动机构二次电源确已断开，隔离措施符合现场实际条件。

（2）拆、装隔离开关时，结合现场实际条件适时装设临时接地线。

（3）按厂家规定正确吊装设备。

2. 关键工艺质量控制

（1）底座无变形，接地可靠，焊接处无裂纹及严重锈蚀。

（2）底座连接螺栓紧固、无锈蚀，锈蚀严重应更换，力矩值符合产品技术要求，并做紧固标记。

（3）转动部件应转动灵活、无卡滞。

（4）底座调节螺杆应紧固、无松动，且保证底座上端面水平。

1.3.3.7 机械闭锁检修

1. 安全注意事项

（1）断开电动机电源和控制电源，二次电源隔离措施符合现场实际条件。

（2）结合现场实际条件适时装设临时接地线。

2. 关键工艺质量控制

（1）操动机构与本体分、合闸位置一致。

（2）闭锁板、闭锁盘、闭锁杆无变形、损坏、锈蚀。

（3）闭锁板、闭锁盘、闭锁杆的互锁配合间隙符合相关技术规范要求。

（4）限位螺栓符合产品技术要求。

（5）机械联锁正确、可靠。

（6）连接螺栓紧固，力矩值符合产品技术要求，并做紧固标记。

1.3.3.8 调试及测试

1. 安全注意事项

（1）结合现场实际条件适时装设临时接地线。

（2）施工现场的大型机具及电动机具金属外壳接地良好、可靠。

（3）工作人员严禁踩踏传动连杆。

（4）工作人员工作时，应及时断开电动机电源和控制电源。

2. 关键工艺质量控制

（1）调整时应遵循“先手动后电动”的原则进行，电动操作时应将隔离开关置于半分半合位置。

（2）限位装置切换准确可靠，机构到达分、合位置时，应可靠地切断电动机电源。

（3）操动机构的分、合闸指示与本体实际分、合闸位置相符。

（4）合、分闸过程中无异常卡滞、异响，主、弧触头动作次序正确。

（5）合、分闸位置及合闸过死点位置符合厂家技术要求。

（6）调试、测量隔离开关技术参数，符合相关技术要求。

（7）调节闭锁装置，应达到“隔离开关合闸后接地开关不能合闸，接地开关合闸后隔离开关不能合闸”的防误要求。

（8）与接地开关间闭锁板、闭锁盘、闭锁杆的互锁配合间隙符合相关技术规范要求。

（9）电气及机械闭锁动作可靠。

（10）检查螺栓、限位螺栓紧固，力矩值符合产品技术要求，并做紧固标记。

（11）主回路接触电阻测试符合产品技术要求。

（12）接地回路接触电阻测试符合产品技术要求。

（13）二次元件及控制回路的绝缘电阻及直流电阻测试符合技术要求。

1.3.4 三柱（五柱）水平旋转式本体检修

1.3.4.1 整体更换

1. 安全注意事项

（1）电动机构二次电源确已断开，隔离措施符合现场实际条件。

（2）拆、装隔离开关时，结合现场实际条件适时装设临时接地线。

（3）按厂家规定正确吊装设备。

2. 关键工艺质量控制

（1）前期准备：

1）检查包装箱无破损，核对产品数量、产品合格证、安装使用说明书、出厂试验报告等技术文件齐全。

2）检查各导电部件无变形、缺损，导电带无断片、断股，焊接处无松动，镀银层厚度符合标准（厚度不小于20μm），表面完好、无脱落。

3）均压环（罩）和屏蔽环（罩）外观清洁，无毛刺、变形，焊接处牢固、无裂纹。

4）绝缘子探伤试验合格，外观完好，无破损、裂纹，胶装部位应牢固，胶装后露砂高度为10～20mm，且不应小于10mm，胶装处应均匀涂以防水密封胶。

5）底座无锈蚀、变形，转动轴承转动部位灵活，无卡滞、异响。

6）操动机构箱体外观无变形、锈蚀，箱内各零部件应齐全、无缺损、连接无松动。

7）操动机构箱密封条、密封圈完好，无缺损、龟裂，且密封良好。

（2）底座组装：

1）底座安装牢固且在同一水平线上，相间距误差：220kV及以下不大于10mm，220kV以上不大于20mm。

2）连接螺栓紧固，力矩值符合产品技术要求，并做紧固标记。

（3）绝缘子组装：

1）应垂直于底座平面，同一绝缘子柱的各绝缘子中心应在同一垂直线上；同相各绝缘子柱的中心线应在同一垂直平面内。

2）各绝缘子间安装时可用调节垫片校正其水平或垂直偏差，垫片不宜超过3片，总厚度不应超过10mm。

3）连接螺栓紧固，力矩值符合产品技术要求，并做紧固标记。

（4）均压环（罩）和屏蔽环（罩）安装：水平、连接紧固、排水孔通畅。

（5）导电部件组装：

1）导电基座、触头、导电臂安装位置正确，连接螺栓紧固。

2）接线端子应涂薄层电力复合脂，触头表面涂层应根据本地环境条件确定。

3）合闸位置符合产品技术要求，触头夹紧力均匀、接触良好。

4）分闸位置触头间的净距离或拉开角度，应符合产品技术要求。

5）动、静触头及导电连接部位应清理干净，并按厂家规定进行涂覆。

6）导电带无断片、断股，焊接处无裂纹，连接螺栓紧固，旋转方向正确。

7）导电接触检查可用 $0.05\text{mm} \times 10\text{mm}$ 的塞尺进行检查。对于线接触应塞不进去，对于面接触其塞入深度：在接触表面宽度为50mm及以下时不应超过4mm，在接触表面宽度为60mm及以上时不应超过6mm。

8）检查所有紧固螺栓，力矩值符合产品技术要求，并做紧固标记。

（6）传动部件组装：

1）传动部件与带电部位的距离应符合有关技术要求。

2）连杆应与操动机构相配合，连接轴销无锈蚀、缺失。

3）当连杆损坏或折断可能接触带电部分而引起事故时，应采取防倾倒、弹起措施。

4）转动轴承、拐臂等部件，安装位置正确、固定牢固，齿轮咬合准确、操作轻便灵活。

5）定位、限位部件应按产品技术要求进行调整，并加以固定。

6）转动及传动连接部位应涂以适合当地气候的润滑脂。

（7）闭锁装置组装：

1）隔离开关、接地开关间机械闭锁装置安装位置正确、动作准确可靠并具有足够的机械强度。

2）机械闭锁板、闭锁盘、闭锁销等互锁配合间隙符合产品技术要求。

3）连接螺栓紧固，力矩值符合产品技术要求，并做紧固标记。

（8）操动机构组装：

1）安装牢固，同一轴线上的操动机构位置应一致，机构输出轴与本体主拐臂在同一中心线上。

2）合、分闸动作平稳，无卡阻、异响。

3）辅助开关安装牢固、动作灵活、接触良好。

4）二次接线正确、紧固，备用线芯装有绝缘护套。

5）机构箱接地、密封、驱潮加热装置完好，连接螺栓紧固。

6）组装完毕，复查所有连接螺栓紧固，力矩值符合产品技术要求，并做紧固标记。

（9）设备调试和测试：

1）合、分闸位置符合厂家技术要求。

2）三相同期应符合厂家技术要求。

3）电气及机械闭锁动作可靠。

4）限位装置应准确可靠，到达分、合极限位置时，应可靠地切除电源。

5）操动机构的分、合闸指示与本体实际分、合闸位置相符。

6）主回路电阻测试符合产品技术要求。

7）接地回路电阻测试符合产品技术要求。

8）二次元件及控制回路的绝缘电阻及电阻测试符合技术要求。

9）辅助开关切换可靠、准确。

1.3.4.2 触头及导电臂检修

1. 安全注意事项

（1）在分闸位置，应用固定夹板固定导电折臂。

（2）起吊时应采用适合吊物重量的专用吊带或尼龙吊绳。

（3）起吊时，吊物应保持水平起吊，且绑揽风绳控制吊物摆动。

（4）结合现场实际条件适时装设临时接地线。

2. 关键工艺质量控制

（1）导电臂拆解前应做好标记。

（2）接线座无变形、开裂、腐蚀，镀层完好。

（3）静触头转动灵活，表面应平整、清洁，镀层无脱落；触头压紧弹簧弹性良好，无锈蚀、断裂。

（4）动触头无过热、烧损痕迹，镀层无脱落。

（5）采用翻转式结构的动触头，保证触头能正确翻转 45°，且位置符合厂家技术要求。

（6）动触头座与导电臂的接触面清洁、无腐蚀，连接螺栓紧固。

（7）导电臂无变形、损伤、锈蚀。

（8）触头表面应平整、清洁。

（9）连接螺栓紧固，力矩值符合产品技术要求，并做紧固标记。

1.3.4.3 均压环检修

1. 安全注意事项

（1）起吊时应采用适合吊物重量的专用吊带或尼龙吊绳。

（2）起吊时，吊物应保持水平起吊，且绑揽风绳控制吊物摆动。

（3）均压环上严禁工作人员踩踏、站立。

（4）结合现场实际条件适时装设临时接地线。

2. 关键工艺质量控制

（1）均压环完好，无变形、缺损。

（2）安装牢固、平正，排水孔通畅。

（3）焊接处无裂纹，连接螺栓紧固，力矩值符合产品技术要求，并做紧固标记。

1.3.4.4 绝缘子检修

1. 安全注意事项

（1）起吊时应采用适合吊物重量的专用吊带或尼龙吊绳。

（2）起吊时，吊物应保持垂直角度起吊，且绑揽风绳控制吊物摆动。

（3）绝缘子拆、装时应逐节进行吊装。

（4）结合现场实际条件适时装设临时接地线。

2. 关键工艺质量控制

（1）绝缘子外观及绝缘子辅助伞裙清洁、无破损（瓷绝缘子单个破损面积不得超过 $40mm^2$，总破损面积不得超过 $100mm^2$）。

（2）绝缘子法兰无锈蚀、裂纹。

（3）绝缘子胶装后露砂高度为10～20mm，且不应小于10mm，胶装处应涂防水密封胶。

（4）防污闪涂层完好，无龟裂、起层、缺损，憎水性应符合相关技术要求。

1.3.4.5 传动及限位部件检修

1. 安全注意事项

（1）断开机构二次电源。

（2）工作人员严禁踩踏传动连杆。

（3）结合现场实际条件适时装设临时接地线。

2. 关键工艺质量控制

（1）传动连杆及限位部件无锈蚀、变形，限位间隙符合技术要求。

（2）垂直安装的拉杆顶端应密封，未封口的应在拉杆下部打排水孔。

（3）传动连杆应采用装配式结构，不应在施工现场进行切焊装配。

（4）轴套、轴销、螺栓、弹簧等附件齐全，无变形、锈蚀、松动，转动灵活，连接牢固。

（5）转动部分涂以适合当地气候的润滑脂。

1.3.4.6 底座检修

1. 安全注意事项

（1）电动机构二次电源确已断开，隔离措施符合现场实际条件。

（2）拆、装隔离开关时，结合现场实际条件适时装设临时接地线。

（3）按厂家规定正确吊装设备。

2. 关键工艺质量控制

（1）底座无变形，接地可靠，焊接处无裂纹及严重锈蚀。

（2）底座连接螺栓紧固、无锈蚀，锈蚀严重应更换，力矩值符合产品技术要求，并做紧固标记。

（3）转动部件应转动灵活、无卡滞。

（4）底座调节螺杆应紧固、无松动，且保证底座上端面水平。

1.3.4.7 机械闭锁检修

1. 安全注意事项

（1）断开电动机电源和控制电源，二次电源隔离措施符合现场实际条件。

（2）结合现场实际条件适时装设临时接地线。

2. 关键工艺质量控制

（1）操动机构与本体分、合闸位置一致。

（2）闭锁板、闭锁盘、闭锁杆无变形、损坏、锈蚀。

（3）闭锁板、闭锁盘、闭锁杆的互锁配合间隙符合相关技术规范要求。

（4）限位螺栓符合产品技术要求。

（5）机械联锁正确、可靠。

（6）连接螺栓紧固，力矩值符合产品技术要求，并做紧固标记。

1.3.4.8 调试及测试

1. 安全注意事项

（1）结合现场实际条件适时装设临时接地线。

（2）施工现场的大型机具及电动机具金属外壳接地良好、可靠。

（3）工作人员严禁踩踏传动连杆。

（4）工作人员工作时，应及时断开电动机电源和控制电源。

2. 关键工艺质量控制

（1）调整时应遵循“先手动后电动”的原则进行，电动操作时应将隔离开关置于半分半合位置。

（2）限位装置切换准确可靠，机构到达分、合位置时，应可靠地切断电动机电源。

（3）操动机构的分、合闸指示与本体实际分、合闸位置相符。

（4）合、分闸过程中无异常卡滞、异响，主、弧触头动作次序正确。

（5）合、分闸位置及合闸过死点位置符合厂家技术要求。

（6）调试、测量隔离开关技术参数，符合相关技术要求。

（7）调节闭锁装置，应达到“隔离开关合闸后接地开关不能合闸，接地开关合闸后隔离开关不能合闸”的防误要求。

（8）与接地开关间闭锁板、闭锁盘、闭锁杆的互锁配合间隙符合相关技术规范要求。

（9）电气及机械闭锁动作可靠。

（10）检查螺栓、限位螺栓紧固，力矩值符合产品技术要求，并做紧固标记。

（11）主回路接触电阻测试符合产品技术要求。

（12）接地回路接触电阻测试符合产品技术要求。

（13）二次元件及控制回路的绝缘电阻及直流电阻测试符合技术要求。

1.3.5　接地开关检修

1.3.5.1　整体更换

1. 安全注意事项

（1）电动机构二次电源确已断开，隔离措施符合现场实际条件。

（2）拆、装隔离开关时，结合现场实际条件适时装设临时接地线。

（3）按厂家规定正确吊装设备。

2. 关键工艺质量控制

（1）前期准备：

1）检查包装箱无破损，核对产品数量、产品合格证、安装使用说明书、出厂试验报告等技术文件齐全。

2）检查各导电部件无变形、缺损，导电带无断片、断股，焊接处无松动，镀银层厚度及硬度符合标准（厚度不小于20μm，硬度不小于120HV），表面完好、无脱落。

3）均压环（罩）和屏蔽环（罩）外观清洁，无毛刺、变形，焊接处牢固、无裂纹。

4）绝缘子探伤试验合格，外观完好，无破损、裂纹，胶装部位应牢固，胶装后露砂高度为10～20mm，且不应小于10mm，胶装处应均匀涂以防水密封胶。

5）底座无锈蚀、变形，转动轴承转动部位灵活，无卡滞、异响。

6）操动机构箱体外观无变形、锈蚀，箱内各零部件应齐全、无缺损、连接无松动。

7）操动机构箱密封条、密封圈完好，无缺损、龟裂，且密封良好。

（2）底座组装：

1）底座安装牢固且在同一水平线上，相间距误差：220kV及以下不大于10mm，220kV以上不大于20mm。

2）连接螺栓紧固，力矩值符合产品技术要求，并做紧固标记。

（3）绝缘子组装：

1）应垂直于底座平面，同一绝缘子柱的各绝缘子中心应在同一垂直线上；同相各绝缘子柱的中心线应在同一垂直平面内。

2）各绝缘子间安装时可用调节垫片校正其水平或垂直偏差，垫片不宜超过3片，总厚度不应超过10mm。

3）连接螺栓紧固，力矩值符合产品技术要求，并做紧固标记。

（4）均压环（罩）和屏蔽环（罩）安装：水平、连接紧固、排水孔通畅。

（5）导电部件组装：

1）导电基座、触头、导电臂安装位置正确，连接螺栓紧固。

2）接线端子应涂薄层电力复合脂，触头表面应根据本地环境条件确定。

3）合闸位置符合产品技术要求，触头夹紧力均匀、接触良好。

4）分闸位置触头间的净距离或拉开角度，应符合产品技术要求。

5）动、静触头及导电连接部位应清理干净，并按厂家规定进行涂覆。

6）导电带无断片、断股，焊接处无裂纹，连接螺栓紧固，旋转方向正确。

7）导电接触检查可用 0.05mm×10mm 的塞尺进行检查。对于线接触应塞不进去，对于面接触其塞入深度：在接触表面宽度为50mm及以下时不应超过4mm，在接触表面宽度为60mm及以上时不应超过6mm。

8）检查所有紧固螺栓，力矩值符合产品技术要求，并做紧固标记。

（6）传动部件组装：

1）传动部件与带电部位的距离应符合有关技术要求。

2）连杆应与操动机构相配合，连接轴销无锈蚀、缺失。

3）当连杆损坏或折断可能接触带电部分而引起事故时，应采取防倾倒、弹起措施。

4）转动轴承、拐臂等部件，安装位置正确、固定牢固。

5）定位、限位部件应按产品技术要求进行调整，并加以固定。

6）复位或平衡弹簧的调整应符合产品技术要求，固定牢固。

7）转动及传动连接部位应涂以适合当地气候的润滑脂。

（7）闭锁装置组装：

1）隔离开关、接地开关间机械闭锁装置安装位置正确、动作准确可靠并具有足够的机械强度。

2）机械闭锁板、闭锁盘、闭锁销等互锁配合间隙符合产品技术要求。

3）连接螺栓紧固，力矩值符合产品技术要求，并做紧固标记。

（8）操动机构组装：

1）安装牢固，同一轴线上的操动机构位置应一致，机构输出轴与本体主拐臂在同一中心线上。

2）合、分闸动作平稳，无卡阻、异响。

3）辅助开关安装牢固、动作灵活、接触良好。

4）二次接线正确、紧固，备用线芯装有绝缘护套。

5）机构箱接地、密封、驱潮加热装置完好，连接螺栓紧固。

6）组装完毕，复查所有连接螺栓紧固，力矩值符合产品技术要求，并做紧固标记。

（9）设备调试和测试：

1）合、分闸位置及合闸过死点位置符合厂家技术要求。

2）三相同期应符合厂家技术要求。

3）电气及机械闭锁动作可靠。

4）限位装置应准确可靠，到达分、合极限位置时，应可靠地切除电源。

5）操动机构的分、合闸指示与本体实际分、合闸位置相符。

6）主回路接触电阻测试符合产品技术要求。

7）接地回路接触电阻测试符合产品技术要求。

8）二次元件及控制回路的绝缘电阻及电阻测试符合技术要求。

9）辅助开关切换可靠、准确。

1.3.5.2　触头及导电臂检修

1. 安全注意事项

（1）起吊时应采用适合吊物重量的专用吊带或尼龙吊绳。

（2）起吊时，吊物应保持水平起吊，且绑揽风绳控制吊物摆动。

（3）结合现场实际条件适时装设临时接地线。

2. 关键工艺质量控制

（1）导电臂拆解前应做好标记。

（2）静触头表面应平整、清洁，镀层无脱落；触头压紧弹簧弹性良好，无锈蚀、断裂。

（3）动触头无烧损痕迹，镀层无脱落。

（4）动触头座与导电臂的接触面清洁、无腐蚀，导电臂无变形、损伤，连接紧固。

（5）触头表面应平整、清洁。

（6）软连接无断股、焊接处无开裂、接触面无氧化、镀层无脱落，连接紧固。

（7）所有紧固螺栓力矩值符合产品技术要求，并做紧固标记。

1.3.5.3　均压环检修

1. 安全注意事项

（1）起吊时应采用适合吊物重量的专用吊带或尼龙吊绳。

（2）起吊时，吊物应保持水平起吊，且绑揽风绳控制吊物摆动。

（3）均压环上严禁工作人员踩踏、站立。

（4）结合现场实际条件适时装设临时接地线。

2. 关键工艺质量控制

（1）均压环完好，无变形、缺损。

（2）安装牢固、平正，排水孔通畅。

（3）焊接处无裂纹，连接螺栓紧固，力矩值符合产品技术要求，并做紧固标记。

1.3.5.4　传动及限位部件检修

1. 安全注意事项

（1）断开机构二次电源。

（2）工作人员严禁踩踏传动连杆。

（3）结合现场实际条件适时装设临时接地线。

2. 关键工艺质量控制

（1）传动连杆及限位部件无锈蚀、变形，限位间隙符合技术要求。

（2）垂直安装的拉杆顶端应密封，未封口的应在拉杆下部打排水孔。

（3）传动连杆应采用装配式结构，不应在施工现场进行切焊装配。

（4）轴套、轴销、螺栓、弹簧等附件齐全，无变形、锈蚀、松动，转动灵活，连接牢固。

（5）转动部分涂以适合当地气候的润滑脂。

1.3.5.5　机械闭锁检修

1. 安全注意事项

（1）断开电动机电源和控制电源，二次电源隔离措施符合现场实际条件。

（2）结合现场实际条件适时装设临时接地线。

2. 关键工艺质量控制

（1）操动机构与本体分、合闸位置一致。

（2）闭锁板、闭锁盘、闭锁杆无变形、损坏、锈蚀。

（3）闭锁板、闭锁盘、闭锁杆的互锁配合间隙符合相关技术规范要求。

（4）限位螺栓符合产品技术要求。

（5）机械联锁正确、可靠。

（6）连接螺栓紧固，力矩值符合产品技术要求，并做紧固标记。

1.3.5.6 接地开关调试及测试

1. 安全注意事项

（1）结合现场实际条件适时装设临时接地线。

（2）施工现场的大型机具及电动机具金属外壳接地良好、可靠。

（3）工作人员严禁踩踏传动连杆。

（4）工作人员工作时，应及时断开电动机电源和控制电源。

2. 关键工艺质量控制

（1）调整时应遵循“先手动后电动”的原则进行，电动操作时应将接地开关置于半分半合位置。

（2）限位装置切换准确可靠，机构到达分、合位置时，应可靠地切断电动机电源。

（3）操动机构的分、合闸指示与本体实际分、合闸位置相符。

（4）合、分闸过程无异响、卡滞。

（5）合、分闸位置符合厂家技术要求。

（6）调试、测量隔离开关技术参数，符合相关技术要求。

（7）调节闭锁装置，应达到“隔离开关合闸后接地开关不能合闸，接地开关合闸后隔离开关不能合闸”的防误要求。

（8）与隔离开关间闭锁板、闭锁盘、闭锁杆的互锁配合间隙符合相关技术规范要求。

（9）电气及机械闭锁动作可靠。

（10）检查螺栓、限位螺栓紧固，力矩值符合产品技术要求，并做紧固标记。

（11）主回路接触电阻测试符合产品技术要求。

（12）接地回路接触电阻测试符合产品技术要求。

（13）二次元件及控制回路的绝缘电阻及直流电阻测试符合技术要求。

1.3.6 超 B 类（B 类）接地开关检修

1.3.6.1 接地开关辅助灭弧装置检修

（1）接地开关辅助灭弧装置合、分闸指示正确。

（2）接地开关辅助灭弧装置接地连接正常，设备线夹无裂纹、发热。

（3）接地开关辅助灭弧装置外绝缘无破损或裂纹，无异物附着。

（4）接地开关辅助灭弧装置检修可参照《变电设备检修通用管理规定　断路器检修细则》执行。

1.3.6.2　接地开关检修

1. 安全注意事项

（1）检查电动机电源和控制电源确已断开，二次电源隔离措施符合现场实际条件。

（2）结合现场实际条件适时装设临时接地线。

（3）施工现场的大型机具及电动机具金属外壳接地良好、可靠。

（4）工作中禁止将安全带系在支持绝缘子及均压环上。

2. 关键工艺质量控制

（1）静触头表面应平整、清洁，镀层无脱落；触头压紧弹簧弹性良好，无锈蚀、断裂。

（2）动触头无烧损痕迹，镀层无脱落。

（3）动触头座与导电臂的接触面清洁、无腐蚀，导电臂无变形、损伤，连接紧固。

（4）动、静触头及导电连接部位应清理干净，并按厂家规定进行涂覆。

（5）软连接无断股、焊接处无开裂、接触面无氧化、镀层无脱落，连接紧固，安装方向正确。

（6）所有紧固螺栓力矩值符合产品技术要求，并做紧固标记。

（7）均压环完好，无变形、缺损。

（8）安装牢固、平正，排水孔通畅。

（9）焊接处无裂纹，连接螺栓紧固，力矩值符合产品技术要求，并做紧固标记。

（10）传动连杆及限位部件无锈蚀、变形，限位间隙符合技术要求。

（11）垂直安装的拉杆顶端应密封，未封口的应在拉杆下部打排水孔。

（12）传动连杆应采用装配式结构，不应在施工现场进行切焊装配。

（13）轴套、轴销、螺栓、弹簧等附件齐全，无变形、锈蚀、松动，转动灵活，连接牢固。

（14）转动部分涂以适合当地气候的润滑脂。

1.3.6.3　闭锁功能检查

1. 安全注意事项

操作时注意本体与机构分、合闸位置应保持一致。

2. 关键工艺质量控制

（1）操动机构与本体分、合闸位置一致。

（2）闭锁板、闭锁盘、闭锁杆无变形、损坏、锈蚀。

（3）闭锁板、闭锁盘、闭锁杆的互锁配合间隙符合相关技术规范要求。

（4）电气闭锁回路完整，动作可靠，接线正确，无松动、虚接。

（5）合闸操作顺序：线路侧接地开关→接地开关辅助灭弧装置→接地侧接地开关，且三者之间电气互锁正常；分闸操作顺序相反。

1.3.7　电动操动机构检修

1.3.7.1　整体更换

1. 安全注意事项

（1）检查电动机构的电动机电源和控制电源确已断开，二次电源隔离措施符合现场实际条件。

（2）施工现场的电动机具金属外壳接地良好、可靠。

（3）拆除操动机构外接二次电缆接线后，裸露线头应进行绝缘包扎。

2. 关键工艺质量控制

（1）安装牢固，同一轴线上的操动机构安装位置应一致；机构输出轴与本体主拐臂在同一中心线上。

（2）机构动作应平稳，无卡阻、异响等情况。

（3）机构输出轴与垂直连杆间连接可靠，无移位，定位销锁紧。

（4）电动机构的转向正确，机构的分、合闸指示与本体实际分、合闸位置相符。

（5）限位装置切换准确可靠，机构到达分、合位置时，应可靠地切断电动机电源。

（6）辅助开关应安装牢固、动作灵活、接触良好。

（7）二次接线正确、紧固、美观，备用线芯应有绝缘护套。

（8）电气闭锁动作可靠，外接设备闭锁回路完整，接线正确，动作可靠。

（9）电动机动作时间符合产品技术要求。

（10）机构箱内封堵严密，外壳接地可靠。

（11）机构组装完毕，检查连接螺栓紧固，力矩值符合产品技术要求，并做紧固标记。

1.3.7.2 电动机检修

1. 安全注意事项

（1）电动机电源和控制电源确已断开，二次电源隔离措施符合现场实际条件。

（2）拆除操动机构外接二次电缆接线后，裸露线头应进行绝缘包扎。

2. 关键工艺质量控制

（1）安装接线前应核对相序。

（2）检查轴承、定子与转子间的间隙应均匀，无摩擦、异响。

（3）电动机固定牢固，联轴器、地角、垫片等部位应做好标记，原拆原装。

（4）检查电动机绝缘电阻、直流电阻符合相关技术标准要求。

1.3.7.3 减速器检修

1. 安全注意事项

（1）工作前断开电动机电源并确认无电压。

（2）减速器应与其他转动部件完全脱离。

2. 关键工艺质量控制

（1）减速器齿轮轴、齿轮完好、无锈蚀。

（2）减速器齿轮轴、齿轮配合间隙符合厂家规定，并加适量符合当地环境条件的润滑脂。

1.3.7.4 二次部件检修

1. 安全注意事项

（1）电动机电源和控制电源确已断开，二次电源隔离措施符合现场实际条件。

（2）拆除操动机构外接二次电缆接线后，裸露线头应进行绝缘包扎。

2. 关键工艺质量控制

（1）测量分、合闸控制回路绝缘电阻符合相关技术标准要求。

（2）接线端子排无锈蚀、缺损，固定牢固。
（3）辅助开关、中间继电器等二次元件，转换正常、接触良好。
（4）二次接线正确，无松动，接触良好，排列整齐美观。
（5）加热、照明装置启动正常。

1.3.8　手动操动机构检修

1.3.8.1　整体更换

1. 安全注意事项
（1）检查机构二次电源隔离措施符合现场实际条件。
（2）操动机构二次电缆裸露线头应进行绝缘包扎。
2. 关键工艺质量控制
（1）安装牢固，同一轴线上的操动机构安装位置应一致；机构输出轴与本体主拐臂在同一中心线上。
（2）机构动作应平稳，无卡阻、异响等情况。
（3）机构输出轴与垂直连杆间连接可靠，无移位，定位销锁紧。
（4）辅助开关应安装牢固、动作灵活、接触良好。
（5）二次接线正确、紧固、美观，备用线芯应有绝缘护套。
（6）电气闭锁动作可靠，外接设备闭锁回路完整，接线正确，动作可靠。
（7）机构箱内封堵严密，外壳接地可靠。
（8）机构组装完毕，检查连接螺栓紧固，力矩值符合产品技术要求，并做紧固标记。

1.3.8.2　机构检修

1. 安全注意事项
（1）工作前断开辅助开关二次电源。
（2）检修人员避开传动系统。
2. 关键工艺质量控制
（1）机构传动齿轮配合间隙符合技术要求，转动灵活，无卡涩、锈蚀。
（2）机构传动齿轮应涂符合当地环境条件的润滑脂。
（3）接线端子排无锈蚀、缺损，固定牢固。
（4）辅助开关转换可靠、接触良好。
（5）二次接线正确，无松动，接触良好，排列整齐美观。

1.4　检　修　工　艺

1.4.1　标准规范

近年来，随着新建变电站数量的不断增多，设备管理压力日益增大。隔离开关作为连接电网的主要设备，如何对其进行合理、有效地检修和维护是摆在检修人员面前的一个重要课题。

目前有关隔离开关检修方面的各项国家标准、行业标准和国家电网有限公司企业标准基本上都只规定了隔离开关的检修周期和项目，而没有明确规定具体的检修工艺。在执行过程中，由于各地区人员的技术水平、各地区隔离开关的使用环境等方面的差异，导致随意性较大，检修质量不能得到有效保证。在当前管理精益化、设备可靠性水平要求日益提高的背景下，对隔离开关的检修工艺必然提出标准化要求，即通过标准化的检修内容、检修工艺、检修流程和检修工器具来保证现场检修的一致性，从而达到检修质量和安全的“可控、能控、在控”。

例如隔离开关检修作业中最常见的接触面发热处理问题，不同地市公司，甚至同一个地市公司内部不同检修班组之间就有不同的处理方式。当然，不同的设备在不同的运行条件、不同的地区环境下检修工艺差异化是允许的，但一些最基本的工艺还是应该得到宣贯和熟知。接触面发热处理最重要的两个步骤是紧固、表面处理。这两个工艺其中一个处理不到位，就会导致发热。笔者原先所在检修班组一般处理过程如下：

1. 拆解

处理表面，将导致发热的一些氧化物、残留导电膏清理干净。

2. 清洗

用破布、毛巾加酒精将表面擦干净，用酒精进行表面清洗，氧化物清洗不掉，可用砂纸进行打磨。

不同表面选取不同砂纸，铝面由于其氧化膜较硬、较厚、无镀层，可以采用粗砂纸，效果较好。铜铝过渡板，铜板较薄，不选粗砂纸，用细砂纸将铜表面一些氧化膜和锈迹打磨干净、抹布擦干。若接触表面搪锡处理，则只能用细砂纸打磨，轻轻打磨、擦干。若是镀银，由于镀层太薄，因此不能用砂纸打磨，只能用酒精清洗后，用白布蘸取国产导电膏（墨绿色，内含锌和镁的较小金属颗粒）进行轻擦，利用导电膏内的金属颗粒将银的氧化膜及其他细小颗粒打磨掉，漏出金属部分增强导电效率。除了用砂纸外，也可使用钢丝刷，这适用于较厚金属材料且无镀层的情况。

3. 润滑

涂导电膏，每个表面都涂。建议用进口导电膏（颜色同黄油，主要成分是凡士林），取用均匀，不能太多也不能太少，涂的厚薄可用手指确定，将手指按上，刚好可以看到指纹印薄薄一层为准。导电膏涂得太多，会影响导电功能，风化后变干，影响导电效果；涂得太薄，影响润滑和密封效果。

导电膏或凡士林有两个作用：① 润滑，克服两接触表面接触在一起时由于电动力作用而产生的震动影响。若不润滑，则两接触面间会由于震动导致极细小位移，产生磨损及大量金属颗粒，继而氧化，产生不导电的氧化物，从而增大接触电阻。② 密封，两接触导电面不完全平整，其间会有极多空隙，存有空气及水分。导电膏涂在表面后，填满空隙，隔绝空气和水分，防止接触面氧化。

4. 紧固

先用扳手初步拧紧，再对角打力矩。

我们知道，当所有接触表面打磨后，都会产生一层非常薄、非常硬的氧化膜，将其压接在一起时，它们表面会有凹凸，凸的部分导电膜在紧固过程中由于强压会被压破，露出金属部分，这才是导电部分。因此，真正的导电面积是螺栓压紧周围，靠其压紧力压破氧化膜进行导电的金属部分面积，螺栓压紧处电流密度也最大。

因此，先用扳手初步拧紧，上螺栓对角上，先不用扳手紧死，后再用力矩进行旋紧。力矩大小与螺栓大小、强度、接触面材质有关。金具上会标明打多少力矩，如 80N・m 等。若金具未写力矩大小，则一般根据常用力矩表进行力矩使用。如规格 M12、强度是 8.8 的螺栓，一般打 78～80N・m；若强度是 4.8 的螺栓，打 40N・m 进行紧固即可。打力矩要平平地拧，而且要打螺母侧，不能打螺杆侧，打螺杆侧力矩会包含一些螺杆摩擦力，是不真实的。力矩合格进行安装验收时，复验力矩要乘以 0.8，如 M12、强度是 8.8 的螺栓要用 80×0.8=64N・m 进行验收，因为金属存在形变，打后其咬合力矩会减小。力矩不能打太小，否则螺栓容易松动；也不能打太大，否则较软金属会产生永久性形变，同时不锈钢螺栓容易咬死，很难拆除。

值得注意的是，在紧固过程中，垫圈对压线板形式的金具非常重要。例如软连接的铜接触面，它一般由很多的铜丝压接而成，存在一定的形变空间，所以加用锥形垫圈维持压力，锥形垫圈自带弹力，可维持轴向拉力及弹性，从而使接触面保持压力。

1.4.2　差异处理

户外敞开式隔离开关虽原理类似，但其机构种类繁多、结构形式多样，不同型号隔离开关的检修工艺存在差异。为了提高检修质量，有必要按照不同厂家型号分别编制标准化检修工艺导则。

1.4.3　修测结合

目前隔离开关检修工作仍然存在一定的问题，工作水平有待提高。具体体现在：① 传统的检修工作已经不能满足社会日益增长的需求，也达不到越来越严格的要求，计划检修导致检修工作的效果不那么明显；② 现行的检修工作缺乏健全的管理体系，制度不够完善，没有明确统一的检修目标，工作效率低下；③ 目前变电检修的技术手段具有一定的滞后性，尤其是缺乏新技术的支持，这也在一定程度上影响了检修的发展。因此，若要较好地进行设备管理，最好是进行修测结合，尤其是有计划性地进行无损检测。

应用无损检测技术，通常有如下作用。

1. 保证产品质量

应用无损检测技术，可以探测到肉眼无法看见的试件内部的缺陷。由于无损检测技术对缺陷检测应用范围广、灵敏度高、检测结果可靠性好，因此在制造过程、验收过程中得到了较为广泛的应用。

应用无损检测的另一个优点是可以百分之百检验。众所周知，采用破坏性检测，在检测完成的同时，试件也被破坏了，因此破坏性检测只能用于抽样检验。与破坏性检测不同，无损检测不需要损坏试件就能完成检测过程，因此无损检测能够对产品进行百分之百或逐件检验。

2. 保障使用安全

即使是设计和制造质量都符合规范要求的产品，在经过一段时间的使用后，也有可能发生破坏事故。这是由于苛刻的运行条件使设备状态发生变化，例如由于高温和应力的作用导致材料蠕变；由于温度、压力的波动产生交变应力，设备应力集中产生疲劳；由于腐蚀作用使壁厚减薄或材料劣化等。上述因素有可能使设备、构件、零部件中原来存在的、制造允许的小缺陷扩展开裂，使设备、构件、零部件原来没有缺陷的地方产生各种新缺陷，最终导致设备、构件、零部件失效。为了保障使用安全，对重要的设备、构件、零部件，均必须定期进行检验，及时发现缺陷，避免事故发生，因而无损检测就是这些重要设备、构件、零部件定期检验的主要内容和发现缺陷的最有效手段。例如无损检测中的超声波、渗透、磁粉以及射线检验就可以很好地发现一些潜在的渐变设备隐患。

3. 改进工艺

在产品生产中，为了了解制造工艺是否适宜，必须先进行工艺试验。在工艺试验中，经常对试样进行无损检测，并根据无损检测结果进行工艺改造，最终确定理想的制造工艺。例如，为了确定焊接工艺规范，在焊接试验时对焊接试样进行射线照相，再随后根据检验结果修正焊接参数，最终得到能够达到质量要求的焊接工艺。又如，在进行铸造工艺设计时，通过射线照相探测试件的缺陷发生情况，并据此改进冒口的位置，最终确定合适的铸造工艺。在检修过程中，通过无损检测进行设备或部件分析，暴露问题，同样可以促进厂家发现原先制造过程中没有发现的问题，改进工艺。同时也避免了更多批次问题产品流入生产现场，降低检修更换成本。

第2章　平高GW16/17-252型隔离开关检修工艺

2.1　平高GW16/17-252型隔离开关简介

2.1.1　隔离开关用途

平高 GW16/17-252 型隔离开关主要用于高压线路在无载流条件下进行线路切换以及对被检修的高压母线、断路器等高压设备与高压线路进行电气隔离，给被检修设备和检修人员提供一个符合要求的安全可见的绝缘间隙。

2.1.2　隔离开关主要特点

1. 优良的结构和机械电气性能

平高 GW16/17-252 型隔离开关结构紧凑，分闸后不占用相间距离。分闸时导电臂合拢折叠，与静触头之间形成清晰醒目、有足够空气间隙的可靠隔离断口；合闸时导电臂犹如手臂伸直一样，在完全伸直后，动触片可靠地钳夹住静触杆。

2. 优良的抗腐蚀性能

平高 GW16/17-252 型隔离开关通流部分由铝合金及铜材制成，弹簧及传动部分等重要零部件均置于铝合金导电管内部，底座采用热镀锌，标准件采用不锈钢或热镀锌，转动部位采用无油轴承和铝青铜轴销。其检修周期长，对恶劣的环境和气候条件适应能力强。所配电动操动机构的外壳、电气元件安装板均采用不锈钢材质，结构先进合理，外观精美，具有可靠的防潮、防尘、隔热、防小动物进入等功能。

2.1.3　隔离开关技术参数

隔离开关技术参数见表2-1。

表2-1　　隔离开关技术参数

序号	技术参数名称	参数值
一　环境条件参数		
1	海拔（m）	≤2500
2	安装地点	户外
3	环境温度（℃）	-30～40
4	日照强度（W/cm²）	0.1
5	最大风速（m/s）	34（相当于700Pa的风压）

续表

序号	技术参数名称	参 数 值	
6	覆冰厚度（mm）	10	
7	最大日温差（K）	25	
8	最高月/日平均相对湿度（25℃）	90%/95%	
9	抗震烈度（度）	8	
10	污秽等级（级）	Ⅱ或Ⅲ	
二 技术参数			
1	产品型号	GW16－252、GW17－252	
2	额定电压（kV）	252	
3	额定频率（Hz）	50	
4	额定电流（A）	2500	3150
5	隔离开关及接地开关的热稳定电流（kA/s）	50/3	50/3
6	隔离开关及接地开关的动稳定电流（kA）	125	125
7	隔离开关开断能力		
（1）	容性电流（A）	1	
（2）	感性电流（A）	0.5	
8	切环流能力		
（1）	电流（A）	1600	
（2）	恢复电压（V）	300	
（3）	开断次数（次）	100	
9	绝缘水平		
（1）	1min 工频耐压（有效值）		
①	断口间（kV）	460	
②	对地（kV）	395	
（2）	雷电冲击耐压（1.2/50μs）		
①	断口间（kV）	950	
②	对地（kV）	1050	
10	无线电干扰电压（μV）	≤500	
11	一次接线端子的型式	平板铝材	
12	晴天夜晚在 1.1 倍最高工作相电压下是否有可见电晕	无可见电晕	
13	隔离开关机械操作次数	2000	
14	GW17 型隔离开关的接地开关在操作过程中与带电部件的最小空气间隙（mm）	1300	
15	隔离开关及所配接地开关的操作方式	三相机械联动	
（1）	CJ11 型电动操动机构		

续表

序号	技术参数名称	参　数　值
①	操作方式	电动并可手动
②	主轴输出角度	90°
③	额定输出力矩（N·m）	1000
④	电动机电压（V）	AC 380 或 DC 220
⑤	电动机功率（W）	370
⑥	控制电压（V）	AC 380、AC 220、DC 220、DC 110
⑦	防护等级	IP54
（2）	CSC 型手动操动机构	
①	主轴输出角度	90°
②	额定输出力矩（N·m）	1000
③	最大操作力（N）	60
④	防护等级	IP54
⑤	辅助触点数目	动合和动断各 8 对
⑥	机构总质量（kg）	60
16	分闸后断口最小距离（mm） 隔离开关/接地开关	2600/2100
17	主回路电阻（μΩ）	GW16-252 主回路电阻：≤100； GW17-252 主回路电阻：≤120； 接地开关主回路电阻：≤220。 （具体值请参照隔离开关出厂时的说明书，不同额定电流、不同时期出厂的隔离开关主回路电阻标准略有不同）

2.1.4　隔离开关总体结构

GW16/17 型隔离开关采用单臂折叠钳夹式结构，主要由绝缘子底座、绝缘子、导电系统、操动机构等组成，由电动操动机构 CJ11 进行分、合闸操作。附装的接地开关主要由接地开关系统、操动机构等组成，由电动操动机构 CJ11 或人力操动机构 CSC 进行分、合闸操作。GW16/17 型隔离开关的主要区别：GW16 型为垂直断口，静触头安装在母线上；GW17 型为水平断口，静触头安装在支持绝缘子上。其具体结构如图 2－1、图 2－2 所示，主要分为以下几部分：

（1）底座装配：每组产品有三个底座装配，接地时，底座上还装有接地开关及其传动部分。

（2）绝缘子：GW16 型产品有三柱支持绝缘子、三柱旋转绝缘子；GW17 型产品有六柱支持绝缘子、三柱旋转绝缘子。

（3）联锁板装配及互锁板：实现隔离开关、接地开关的机械联锁。

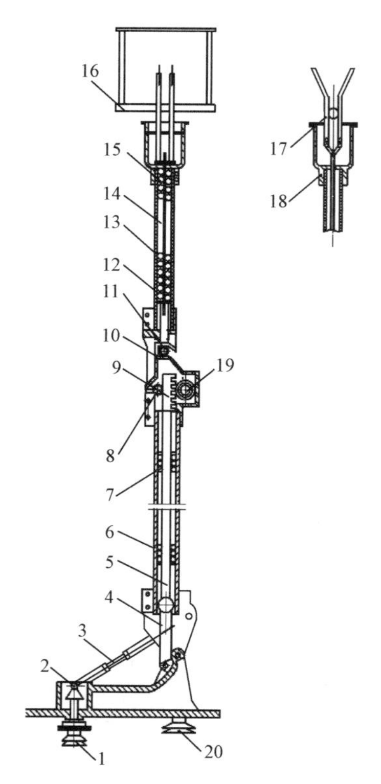

图 2-1 GW16 型隔离开关结构图

1—旋转绝缘子；2—相啮合的伞齿轮；3—平面双四连杆；4—丝杆装配；5、14—操作杆；6—下导电管；7—平衡弹簧；8—支轴；9—齿条；10—齿轮箱；11—滚轮；12—夹紧弹簧；13—上导电管；15—复位弹簧；16—静触杆；17—动触片；18—动触头座；19—齿轮；20—支持绝缘子

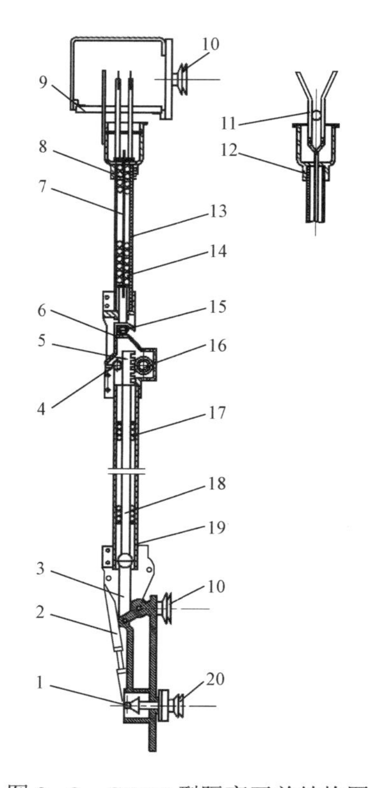

图 2-2 GW17 型隔离开关结构图

1—相啮合的伞齿轮；2—平面双四连杆；3—丝杆装配；4—支轴；5—齿条；6—齿轮箱；7、18—操作杆；8—复位弹簧；9—静触杆；10—支持绝缘子；11—动触片；12—动触头座；13—上导电管；14—夹紧弹簧；15—滚轮；16—齿轮；17—平衡弹簧；19—下导电管；20—旋转绝缘子

（4）主导电系统：主要由静触头装配、主闸刀装配构成。GW16 型静触头装配固定在母线上，GW17 型静触头装配固定在支持绝缘子上。主闸刀装配固定在支持绝缘子的上端。主闸刀装配主要由上导电管装配、齿轮箱装配、下导电管装配、导电底座装配、导电带装配等组成。

（5）接地开关系统：主要由拐臂拉杆装配、接地开关杆装配、接地静触头装配构成。

2.1.5 隔离开关工作原理

隔离开关分合闸的原理是：通过操动机构电动机启动，经齿轮、丝杆、丝杆螺母减速，输出轴获得很大的操作力矩，并通过安装在机构箱上方的连杆带动中间相（操作相）的旋转绝缘子（其余两相是通过水平传动杆和拐臂带动的），继而通过安装在接线底座上的一对伞齿轮来驱动两侧的双四连杆，使下导电管运动。在接近合闸和开始分闸时，连接叉中间的滚轮在齿轮箱斜面上移动，并推动上导电管内的复位弹簧和夹紧弹簧等部件运动，使动触片合拢或分开，从而实现主闸刀的合闸和分闸。隔离开关的运动过程是由两部分运动复合而成的，即折叠运动和夹紧运动。

折叠运动：由电动操动机构驱动旋转绝缘子做水平转动，与旋转绝缘子相连的一对伞齿轮带动平面双四连杆运动，从而使下导电管顺时针转动合闸、逆时针转动分闸，由于丝杆装配与下导电管的铰接点不同，从而使与丝杆装配上端铰接的操作杆相对于下导电管作轴向位移，而操作杆的上端与齿条固联，这样齿条的移动便推动齿轮转动，从而使与齿轮轴固连的上导电管相对于下导电管作伸直（合闸）或折叠（分闸）运动。另外，在操作杆作轴向位移的同时，平衡弹簧按预定的要求储能或释能，最大限度地平衡隔离开关的重力矩，以利于隔离开关的运动。

夹紧运动：隔离开关由分闸位置向合闸方向运动的过程中，并在接近合闸位置（快要伸直）时，滚轮开始与齿轮箱上的斜面接触，并沿着斜面继续运动。于是，与滚轮销连的顶杆便克服复位弹簧的反作用力向前推移，同时动触头座内的对称式滑块增力机构把顶杆的推移运动转换成触指的相对钳夹运动。当静触杆被夹住后，滚轮继续沿斜面上移 3～5mm，直至完全合闸，此时夹紧弹簧的力已经作用在顶杆上。在这个过程中，由于顶杆被设计成推压柔性杆，故原已预压缩的夹紧弹簧被第二次压缩，并作用在顶杆上，使得顶杆获得一个稳定的推力，从而使触指对静触杆保持一个可靠不变的夹紧力。当隔离开关开始分闸时，滚轮沿斜面向外运动，直到脱离斜面。此时，在复位弹簧的作用下，顶杆带动触指张开呈“V”形[1]。

2.2　平高 GW16/17－252 型隔离开关检修导则

2.2.1　机械调整参数

机械调整参数见表 2－2。

表 2－2　　机械调整参数

名称	调整参数
隔离开关底座的安装	（1）三相底座安装在同一水平面上。 （2）三相底座中心线偏差不超过 10mm
隔离开关绝缘子的安装	绝缘子上法兰在两个方向上水平
隔离开关调试安装	（1）合闸时导电部位主拐臂过死点。 （2）合闸时上导电管应基本垂直（水平），静触头应与上导电管垂直。 （3）合闸位置，动、静触头接触点 0.05mm 塞尺塞不进。 （4）合闸位置，GW16 静触头悬挂钢丝绳应明显看到松弛；分闸位置，钢丝绳应受力拉紧。 （5）隔离开关合闸不同期不大于 20mm
接地开关的调整	（1）接地开关合闸时，应接触可靠。 （2）接地闸刀插入触指深度为 40±5mm。 （3）分闸位置三相接地开关导电管基本水平。 （4）接地开关合闸不同期不大于 20mm
机械联锁	联锁件位置正确，隔离开关合闸接地开关不能合闸，接地开关合闸隔离开关不能合闸

2.2.2 检修周期和项目

1. 检修周期

（1）大修周期：按照设备状态评价决策进行，一般新安装的隔离开关，在投运 8～10 年后，可根据检查情况确定是否进行首次大修；以后每 5～8 年进行一次大修检查，并根据检查情况更换相应零部件。

（2）小修周期：参照本书第 1 章 1.1 的规定进行。

（3）临修：根据运行中出现的缺陷及故障性质进行一次。

2. 检修项目

（1）大修：

1）静触头装配检修。

2）上导电管装配检修。

3）中间接头装配检修。

4）下导电管装配检修。

5）底座装配检修。

6）接地开关装配检修。

7）旋转绝缘子、支持绝缘子检查。

8）组合底座装配检修。

9）传动系统装配检修。

10）电动操动机构检修。

11）手动操动机构检修。

12）整体组装和调试。

13）检查和试验。

14）本体清扫和刷漆。

15）验收。

（2）小修：

1）根据运行中发现的缺陷进行处理。

2）检查动、静触头接触情况。

3）检查橡皮垫和玻璃纤维防雨罩的密封情况。

4）检查导电带与动触头片及动触头座的连接情况。

5）测量隔离开关主闸刀和接地开关主回路的回路电阻。

6）清扫及检查旋转绝缘子和支持绝缘子。

7）检查（或紧固）所有外部连接件的轴销和螺栓。

8）检查接地开关与隔离开关的联锁情况。

9）清扫及检查操动机构、传动机构，对齿轮等所有有相对运行的部分添加润滑脂，并进行 3～5 次动作试验，以检查其灵活性及同期性，配合调整辅助开关及微动开关的动作情况，用手动操作检查操动机构。检查机构箱内端子排、操作回路连接线的连接情况及机构箱门的密封情况，测量二次回路的绝缘电阻。

10）检查机构箱、接地装置、基础地脚螺栓等的紧固情况。

（3）临修：临时性检修项目应根据具体情况确定。

2.2.3　危险点及安全措施

危险点及安全措施见表 2–3。

表 2–3　　危险点及安全措施

序号	防范类型	危险点	安全措施
1	触电	感应触电	添加保安接地线
		高压触电	拆、装的导线应用绝缘绳传递，并绑扎牢固，防止偏甩至带电设备
		低压触电	在操动机构箱内检修时，应断开操动机构的控制电源及电动机电源
		试验触电	试验人员在试验过程中，应禁止检修人员在设备本体进行工作
2	高空摔跌	攀爬绝缘子	禁止攀爬绝缘子，使用合格的人字梯或登高机具，并正确使用安全带
3	物体打击	一次导线脱落	拆、装的导线应用绝缘绳传递，其运动方向范围内不准站人
		物件工具脱落伤人	传递物件时，下方不得站人，传递过程必须使用手持传递或绝缘绳传递
		操动机构伤人	手动与电动未闭锁，电动操作时应检查手动操作把手已拔出
			隔离开关调试时，须得到许可且告知相关作业人员
4	设备损坏	不具备操作条件	机械联锁未调试好前，应确认隔离开关及接地开关状态后方可操作
			电动机正反转未确认时，应将隔离开关手动操作至中间位置时进行电动试验
		人员操作不当	隔离开关合闸时确认接地开关处于分闸位置，接地开关合闸时确认隔离开关处于分闸位置
			测试最低动作电压时应先测量一下测试仪器是否可靠（如是否有交流分量或直流分量等输出）

2.2.4　大修工作流程

1. 导电部分检修条件

（1）主触头接触面有过热、烧伤痕迹，镀银层脱落。

（2）导电臂有锈蚀、起层现象。

（3）接线座腐蚀，转动不灵活，接触不可靠。

（4）接线板变形、开裂，镀层起层脱落。

2. 导电部分大修的工艺流程

导电部分的大修涉及故障位置的判断，由于维修人员的经验及专业知识的限制，对故障位置的判断难免会有一些估计不足，另外，不同部位的检修过程还涉及不同的备品备件，因此在大修前期建议咨询厂家相关事宜，待检修方法、备品备件等明确后再整理进大修方案中。

3. 机构和传动部分检修条件

（1）轴承座转动不灵活，操作力矩大。

（2）轴套（轴承）卡阻、锈蚀。

（3）传动部件变形、锈蚀或严重磨损，水平连杆内部积水。

（4）机构箱内漏水、有污垢及小动物等，机构箱门变形。

（5）二次元件及辅助开关接线松动，端子排锈蚀。辅助开关与传动杆的连接不可靠。

（6）机构输出轴与传动轴的连接不紧密，定位销松动。

（7）隔离开关与接地开关的机械联锁不可靠，机械强度不足，电气闭锁动作失灵。

2.2.5 检修项目及质量标准

1. 准备工作

（1）技术准备工作：

1）收集需检修的隔离开关的运行、检修记录和缺陷情况。

2）从档案室调出需检修隔离开关的相关资料信息，即安装使用说明书、电气原理图、出厂试验报告、设计院出具的蓝图等。

3）核实隔离开关的操作次数及开断母线转换电流的次数和使用年限，以此制订隔离开关的检修方案。

（2）工器具准备：根据检修方案，准备检修所需的工器具并把工器具运送至检修现场。

（3）全体工作人员就位：安排相应的检修和配合人员，做好组织、安全和技术措施。

（4）检查隔离开关检修前的状态：停电并做好接地等安全措施后，对隔离开关本体做如下外部检查：

1）绝缘子有无破损，绝缘子铸铁法兰有无裂纹。

2）检查导电部位有无过热痕迹。

3）检查机构箱密封是否良好，内部元器件是否有异常情况。

4）检查各部件的锈蚀情况，确定应对措施。

5）手动慢合、慢分隔离开关，检查接线座是否转动灵活，检查各转动部位是否卡涩；操动机构各部件有无损坏变形。然后进行电动分、合闸操作，观察其动作情况。做好检查记录，以确定检修重点。

6）对隔离开关进行检查后，切除操作电源，然后才能开始检修工作。

7）装设必要的登高设施。

（5）大修前的试验：

1）隔离开关主回路电阻测试。

2）触指压力检查与调整。

3）测量隔离开关的机械特性：分合闸时间、同期、操作力矩。

4）对地及断口距离。

5）机械联锁性能。

6）操动机构辅助开关指示信号。

2. 维修的判断标准和检修分类

（1）检修分类及内容见表 2-4。

表2-4　检修分类及内容

检修方案	检修的内容	检修的频率
小修方案	（1）检查所有机械和电气部件及电缆和接地连接是否有损伤。 （2）检查三相导线线夹及其他部位的螺栓是否紧固。 （3）检查及清洁绝缘子。 （4）检查动、静触头的接触情况及触头表面的清洁情况，并对接触面进行清洁处理。 （5）检查操动机构减速箱工作情况。 （6）电动就地操作和手动操作，检查分合闸过程是否顺畅。 （7）机构箱清洁检查：有无渗水情况，控制箱内凝露控制器（如果有）加热器工作情况。 （8）电气接线及二次元器件检查：二次端子接线及电气回路接线的紧固情况检查；二次元器件的动作是否准确到位。 （9）检查用于传动的零件是否卡滞，并进行防腐维护	参照本书第1章1.1的规定进行
大修方案	（1）包括小修的所有项目。 （2）更换易损件、易老化件，如防护罩、限位销钉、卡销等。 （3）更换导电部分易损的重要组件。 （4）增加产品后期进行的完善化成果。 （5）机构内部易损的二次零部件检修更换。 （6）检查主要部件的状况和磨损情况，绝缘子情况和安装过程中进行的机械调整。如发现任何偏差，则进行恢复。如需要更换，遵循安装使用说明书中的程序。 （7）更换所有一次及二次部分的易损件，并进行重新整组调试	按照设备状态评价决策进行，一般新安装的隔离开关，在投运8～10年后，可根据检查情况确定是否进行首次大修，以后每5～8年进行一次大修检查，并根据检查情况更换相应零部件

（2）常规检查与维护。隔离开关投入运行一年，要进行常规检查与维护，见表2-5。

表2-5　常规检查及质量标准

常规检查项目	质　量　标　准
整体外观检查	目检应无异常、无破损，外露件无锈蚀，紧固件无松动
绝缘子检查	绝缘子应无污垢（必要时利用升降车进行清洁）
导电系统检查	导电触头、触指应无污垢，镀层无损伤，弹簧无变形
操动机构检查	机构外观完好，密封条应无松动，电器件无损伤，导线无烧损痕迹
合、分闸操作	分别进行手动与电动操作，检查传动部分、导电部分及操动机构的运转状况

（3）小修和大修。隔离开关运行一定期限，可进行小修和大修，开展详细检查与维护，见表2-6～表2-21。

1）总体检查及质量标准见表2-6。

表2-6　总体检查及质量标准

检修项目	质　量　标　准
外观检查	目检无异常、无破损，检查外观锈蚀情况，相位识别漆无脱落
检修前合、分闸操作	检查传动部分、导电部分及操动机构的运转状况，并对调整数据进行记录核对
检查隔离开关导电带	导电带无掉片、腐蚀
接地连接	检查接地线应完好，连接端的接触面不应有腐蚀现象，连接牢固，螺栓紧固，锈蚀螺栓应更换

2）清洁及检查绝缘子检修项目及质量标准见表 2-7。

表 2-7　清洁及检查绝缘子检修项目及质量标准

检 修 项 目	质 量 标 准
清洁、检查绝缘子：使用登高机具或人字梯，用毛巾或干净抹布挨个擦拭绝缘子的伞裙并仔细检查	绝缘子外表无污垢沉积，法兰面处无裂纹，与绝缘子胶合良好，法兰无锈蚀
检查法兰面连接螺栓：使用登高机具或人字梯，检查绝缘子法兰面的连接螺栓	连接部位应无松动，如有松动，用相应的力矩紧固

3）GW17-252 静触头装配的拆卸工艺及质量标准见表 2-8。

表 2-8　GW17-252 静触头装配的拆卸工艺及质量标准

检 修 工 艺	质 量 标 准
（1）利用高空作业车，拆除连接引线。 （2）利用高空作业车，松开单（双）静触头装配与支持绝缘子相连的 4 个 M16 螺栓，将静触头装配及接地静触头装配抬至作业车内。缓慢降至地面，放置于固定地点	软绳应承受 200kg 以上的拉力，捆绑牢固。 静触头应放置在塑料垫板上，吊下后的静触头分相做标记。 放置静触头的地面应铺垫板；同时在整个检修过程中，应注意接触面的保护

4）GW16-252 静触头装配的拆卸工艺及质量标准见表 2-9。

表 2-9　GW16-252 静触头装配的拆卸工艺及质量标准

检 修 工 艺	质 量 标 准
（1）检修人员利用高空作业车，用软绳绑紧静触头，将绳翻过母线，由地面人员稍微拉紧。 （2）松开静触头上部母线夹与母线相连的 4 个 M16 螺栓，将静触头装配缓慢降至地面，放置于固定地点	软绳应承受 200kg 以上的拉力，捆绑牢固。 静触头应放置在塑料垫板上，吊下后的静触头分相做标记。 放置静触头的地面应铺垫板；同时在整个检修过程中，应注意接触面的保护

5）本体的拆卸工艺及质量标准见表 2-10。

表 2-10　本体的拆卸工艺及质量标准

检 修 工 艺	质 量 标 准
（1）GW16 在合闸位置时，打开下导电杆外壁平衡弹簧调整窗盖板，将下导电杆内平衡弹簧完全放松；GW17 在分闸位置时放松平衡弹簧。 （2）断开操作电源。 （3）使隔离开关主闸刀处于分闸位置，拆下引线。 （4）用 8 号铁丝将上导电管和下导电管两端头捆在一起，捆 3～4 圈。 （5）用吊装绳捆住主闸刀，使主闸刀重心基本处于平衡状态，并用起吊工具将吊装绳拉紧，使吊装绳受微力，要求捆绑牢固，防止在吊下主闸刀时损坏绝缘子。 （6）分别卸下主闸刀底座装配与旋转绝缘子及支持绝缘子的 4 个 M16 连接螺栓，将主闸刀装配吊下。 （7）将吊下后的主闸刀固定在一个专用铁板检修平台上，平台不小于 1.5m×1.5m。 （8）松开旋转绝缘子与接地底座装配相连的连接螺栓，将旋转绝缘子吊至地面；松开支持绝缘子与接地底座装配的 M16 连接螺栓，将支持绝缘子吊至地面	手动缓慢分闸。 捆扎牢固。 吊装绳应经事先检查，无断股、散股，截面符合起吊重量要求，捆绑牢固、平衡。 拆卸与吊下时应防止支持绝缘子与旋转绝缘子倒下及相互碰撞，可用绳子或其他专用工具将其拉紧、固定。 GW16-252 固定在检修平台上，其上下导电杆伸直后应该与地面垂直，而不能呈水平状态。 捆绑牢固，吊下时防止绝缘子损坏，绝缘子吊至地面后倒放在草垫上

6）连动杆及接地开关的拆卸工艺及质量标准见表 2－11。

表 2－11　　连动杆及接地开关的拆卸工艺及质量标准

检　修　工　艺	质　量　标　准
（1）手动操动机构，将产品接地开关置于半分半合闸位置，松开机构与垂直杆的连接螺栓，取下垂直杆。 （2）松开联动拐臂装配中的紧固螺母，取下水平连杆，松开底座装配拉杆接头的紧固螺母，将拉杆取下。 （3）松开管夹头的紧固螺栓，用楔铁撑开管夹头，取出接地开关管装配。 （4）利用高空作用车拆下静触头	手动缓慢分闸。 用楔铁撑开管夹头时注意不要用力过猛，以免将夹头撑裂

7）GW17－252 静触头（结构见图 2－3）装配的检修工艺及质量标准见表 2－12。

表 2－12　　GW17－252 静触头装配的检修工艺及质量标准

检　修　工　艺	质　量　标　准
（1）将静触头装配放置在铺好塑料布的地面上，检查接触部分是否有过热及烧伤痕迹。 （2）松开静触杆和支架两端的紧固螺栓，用酒精清洗所有接触面，用 0 号砂纸砂光所有非镀银接触面，并用干净抹布擦净，然后按拆卸逆顺序装复，并测量接触面接触电阻。 （3）检查支持绝缘子有无开裂、损坏，法兰胶合处是否开裂、松动，检查法兰螺孔，用丝锥套攻，清除污垢，法兰处进行除锈刷漆，绝缘子用酒精清洗，并用干净抹布抹干	接触面无过热、烧伤等痕迹。 所有接触面清洁、光亮，螺栓紧固，接触良好，接触电阻不大于 15μΩ。 绝缘子完好、清洁，法兰无开裂、锈蚀，油漆完好、光亮

8）GW16－252 静触头（结构见图 2－4）装配的检修工艺及质量标准见表 2－13。

表 2－13　　GW16－252 静触头装配的检修工艺及质量标准

检　修　工　艺	质　量　标　准
（1）将静触头装配放置在铺好塑料布的地面上，观察所有接触部分是否有过热、烧伤现象，钢芯铝绞线是否有散股、断股，所有夹板、夹块是否开裂、变形，做好记录，确定更换部件。 （2）分别松开静触杆两端夹块的 4 个 M12 紧固螺栓，取下夹块、铜铝过渡套、夹板，并进行检查。 （3）松开母线夹装配与导电板相连的 4 个 M16 螺栓及导电板两端的 4 个 M12 螺栓，取下上夹板和下夹板及钢芯铝绞线（注意在此之前应将钢芯铝绞线环的两端头用铁丝绑扎紧，以防散股），检查各零部件完好情况。 （4）用酒精清洗所有零部件，用 0 号砂纸打磨所有非镀银导电接触面，擦净后涂导电脂，将钢芯铝绞线与夹板、夹块的接触部分用钢丝刷和酒精清洗，除去污垢，涂导电脂。 （5）按拆卸时的逆顺序将静触头装配装复，装复时注意将铜铝过渡套的缺口朝下，与夹缝呈 90°，如静触杆与动触头接触处的烧损超过规定值，装复时可采用将静触杆转动角度的方法变更接触位置。 （6）如果要更换钢芯铝绞线，按以下步骤进行：在切断铝绞线之前，必须用铁丝紧紧绑扎住靠切口的两侧，并在距第一个绑扎线 120mm 处再补扎一次，然后进行切断；导线中的钢芯线，由于切割而被露出的截面，应涂保护清漆防锈，并将与夹块、夹板相接触的表面用 0 号砂纸擦掉氧化层后立即在其表面涂导电脂；将铝绞线放入已处理好的夹块、夹板中，使两个圆均等后方可紧固螺栓，然后取消扎紧铁丝。 （7）测量静触头装配的整体电阻值，应符合要求	静触杆平直，镀银层良好，夹头无开裂，铜铝过渡套无损伤、变形，铝绞线无散股、断股，接触面清洁、光亮。 导电板平直，镀银层良好，母线夹、夹块无开裂、变形。铝绞线无断股、散股，铜铝过渡套无损伤，接触面清洁、光亮。 所有零部件清洁、完好，导电接触面光滑、平整，无严重烧伤和过热现象。 各连接部分紧固牢靠，导电接触面接触可靠，导电性能良好，静触杆的烧伤深度不大于 2mm。 绞线无散股、断股，圆环直径为 600～1000mm。 钢芯线无氧化，接触表面光滑、洁净。 静触杆、铜铝过渡片与接线夹的端面整齐，接触可靠，导电性能良好。 母线夹头至静触杆的电阻值小于 40μΩ

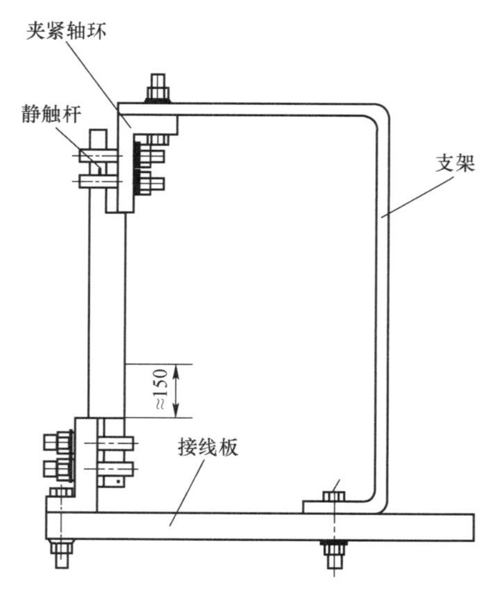

图 2－3　GW17 隔离开关静触头结构图

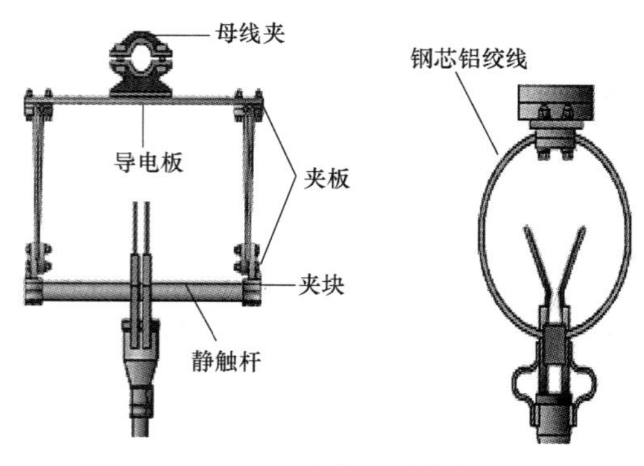

图 2－4　GW16 隔离开关静触头结构图

9）主闸刀系统分解（见图 2－1、图 2－2）检修工艺及质量标准见表 2－14。

表 2－14　　主闸刀系统分解检修工艺及质量标准

检　修　工　艺	质　量　标　准
（1）将主闸刀系统固定在专用检修平台上，剪断绑扎铁丝。 （2）使产品仍保持原分闸状态。将上导电管装配下端部的滚轮和橡胶波纹管取下，把上导电管装配与中间接头装配相连的 2 个 M14 紧固螺栓及定位螺钉放松（对 GW16/17A－550 型产品，应同时把中间均压环拆下，检查均压环表面是否有烧伤、损伤现象，严重的应及时更换），用斜铁把缺口楔开，抽出上导电管装配。 （3）把下导电杆装配与中间接头装配相连的 2 个 M14 紧固螺栓和定位螺钉松开，用斜铁把缺口楔开，将中间接头越过合闸位置，旋转一定角度，使齿轮齿条脱离啮合，取下中间接头装配。 （4）把下导电杆装配上的 4 个 M12 定位螺栓和下导电杆下端与转动座相连的 2 个 M14 螺栓及两侧的定位螺钉松开，用斜铁把缺口楔开，再用手扶住下导电杆和导电底座上的调节拉杆，慢慢地将下导电杆放倒，取下下导电杆。 （5）取下下导电杆装配中可调连接与导电底座之间的开口销和轴销，将拉杆装配和平衡弹簧等从底座上卸下来。 （6）接线底座装配	必须固定牢固。 用斜铁楔缺口时，应防止损伤中间接头和下导电管。 防止斜铁损伤中间接头和下导电管。 防止斜铁损伤下导电管和转动座

10）上导电管（外形见图 2-5）装配的检修工艺及质量标准见表 2-15。

表 2-15　　上导电管装配的检修工艺及质量标准

检修工艺	质量标准
（1）检查引弧角烧损情况，如有严重烧伤，则予以更换。 （2）检查动触片烧损情况，如有轻微损伤，可用 0 号砂纸打磨或采取改变接触位置的方法处理。 （3）松开动触头座与上导电管相连的 2 个 M14 螺栓及定位螺钉，用斜铁把缺口楔开，将上导电杆与动触头座分离。 （4）如动触片需要更换，按以下进行： 1）拆除引弧角和导电带。 2）拆除动触头座上部的硅橡胶防雨罩，并检查其防雨性能。 3）将连接端杆与操作杆的绝缘棒上的带孔销用冲子打出，卸下绝缘棒，下操作杆和复位弹簧并进行检查。 4）用同规格ϕ3mm 弹性圆柱销将动触头座上部的ϕ3mm 弹性圆柱销打至销轴孔下表面，拔出上面ϕ3mm 弹性圆柱销，卸下销。 （5）再用手把动触片、连板、接头及端杆一同拉出。 （6）将连板与动触片间的销轴打掉，使动触片与连板分离，拆卸过程中，要注意零部件之间的相互位置和方向，以及标准件的规格和长度，以免装复时发生错误。 （7）用酒精清洗所有零部件，更换弹性圆柱销、动触片和复合轴套（轴套内壁应涂二硫化钼润滑脂），复位弹簧涂二硫化钼及操作杆刷灰漆。 （8）换上新动触片，按照拆卸时的逆顺序装复，要求同侧动触片平行，且ϕ3mm 弹性圆柱销打入后要将原来的圆柱销倒出。 （9）检查并清洗所有零部件，将所有镀银导电金属接触面用酒精洗净，非镀银导电金属接触面用 0 号砂纸砂光后洗净，用干净抹布抹干，并立即涂上一层导电脂，将运动摩擦面用酒精擦洗干净后涂二硫化钼。 （10）用专用工具将操作杆下部的夹紧弹簧固定，打出上部ϕ8mm×40mm 的弹性圆柱销，取出夹紧弹簧并进行检查。 （11）检查并测量夹紧弹簧，除锈、清洗、刷防锈漆并涂上二硫化钼润滑脂。 （12）打出操作杆下部的ϕ8mm×25mm 和ϕ8mm×35mm 的弹性圆柱销，使操作杆、接管、ϕ27mm×ϕ24/20mm 的复合轴套分离。 （13）更换弹性圆柱销和复合轴套（轴套内壁应涂二硫化钼润滑脂）。 （14）按照拆卸时的逆顺序组装上导电杆装配，注意将动触头座和上导电管的导电接触面用 0 号砂纸砂光后，清洗干净并立即涂上一层导电脂	无严重烧伤或断裂情况。 各接触点在合闸时均能可靠接触，接触点不少于 7 个。 导电带完好，无折断等损伤情况。 防雨性能良好，内部零件无锈蚀。 操作杆、复位弹簧等无锈蚀、变形，复位弹簧自由长度为 98±5mm。 卸下的部件应做标记。 所有零部件干净、无锈蚀和严重变形，新动触片无锈蚀、变形、开裂等。 装配正确、可靠、动作灵活。 夹紧弹簧无锈蚀和严重变形，其自由长度为 340±5mm。 所有圆柱销无生锈、开裂、变形。 夹紧弹簧的长度应与其自由度一致。 复合轴套无开裂、变形。 装配正确，接触可靠，连接牢固，动作轻巧

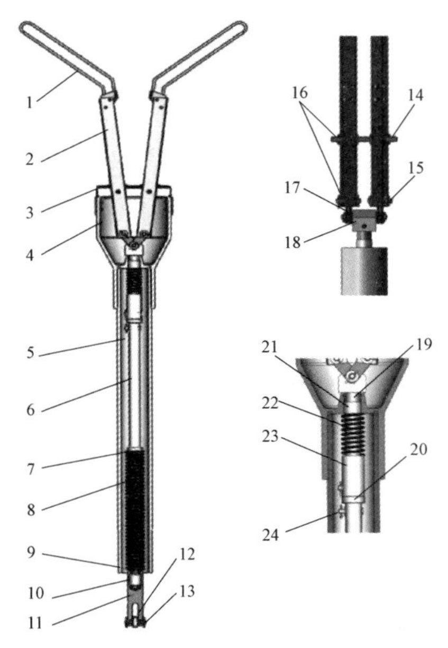

图 2-5　上导电杆结构图

1—弧角装配；2—动触片；3—防雨罩；4—动触头座；5—上导电管；6—操作杆；7、23—套；8—夹紧弹簧；9—接管；10、21—复合轴套；11、18—接头；12—滚轮；13、14、15—销轴；16—绝缘垫；17—连板；19—端杆；20—绝缘棒；22—复位弹簧；24—带孔销

11）中间接头装配（见图 2－6）检修工艺及质量标准见表 2－16。

表 2－16　　中间接头装配检修工艺及质量标准

检　修　工　艺	质　量　标　准
（1）检查连接叉、齿轮箱的损伤和开裂、变形情况，如有开裂及严重变形，应予更换。 （2）取下转动触头装配上的玻璃纤维防雨罩。 （3）用专用工具逐个压下转动触头的弹簧、分别取出压片、弹簧、触指，并用酒精逐件清洗干净，用卫生纸抹干并涂上导电脂。 （4）取下齿轮箱上部的盖板。 （5）把连接叉与轴相连的两个 ϕ10mm × 70mm 弹性圆柱销打出，取下齿轮箱内部的 4 个弹性挡圈，以及轴、键和齿轮。 （6）将连接叉与外触快连接的 6 个 M8 × 50mm 不锈钢六角螺栓松开，取下外触块和外过渡板，然后将内触块上的 6 个 M8 × 30mm 不锈钢六角螺栓松开，取下内触块及内过渡板。 （7）检查并用酒精清洗轴、键、齿轮弹性挡圈、弹性圆柱销和绝缘垫，并用卫生纸抹干。 （8）用金相砂纸和凡士林一起将铜铝双金属过渡板、触块、触指和铸件接触面砂光，用酒精清洗干净，卫生纸抹干，涂上新的导电脂，立即按拆卸时的逆顺序进行装复，拧紧六角螺钉，注意绝缘垫应在弹性挡圈和齿轮箱之间。 （9）松开齿条支轴两端的 M6 × 12mm 螺栓及挡板，打出支轴取出 ϕ27mm × ϕ24/20mm 复合轴套，检查支轴半圆面及复合轴套的磨损及变形情况，用酒精清洗所有零部件，并用卫生纸抹干，将支轴与复合轴套的接触面涂以二硫化钼。 （10）按拆卸时的逆顺序进行装复，装复后将齿轮涂以黄干油，并测量中间接头装配两铸件端面的回路电阻	连接叉铸件无开裂及严重损伤。 防雨罩无开裂。 弹簧无开裂、变形，触指表面镀银层良好、光滑，压块无开裂、损坏。 轴无变形，弹性圆柱销无锈蚀和开裂，弹性挡圈弹力适中、无损伤，齿轮无锈蚀，丝扣完整，无严重损伤。 螺栓齐全、规格正确，丝扣完整，触块无严重磨损，双金属过渡板无明显电腐蚀和机械磨损。 各零部件完好、洁净。 装复时，内外过渡板位置和方向正确，螺栓紧固，接触良好，绝缘垫位置正确。 接触面光滑、复合轴套完好。 装配正确，接触可靠，转动灵活，其回路电阻值小于 12μΩ

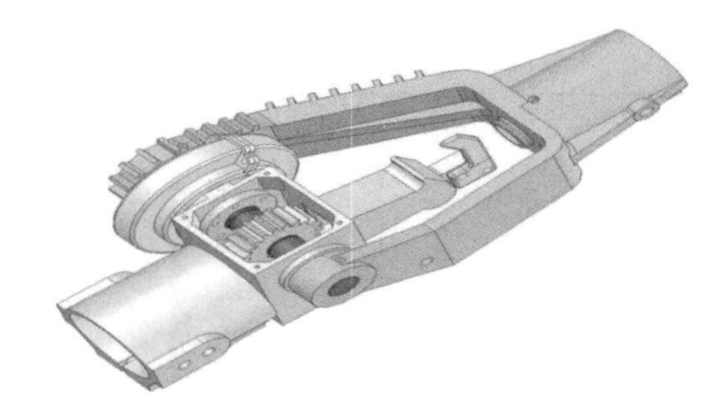

图 2－6　中间接头装配图

12）下导电管装配（见图 2－7）检修工艺及质量标准见表 2－17。

表 2－17　　下导电管装配检修工艺及质量标准

检　修　工　艺	质　量　标　准
（1）将拉杆装配上的调节螺母，从齿条侧旋出，取出平衡弹簧等零件，并将导向轮和连板分解。 （2）打出齿条与拉杆之间的弹性圆柱销。 （3）检查平衡弹簧的疲劳、锈蚀及损坏情况，测量其自由长度，脱漆部分重新刷防锈漆，并涂黄干油。 （4）检查弹性圆柱销，如开裂、变形、生锈应更换。 （5）检查齿条损坏情况，如缺齿、断齿应予以更换。 （6）检查拉杆的生锈及变形情况，除锈并刷防锈漆。 （7）检查导向轮的磨损及变形情况，如开裂或严重损坏应予更换。 （8）按拆卸时的逆顺序装复下导电管装配，装复前，应将调节螺母等零部件用酒精清洗干净，并应注意蝶形垫片的装配方向，拉杆涂黄干油	平衡弹簧无锈蚀，自由长度符合厂家要求，长度为 622mm。碟形弹簧性能良好，无开裂、变形。 圆柱销无开裂、变形、生锈。 齿条平直，无变形、断齿等。 拉杆无生锈、变形。 滚轮无开裂及严重变形。 装配正确，零部件干净整洁

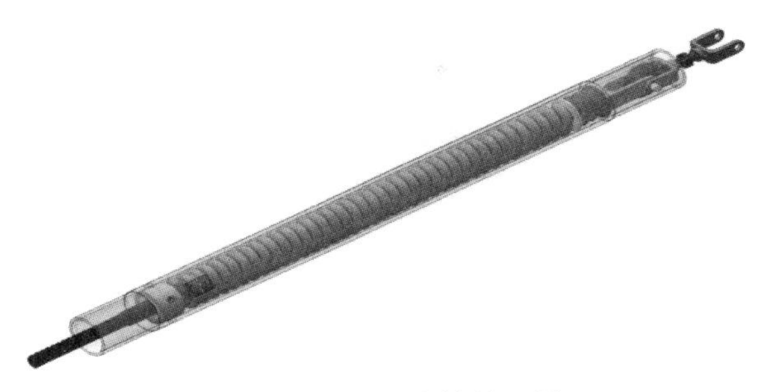

图 2－7　下导电管装配图

13）接线底座装配（见图 2－8），检修工艺及质量标准见表 2－18。

表 2－18　　接线底座装配检修工艺及质量标准

检　修　工　艺	质　量　标　准
（1）检查调节拉杆的反顺接头以及并紧螺母的螺纹是否完好，旋动是否灵活，轴孔是否光洁，可用锉刀和 0 号砂纸进行修整。 （2）取下导电底座与转动座相连的转动触指装配的防雨罩，检查其开裂变形情况，装复时应保证合闸或分闸时其排水孔朝下。 （3）用专用工具逐个压下转动触指上的弹簧，分别取出压片、弹簧、弹簧托和触指，并用酒精逐件清洗干净，用干净抹布抹干，涂上导电脂。 （4）将转动座和拐臂上的平垫和开口销拆下，取下转动座与拐臂之间的调节拉杆。 （5）将转轴端面的 ϕ10mm 的弹性圆柱销打出，同时松开紧固在转动座上的 6 个 M8 螺栓（螺栓不要取下），用手托住转动座，取出转轴，同时抽出转动座，卸下螺栓、支架、外触块和外过渡板，检查并将其用酒精清洗，再用干净抹布抹干，转轴与转动座接触面应涂上二硫化钼。 （6）松开紧固在内触块上的 6 个 M8 内六角螺栓，取下内触块和内过渡板，将其与和底座上的各个接触面砂光并立即用酒精清洗干净，涂上导电脂，然后装复，装复时应注意零件和过渡板缺口位置及方向的正确性，并测量其导电回路电阻值。 （7）取下齿轮箱上部的防雨罩，打掉拐臂两侧的 ϕ10mm×50mm 的弹性圆柱销，取下两端拐臂，用 0 号砂纸砂光拐臂销。 （8）打出小锥齿轮上的弹性圆柱销，取下轴和小锥齿轮、弹性挡圈、垫片及其两端的 ϕ34mm×ϕ30/20mm 复合轴套，检查轴的变形及小锥齿轮磨损情况，用酒精清洗并用干净抹布抹干，齿轮上及轴与复合轴套接触面涂二硫化钼。 （9）取出齿轮箱上的高压聚乙烯防雨套，打出大锥齿轮下部的弹性圆柱销，取下大锥齿轮、平键（GW16/17-550）和法兰焊接以及 ϕ39mm×ϕ35/20mm 复合轴套，检查大锥齿轮及复合轴套的磨损情况，用酒精清洗各部件，并用干净抹布抹干，齿轮上及轴与复合轴套接触面涂二硫化钼。 （10）松开导电底座上接线板的 6 个 M12 紧固螺栓，并用 0 号砂纸砂光导电接触面，用酒精清洗，并用干净抹布抹干，立即涂上导电脂。 （11）更换所有弹性圆柱销，按拆卸时的逆顺序进行导电底座装配的装复，注意大小锥齿轮套好以后，调节拉杆在合闸位置时，下部法兰固定螺孔的位置必须与拆卸前的位置保持一致	调节拉杆的材质应为青铜或不锈钢，拉杆平直，螺纹完好，旋动灵活。 防雨罩应为玻璃纤维材质，无开裂、变形。 弹簧无变形、生锈，触指镀银层良好、光洁，压片无开裂、折断。 主轴平直、光滑、无变形。 接触面光洁，回路电阻小于 15μΩ。 圆柱销光滑、无锈。 轴无变形，齿轮无裂纹、断齿。 齿轮无裂纹、断齿，各零部件干净、整洁。 接触面光滑、平整。 装配正确，螺栓紧固

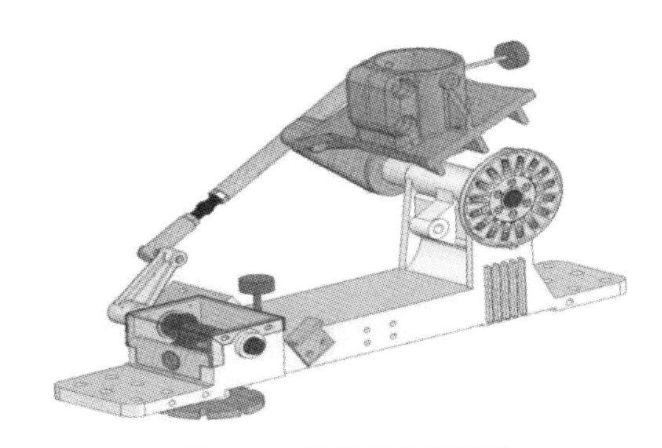

图 2－8　接线底座装配图

14）旋转绝缘子支座装配（见图2－9）的检修工艺及质量标准见表2－19。

表2－19　　转动绝缘子支座装配的检修工艺及质量标准

检修工艺	质量标准
（1）松开3个顶杆的紧固螺栓，取出接顶杆。 （2）冲下转轴上面的弹性圆柱销，取下支架。 （3）清洗所有零部件，用干净抹布抹干后，支架内孔、相对运动部位涂二硫化钼。 （4）按拆卸时的逆顺序装复旋转绝缘子支座装配	夹头完好，无开裂、变形等。 转动部位润滑良好

图2－9　旋转绝缘子支座装配

15）组合底座装配和传动系统的检修工艺及质量标准见表2－20。

表2－20　　组合底座装配和传动系统的检修工艺及质量标准

检修工艺	质量标准
（1）拆除垂直转动杆、主动拐臂、被动拐臂与三相水平传动杆的连接螺栓轴，取下水平传动杆并进行检查。 （2）松开垂直传动杆主动拐臂上的2个M10定位螺栓，打下主动拐臂，取下10mm×50mm的圆头键。 （3）松开两边相轴下端的定位螺栓，取出被动拐臂和月型键。 （4）拆下联轴器装配紧固螺栓，取下垂直传动杆并进行检查。 （5）将三角支架与调节顶杆相连的3个M12螺栓取下，取出三角支架、复合轴套、ϕ6mm弹性圆柱销并进行检查。 （6）将槽钢与上部的弯板以及与角铁相连接的螺栓全部松开，使三者分离。 （7）将所有零件除锈并用酒精清洗，将复合轴套及与其相接触的表面涂二硫化钼，如复合轴套损坏，则予以更换。 （8）按拆卸时的逆顺序进行装复。 （9）将组合底座的所有螺栓紧固，清除底座上面的污垢和锈蚀，先刷防锈漆，再刷灰漆	连杆、拐臂无变形、弯曲，反顺牙套与水平连杆扣入丝扣深度大于25mm。 垂直传动杆平直，无变形。 联轴器各部件无变形。 三角支架无变形和锈蚀，复合轴套转动灵活，配合公差小于0.5mm。 拆下的零件存放稳妥、无损伤、无丢失。 所有零件无锈蚀和开裂、变形。 各部件无锈蚀，转动件无卡涩，轴销孔光滑，轴销转动自如，丝扣内涂黄干油

16）特性检查项目及质量标准见表2－21。

表2－21　　特性检查项目及质量标准

检修项目	质量标准
（1）手动分、合闸，检查动触头和静触杆接触情况。 （2）机构与产品分、合闸位置应一致。接地开关分、合闸位置检查：合闸时，接地动触头应插入静触头，深度符合说明书要求，并保证同期性	动触头与触指应对中，动触头应可靠接触静触杆，触指与静触杆接触间隙保证0.05mm的塞尺不通过。 合闸时，合闸位置机构箱顶部的指示箭头应对准防雨罩上“合”；分闸时，分闸位置机构箱顶部的指示箭头应对准防雨罩上“分”。以上各参数如果不满足要求时，需进行调整。接地开关分合闸同期不大于20mm

17）功能试验质量标准见表 2－22。

表 2－22　　功能试验质量标准

检修项目	质量标准
控制开关功能试验	控制开关在遥控位置，就地应无法操作。 控制开关在就地位置，遥控应无法操作

18）测量回路电阻质量标准见表 2－23。

表 2－23　　测量回路电阻质量标准

检修项目	质量标准
测量回路电阻	测量主回路电阻（20℃时）：（GW16–220 主回路电阻不大于 100MΩ；GW17–220 主回路电阻不大于 120MΩ，具体值请参照隔离开关出厂时的说明书，不同额定电流、不同时期出厂的隔离开关主回路电阻标准略有不同）

19）操作试验质量标准见表 2－24。

表 2－24　　操作试验质量标准

检修项目	质量标准
手动/电动合、分闸操作	手动操作各三次，分、合闸动作正常。 电动近控或遥控操作各三次，确认动作到位，确认监控后台信号正确

20）自验收/运行验收质量标准见表 2－25。

表 2－25　　自验收/运行验收质量标准

检修项目	质量标准
自验收	根据检修导则工艺技术要求进行全面检查并进行合、分闸操作复核调整数据。 认真填写检修报告
运行验收	根据检修导则工艺技术要求进行全面检查，并进行手动操作、电动近控操作、电动遥控操作各三次，均应符合技术要求

21）恢复设备状态，清理施工现场质量标准见表 2－26。

表 2－26　　恢复设备状态，清理施工现场质量标准

检修项目	质量标准
恢复设备状态	恢复运行许可工作时的设备状态
清理施工现场	清理打扫现场，做到工完料尽场地清，检修设备上不可遗留任何物件

2.2.6　隔离开关的调试

调试时，一般先手动操作，再电动操作。先单相调试，再三相联调。具体分析如下：

（1）主动相与机构的同步调试、单相动触头部分调试。若隔离开关合闸角度过大而分闸不到位，或分闸角度过大而合闸不到位，说明电动机构的初始角度与隔离开关主动拐臂的初始角度不匹配，此时应将隔离开关摇至分闸位置，后松开垂直连杆与电动机构连接的联轴板

装配，将机构输出轴向合闸方向（或分闸方向）旋转一定角度，然后再拧紧螺栓，重复操作直至分合闸均准确到位为止。

若电动机构及主动拐臂都已运动到位，而隔离开关出现分闸不到位且合闸角度过大，或者合闸不到位且分闸角度过大，说明被动拐臂的初始角度和主闸刀分合闸的角度不匹配，调节（图 2-1 序 3、图 2-2 序 2）中拉杆的长度，改变被动拐臂的初始角度，重复操作直至分合闸均准确到位为止。

若电动机构及主动拐臂都已运动到位，而隔离开关出现分闸不到位但合闸到位，或者合闸不到位但分闸到位，说明主动拐臂的长度过短；若隔离开关出现分闸角度过大且合闸角度也过大，说明主动拐臂的长度过长；调节主动拐臂的长度，改变被动拐臂的输出角度，重复操作直至分合闸均准确到位为止。

对于主动相，如分合闸均不到位或均过位，则应调整电动机构的输出角度使主动相与机构分合闸同步。

通过上述调整，保证下导电管处于竖直或向合闸方向多旋转不大于 2°。若上导电管合闸不竖直，此时应通过调整下导电臂处丝杆装配（图 2-1 序 4、图 2-2 序 3），保证上导电管处于竖直状态。

当隔离开关连接母线后，若绝缘子出现一定程度的倾斜，可以通过调整底座装配处 4 根螺杆 M20 六角螺母，调整 4 根螺杆相互高度，保证隔离开关整体处于水平状态。

手动操作合格后，准备电动操作，将主闸刀置于分、合闸中间位置，接通电源，触动分闸按钮或合闸按钮，观察主闸刀是否按预期的方向运动，如果不对，立即按“停止”按钮，并调换三相电源中的任意两相。

后备保护触点的切换间隙以及外部限位的排查：将电动机构分别电动到分闸和合闸位置，排查减速箱上方的弹簧片到后备保护触点的间隙和机构上方限位块与限位螺栓之间的间隙，前者应为 3～5mm，后者应为 6～10mm。

（2）单相静触头部分调试。手动合闸，观察动触片对静触头的钳夹位置是否正确，不正确可以调整钢芯铝绞线圈的直径和母线夹头在母线上的位置或者调整静触杆的位置。

（3）三相联调。将三相拐臂板的起始位置调到一致，且与主闸刀分、合闸位置相符，用水平两联杆将三相闸刀连接成一个整体进行联动调试。通过调节拐臂板的长短、水平两联杆的长短，来调节三相合闸同期性，三相同期性误差主闸刀不大于 20mm（测量方法：主闸刀任一相的静触杆首先接触其动触片时，另外两相的静触杆与动触片尚未接触之间的距离最大不大于 20mm）。

（4）电动调试。按照电动操动机构安装使用说明书的要求连接二次回路导线，检查无误后接上电动机电源和控制电源，接入外部闭锁线和停止遥控线，进行电动试操作。在电动操作前应使机构处于分、合闸中间位置，再按分、合按钮检查机构输出轴旋转方向是否正确，若发现闸刀旋转方向与指令不符，说明三相电源相序相反，立即按“停止”按钮，将三相交流电源任意两根相互调换一下即可。接上电源，连续分合闸操作 10 次，必须保证隔离开关和电动机构分合动作正常，二次回路电气闭锁信号正确无误，导电接触可靠，各有关连接部分不应有松动现象，机械传动部分传动平稳，无异常声响。

2.2.7　隔离开关故障判断及处理

隔离开关故障判断及处理见表 2–27。

表 2–27　隔离开关故障判断及处理

常见故障	产生原因	处理方法
动触片与静触杆接触不良	动触片的四个触点与静触杆不平行	（1）松开上导电管与动触头座之间的紧固螺栓及定位螺塞，视具体情况稍微转动一下动触头座，然后拧紧各螺栓。 （2）调整静触杆来实现动、静触头的可靠接触。 （3）调整动触片，使每侧的两个动触片的四个接触点在同一平面内
	动触片变形	更换动触片
合闸终了时，动、静触头之间的接触压力不够或无夹紧力	上导电管装配中的操作杆长度过短	松开中间接头装配与上导电管装配相连的定位螺塞及紧固螺栓，将上导电管向连接叉里插进一些，再进行装配
	上导电管长度过长	
	中间的滚轮直径较小	更换成较大直径的滚轮
	静触杆直径较小	更换静触杆
隔离开关在合闸位置时，下导电管处于垂直（GW16 型）或水平（GW17 型）位置，而上导电管不垂直或不水平	主导电系统内的齿条与齿轮啮合不正确	（1）当下导电管垂直或水平而上导电管向分闸方向倾斜时，可缩短下导电管与导电底座连接处的丝杆装配长度。 （2）倾斜严重的可松开中间接头与下导电管相连的紧固螺栓及定位螺塞，将齿轮箱取下，重新挂齿并加以调整，使上、下导电管成一直线，并将紧固螺栓及定位螺塞拧紧。 （3）当主闸刀处于合闸正常状态时，尽可能收紧丝杆装配长度，消除齿轮、齿条的间隙
隔离开关处在合闸位置时，上、下导电管成一直线，但整体不在垂直（GW16A 型）或水平（GW17A 型）位置	接线底座装配中双四连杆长度调整不当	松开双四连杆上的锁紧螺母，适当放长或缩短调节拉杆长度。注意：一定要使两侧调节拉杆长度相等，并将锁紧螺母拧紧
隔离开关在调试时，单相分、合闸力矩之差大于 30N • m	下导电管内平衡弹簧压缩量调整不当	（1）GW16 型：当合闸力矩大、分闸力矩小时，顺时针旋转调节螺套（从齿轮箱往下看）；当合闸力矩小而分闸力矩大时，调整方法与以上相反。 （2）GW17 型：当合闸力矩大、分闸力矩小时，逆时针旋转调节螺套（从齿轮箱往下看）；当合闸力矩小而分闸力矩大时，调整方法与以上相反。 （3）注意：均应在主闸刀处于竖直状态调整
隔离开关在三相联动时，中相的分、合闸正常而一边相合闸不到位，另一边相分闸不到位	三相联动杆长度调整不当	适当调整三相联动杆长度
隔离开关在三相联动时，中相的分、合闸正常而边相分、合闸均不到位，或边相分、合闸均过位	两边相的三相联动臂长度调节不当	（1）边相分、合闸均不到位：松开固定三相联动臂与齿板的螺栓，将齿板沿拐臂向里做适当调整，并配合调整三相联动杆，以达到和主相同期的目的。 （2）边相分、合闸均过位：通过增加三相联动臂的长度来调整，具体方法与以上相反
隔离开关在合闸过程中，有时会出现动触头运动轨迹成蛇形，即动触头向合闸方向运动的同时，伴有左右摆动	主闸刀齿轮与齿条啮合不稳	在竖直状态，松开中间接头装配与下导电管装配相连的紧固螺栓及定位螺塞，然后将中间接头装配顺时针和逆时针方向适当转动，使齿轮与齿条啮合可靠，再把紧固螺栓及定位螺塞紧固
导电系统运行中发生过热现象	触头材质和制造工艺不良：如静触杆没有镀锡或镀银，或是虽镀银但镀层太薄，磨损露铜，以及由于锈蚀造成接触不良而发热严重甚至导致动触片烧损；再如调整不到位而引起的触点接触不到位	检查静触杆上镀银情况，如磨损露铜，则可更换钳夹位置来避开磨损位置；检查动触片接触位置，如有轻微烧伤可用砂纸打磨修复，如损伤严重，应更换；主闸刀调整要到位，合闸一定要到位，动触片一定要钳夹住静触杆

续表

常见故障	产生原因	处理方法
机构及传动系统问题	机构箱进水，各部轴销、连杆、拐臂、底架甚至底座轴承锈蚀造成拒分拒合或是分合不到位；连杆、传动连接部位等强度不够导致断裂而造成分合闸不到位	对机构及锈蚀部件进行解体检修，更换不合格元件；加强防锈措施，涂二硫化钼润滑脂
电气二次回路问题	电动机构分合闸时，电动机不启动，隔离开关拒动	电气二次回路串联的控制保护元件较多，包括微型断路器、转换开关（远方、就地、停止）、交流接触器、限位开关、联锁开关及辅助开关等。任一元件故障，就会导致隔离开关拒动。当按动分合闸按钮而电动机不启动时，要首先检查操作电源是否完好，然后停电对各元件进行检查，出现元件损坏时，须查明原因，并予以更换
钳夹位置的问题	一般由现场装配不合理引起	观察动触片对静触杆的钳夹位置(即静触杆一般在动触片导电带安装螺栓中间位置)，如钳夹插入太少或太多，检查动触头侧和静触头侧安装基础的位置和绝缘子的垂直度。如安装基础的位置正确，将绝缘子与底座连接螺栓松开，用U形调整垫片来调整绝缘子的垂直度

2.3 CJ11型机构二次回路简介

2.3.1 CJ11型机构工作原理

当给出分、合闸操作信号时，电动机得电运转，通过一、二级齿轮减速（二级齿轮上引出手动操作方轴），以及蜗杆、蜗轮减速输出力矩，用以操动隔离开关。当隔离开关运动到设定的分、合闸位置时，输出轴通过拐臂连杆推动辅助开关上的电气限位开关，使电动机停止运转。为防止电动机出现辅助开关控制回路触点失灵，电动机不能停止运转，特在箱体内输出轴左右两侧安装有限位开关（限位开关触点串联在控制回路中，其触点切换时间要滞后于辅助开关控制回路触点的切换）。一旦出现上述情况，随主轴一起转动的铜带就会撞开限位开关上的触点，从而切断控制回路，电动机停转，增加电气保护，防止误动作。即使二次电气保护出现故障，机构安装背板上的限位螺栓也会顶住机构输出轴上的机械限位件，而迫使机构的电动机保护开关跳闸，从而起到保护机构和隔离开关本体的目的。

2.3.2 CJ11型机构电动机回路介绍

图2–10是CJ11型机构的电动机回路和控制回路，电动机回路由三相交流操作电动机M、控制电动机正反转交流接触器KM1和KM2、电动机保护开关QF1等元器件组成。电动机的正反转原理是通过接触器KM1、KM2的动作将接至电动机三相电源进线中的任意两相实现对调。

（1）隔离开关分闸操作。当空气断路器QF1处于合上位置，且KM1三对主触点KM1/1–2、KM1/3–4、KM1/5–6闭合时，隔离开关电动机M得电正转，隔离开关进行分闸操作。

（2）隔离开关合闸操作。当空气断路器QF1处于合上位置，且KM2三对主触点KM2/1–2、KM2/3–4、KM2/5–6闭合时，隔离开关电动机M得电反转，隔离开关进行合闸操作。

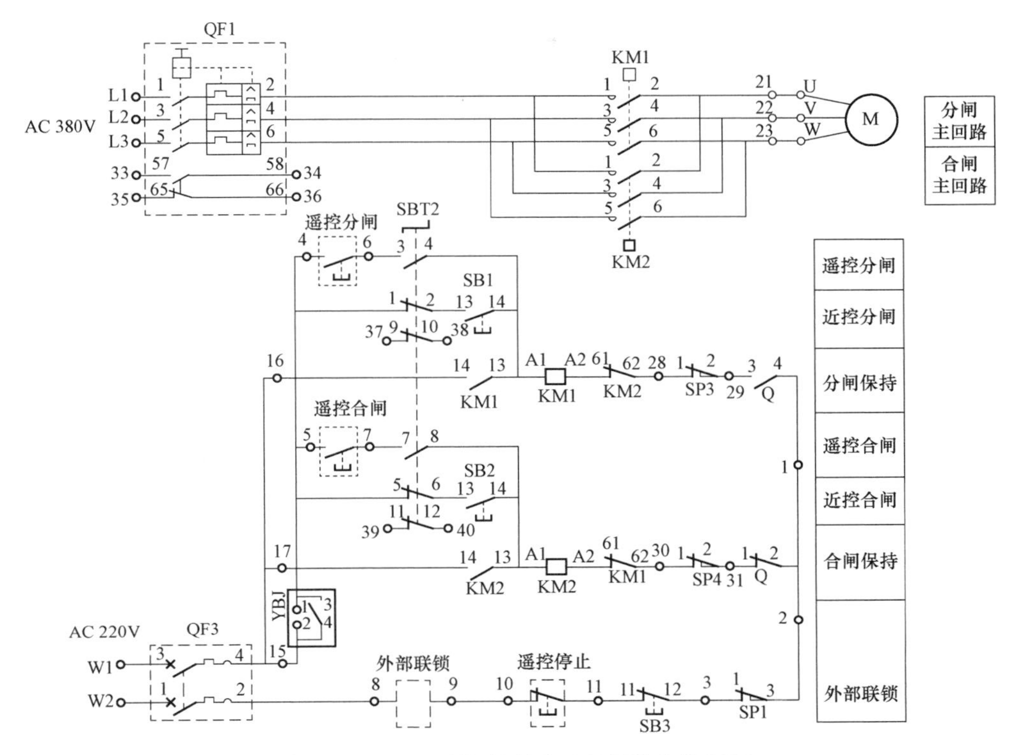

图 2－10　CJ11 型机构的电动机回路和控制图

2.3.3 CJ11 型机构控制回路详解

隔离开关的控制回路由控制电源空气断路器 QF3、远方/就地转换开关 SBT2、分闸按钮 SB1、合闸按钮 SB2、急停按钮 SB3、交流接触器 KM1/KM2、分合闸限位开关 SP3/SP4、侧门闭锁开关 SP1、辅助开关 Q、端子排 T、遥控闭锁继电器 YBJ、外部联锁等元器件及端子接线组成。

1. 远方分闸操作

当隔离开关符合外部联锁条件时，T/8－9 导通。将远方就地切换开关 SBT2 切到“远方”位置，其触点 SBT2/3－4 导通。当后台发出隔离开关分闸指令后，遥控闭锁继电器 YBJ 得电导致遥控五防闭锁触点 YBJ/3－4 导通，且下列回路导通：

T/W1→QF3/3－4→T/15→YBJ/3－4→T/4－6（遥分触点）→SBT2/3－4→KM1/A1－A2→KM2/61－ 62→T/28→SP3/1－2→T/29→Q/3－4→T/1→T/2→SP1/1－3→T/3→SB3/11－12→T/10－11→T/8－9→QF3/1－2→T/W2，KM1 线圈得电，电动机 M 转动，隔离开关分闸。

同时，触点 KM1/13－14 闭合，下列回路导通，实现 KM1 线圈自保持。

T/W1→QF3/3－4→T/16→KM1/13－14→KM1/A1－A2→KM2/61－62→T/28→SP3/1－2→T/29→Q/3－4→T/1→T/2→SP1/1－3→T/3→SB3/11－12→T/10－11→T/8－9→QF3/1－2→T/W2。

隔离开关分闸到位后，辅助开关上触点 Q/3－4 断开，KM1 线圈自保持回路断电，电动机断电停转，隔离开关远方分闸操作结束。

2. 就地分闸操作

当隔离开关符合外部联锁条件时，T/8－9 导通。将远方就地切换开关 SBT2 切到“就地”位置，其触点 SBT2/1－2 导通。当五防电脑钥匙插入该电编码锁，验证正确后五防解锁钥匙接通遥控闭锁继电器 YBJ/1－2，在机构箱处按下分闸按钮，SB1/13－14 导通，且下列回路导通：

T/W1 → QF3/3－4 → T/15 → YBJ/1－2 → SBT2/1－2 → SB1/13－14 → KM1/A1－A2 → KM2/61－62→T/28→SP3/1－2→T/29→Q/3－4→T/1→T/2→SP1/1－3→T/3→SB3/11－12→T/10－11→T/8－9→QF3/1－2→T/W2，KM1 线圈得电，电动机 M 转动，隔离开关分闸。

同时，触点 KM1/13－14 闭合，下列回路导通，实现 KM1 线圈自保持。

T/W1→QF3/3－4→T/16→KM1/13－14→KM1/A1－A2→KM2/61－62→T/28→SP3/1－2→T/29→Q/3－4→T/1→T/2→SP1/1－3→T/3→SB3/11－12→T/10－11→T/8－9→QF3/1－2→T/W2。隔离开关分闸到位后，辅助开关上触点 Q/3－4 断开，KM1 线圈自保持回路断电，电动机断电停转，隔离开关远方分闸操作结束。

3. 电动停止

当隔离开关在分、合闸过程中需要紧急停止时，可以按下停止按钮 SB3，串联在公共回路中 SB3/11－12 动作断开，切断隔离开关控制回路，分合闸接触器失电复位，电动机停止运转。

4. 电动机保护

电动机回路出现过载、缺相、短路时，电动机保护开关 QF1 会自动跳开，从而保护电动机。

5. 手动操作

对隔离开关进行手动操作时，插入摇把时 SP1 动作，控制回路中 SP1/1－3 动断触点断开，从而闭锁隔离开关电动，保证操作人员的安全。

6. 外部联锁

外部联锁用于变电站的安全操作以及隔离开关与断路器、其他隔离开关或接地开关的电气联锁，实现防误操作功能。

2.3.4 CJ11 型机构二次元器件介绍

CJ11 型机构二次元器件介绍见表 2－28。

表 2－28　CJ11 型机构二次元器件介绍

元器件名称	规格参数	简　图	功能介绍
电动机保护开关 QF1	西门子； 3VU1340－1MG； 额定电流 1.3A		对三相电动机回路提供过载、缺相、短路、断开保护，功能上相当于小型断路器＋热偶＋缺相保护器，用来保护电动机

续表

元器件名称	规格参数	简　图	功能介绍
分闸接触器KM1、合闸接触器KM2	施耐德；LC1D09；AC 220	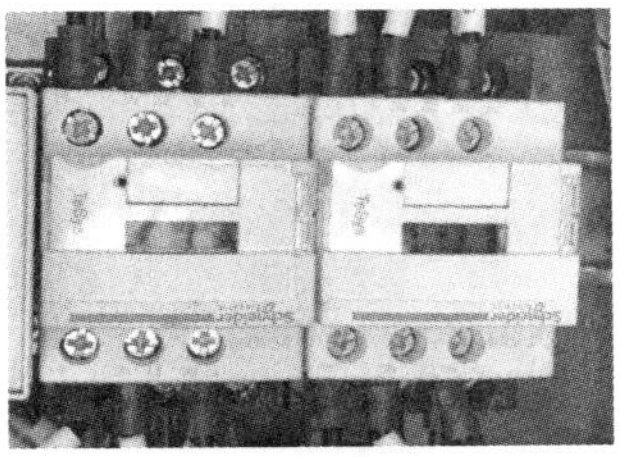	控制电动机主回路的闭合断开
远方就地切换开关SBT2	ATP；LW39B－16RE33/3		实现隔离开关控制回路的远方、就地控制切换
分闸按钮SB1、合闸按钮SB2、急停按钮SB3	ATP；LA39B系列	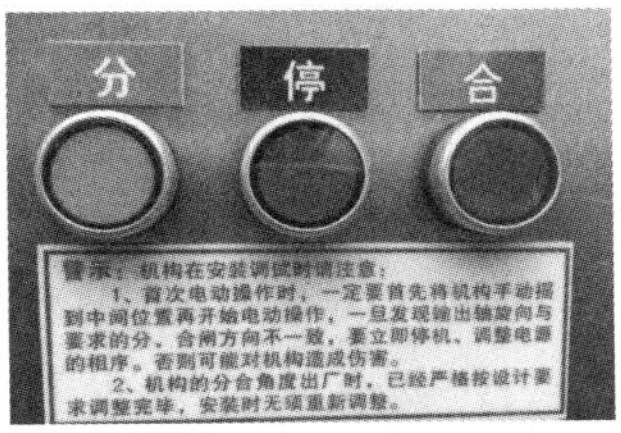	用于分、合闸操作及指示和停止按钮
辅助开关Q	平高；F11－28Ⅱ/WB		用来指示隔离开关的状态、分合闸到位切断控制回路及电气联锁之用。（第一片红色的限位触点用来切断合闸回路；第二片绿色的限位触点用来切断分闸回路）
侧门开关SP1	北仑电器；LXW20－11		用侧门闭锁，防止手动分合隔离开关时进行电动操作伤人
分闸限位开关SP1、合闸限位开关SP2	北仑电器；LXW20－11	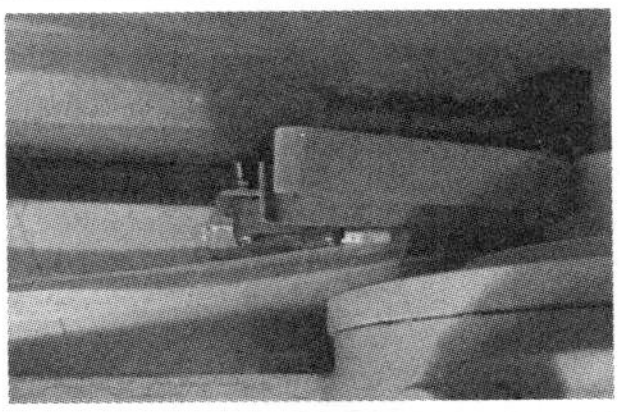	在分合闸到位辅助开关限位触点Q没有切断控制回路情况下，铜片会碰到限位开关，从而切断控制回路，作为第二重保障

第3章　长高 GW35/36-550 型隔离开关检修工艺

3.1　长高 GW35/36-550 型隔离开关简介

3.1.1　隔离开关用途

长高 GW35/36-550 型隔离开关是用于电力系统的一种户外高压设备，额定电压为550kV。当电网中相关高压电气设备在正常停（送）电维护检修或发生故障，需要从运行中退出（投入）时，在有电压、无负载电流的情况下，可以进行分（合）闸的操作，从而使被检修的高压电气设备与运行带电的高压电气回路可靠隔离或联通。当电网运行方式需要改变，从一种运行接线倒换成另一种运行接线时，在不断开或关合负荷电流的前提下，切合母线转换电流及电压互感器、避雷器等充电电流。

3.1.2　隔离开关主要特点

1. 结构先进

GW35/36-550 型隔离开关是水平伸缩式户外交流高压隔离开关。分闸时隔离开关缩回合拢折叠，分闸终了时与其正对面的静触头装配之间形成清晰醒目、有足够空气间隙的可靠隔离断口；合闸时隔离开关犹如手臂伸直动作一样，当它完全伸直后合闸操作完成，静触头装配的静触棒可靠地插入动触指内。动触头采用新型梅花触指结构，配有引弧装置，具有开、合母线转换电流及电感、电容等小电流的能力。其结构先进，外形紧凑、简洁。

2. 优异的电气性能

该隔离开关在断开后，动触头与静触头装配之间有足够的空间距离；支持绝缘子和旋转绝缘子有较好的绝缘强度；采用新型梅花触指结构的动触头在被静触棒插入过程中将两个导电接触面净化清洁，合闸终了时仍然具有一定压力而保持着良好的接触，保证了主回路具有较小的回路电阻；同时，相关设计也充分考虑了隔离开关在通过故障电流时的安全，选取导体的材质、截面和几何形状均能保证在通过额定冲击电流和短时耐受电流时，隔离开关完好无损。

3. 环境适应性强

隔离开关导流部位由铝合金及铜材制成，弹簧及传动部分等重要零部件均装于封闭的铝合金导电管内部，与外部环境隔离；静触头装配放置于防护罩内，具有优良的防护功能；底座采用热镀锌；标准件采用不锈钢或热镀锌；转动部位采用全密封球轴承；所配电动操动机构的外壳及电气元件安装板均采用不锈钢材质，具有可靠的防潮、防尘、隔热、防小动物进入等功能，对恶劣的工作环境和气候条件适应能力强。

3.1.3　隔离开关技术参数

隔离开关技术参数见表 3－1。

表 3－1　　　　隔离开关技术参数

序号	项目	单位	GW35	GW36
1	额定电压	kV	550	550
2	最高工作电压	kV	550	550
3	额定电流	A	4000	4000
4	额定峰值耐受电流	kA	160	160
5	3s 热稳定电流	kA	63	63
6	主回路电阻	μΩ	≤150	≤150
7	单相质量	kg	1425	3600
8	机构电动机额定电压	V	AC 380；DC 220	
9	电动机额定电流	A	1.95	
10	电动机启动电流	A	≤5	
11	控制回路电压	V	AC 380；AC 220；DC 220；DC 110	
12	分合闸时间	S	隔离开关：12±2；接地开关：9±1.5	
13	电动机构质量	kg	80	

3.1.4　隔离开关总体结构

GW35/36－550 型隔离开关由三台单极隔离开关组合而成，每台单极隔离开关的主闸刀配装单独的电动操动机构，通过电气控制回路来完成三相同步分合闸操作。每台单极隔离开关由组合底座装配、支持绝缘子、旋转绝缘子、接线底座装配、主闸刀装配、接地开关装配、静触头装配、静触头底座装配及操动机构等组成。

GW36－550D 型隔离开关结构如图 3－1 所示，GW35－550D 型隔离开关结构图如图 3－2 所示。

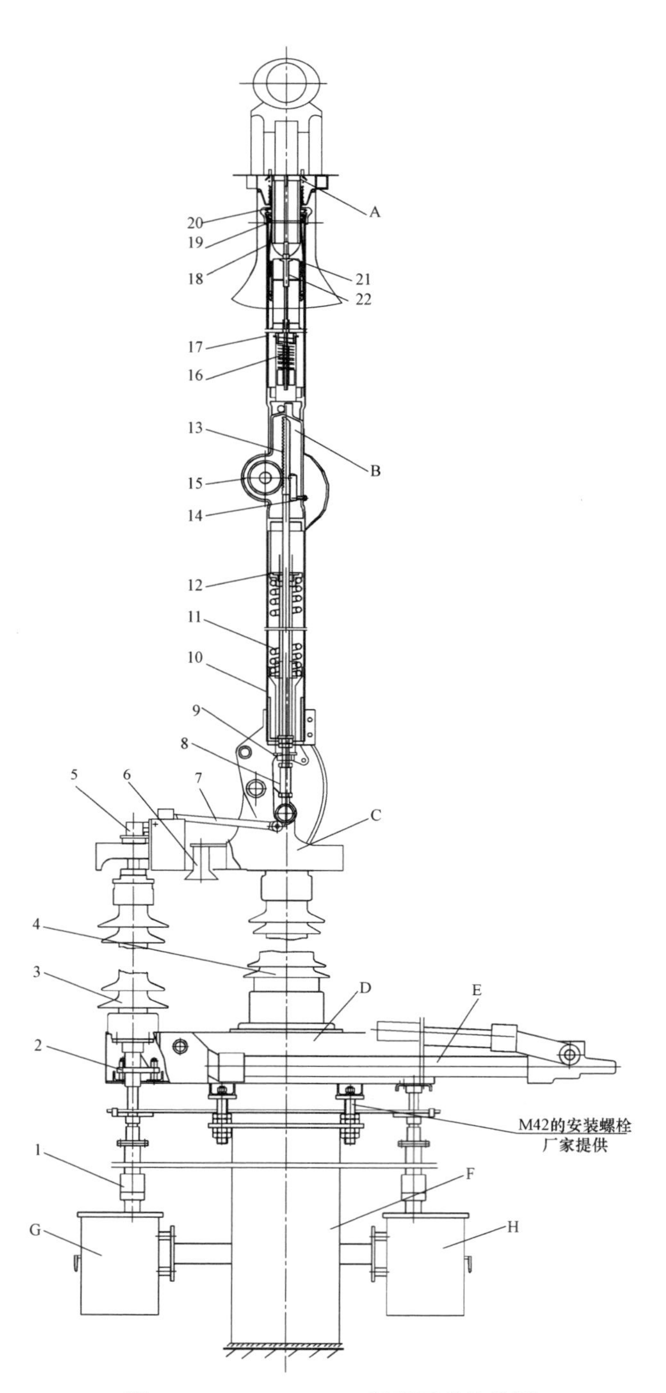

图 3－1　GW36－550D 隔离开关结构图

A—静触头装配；B—主闸刀装配；C—接线底座装配；D—组合底座装配；E—接地开关装配；
F—基础立柱；G—电动操动机构；H—电动操动机构或手动操动机构

1—抱箍接头；2—可调支承；3—旋转绝缘子；4—支持绝缘子；5—主动拐臂；6—接地开关静触头装配；7—可调连杆；
8—可调连接；9—调节螺母；10—下导电管；11—平衡弹簧；12—拉杆；13—齿条；14—调节螺栓；
15—齿轮；16—复位弹簧；17—上导电管；18—动触指；19—夹紧弹簧；20—静触棒；21—静弧触头；22—动弧触头

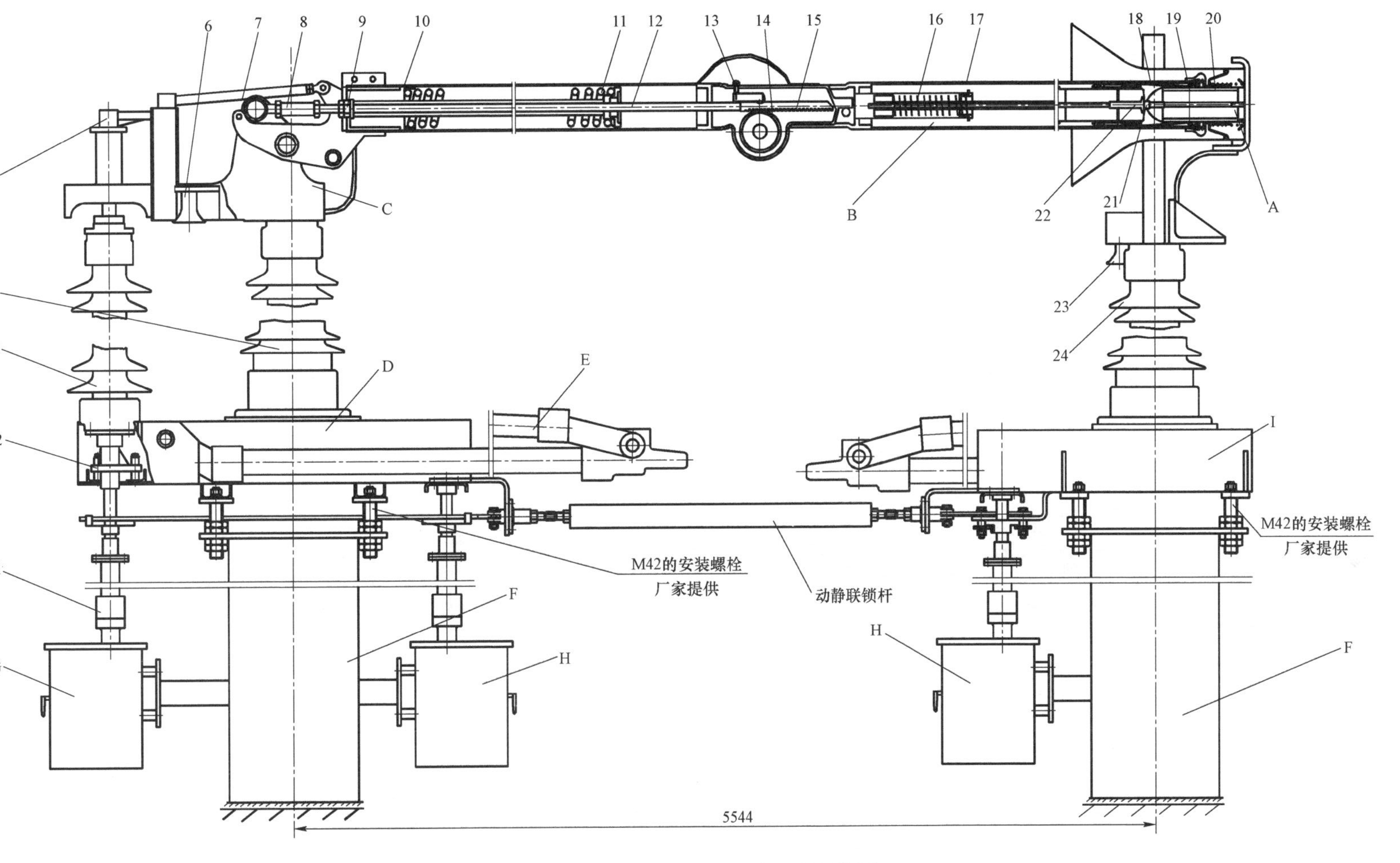

图3-2　GW35-550D 型隔离开关结构图

A—静触头装配；B—主闸刀装配；C—接线底座装配；D—组合底座装配；E—接地开关装配；F—基础立柱；G—电动操动机构；H—电动操动机构或手动操动机构；I—静触头底座装配

1—抱箍接头；2—可调支承；3—旋转绝缘子；4—支持绝缘子；5—主动拐臂；6—接地开关静触头装配；7—可调连杆；8—可调连接；9—调节螺母；10—下导电管；11—平衡弹簧；12—拉杆；13—调节螺栓；14—齿轮；15—齿条；16—复位弹簧；17—上导电管；18—动触指；19—夹紧弹簧；20—静触棒；21—静弧触头；22—动弧触头；23—接地开关静触头装配；24—静触头支持绝缘子

3.1.5 隔离开关工作原理

GW35/36型隔离开关的运动过程是由两部分运动复合而成的，即伸缩运动和插入运动。

（1）伸缩运动：由电动操动机构驱动旋转绝缘子水平转动，与旋转绝缘子相连的主动拐臂带动可调连杆运动，从而使下导电管绕支点旋转（顺时针方向转动合闸，逆时针方向转动分闸），由于可调连接与下导电管的铰接点不同，从而使与可调连接上端铰接的拉杆相对于下导电管作轴向位移，而拉杆的上端与齿条牢固连接，这样齿条的移动推动齿轮转动，从而使与齿轮轴牢固连接的上导电管相对于下导电管作伸直（合闸）或缩回（分闸）运动。另外，在拉杆作轴向位移的同时，平衡弹簧按预定的要求储能或释放能量，最大限度地平衡主闸刀装配的自重力矩，以利于隔离开关运动轻便、灵活。

（2）插入运动：隔离开关由分闸位置向合闸方向运动到接近合闸位置（快要伸直）时，主闸刀装配与静触头装配开始接触，随着上导电管继续向静触头装配方向运动，动弧触头便与静弧触头接触并被顶住，同时相对于上导电管向反方向运动，上导电管中的复位弹簧受压缩，从而使静触棒顺利接触动触指并被插入其中。动触指对静触棒保持恒定的接触压力。当隔离开关分闸时，主闸刀装配的上、下导电管向上折叠，动触指先与静触棒分离，在复位弹簧的回复力作用下，主闸刀装配中的动弧触头与静弧触头保持可靠的接触并形成回路，随着导电管继续向下运动，静弧触头与动弧触头最后分离。

引弧装置的动作原理：引弧装置的设计，主要由动弧触头、静弧触头、复位弹簧等组成。隔离开关关合母线转换电流及相关小电流时，动弧触头在操动力的作用下随上导电管一起先向静引弧触头方向运动，在动、静触头接触前产生电弧燃烧，此时隔离开关继续向前运动，复位弹簧使动弧触头与静弧触头间接触良好，电弧也随之熄灭，并具有可靠的接触压力以形成导电回路：在静触棒开始插入隔离开关的动触指之前，因为引弧装置的作用早已将导电回路接通，使隔离开关的动触指与静触棒在接触时不会生电弧，隔离开关的动触指与静触棒可靠接触与其形成并联回路后，使工作电流转移到回路电阻更小的动触指和静触棒形成的主回路。同样，在开断操作时，主回路动触指与静触棒先断开，在复位弹簧的作用下，此时则由动、静弧触头保持接触而形成导电回路，确保主闸刀装配的动触指与静触头装配的静触棒在分离时不会产生电弧，接着在操动机构的作用下隔离开关继续分闸，动弧触头与静弧触头开始分离并产生电弧燃烧，随着继续分闸两触头间的空气距离迅速加大使电弧熄灭，隔离开关继续运动到分闸位置，开断操作结束。

3.2 长高 GW35/36 型隔离开关检修导则

3.2.1 机械调整参数

机械调整参数见表3-2。

表 3－2　　机械调整参数

序号	项目	单位	GW35/36－550
1	隔离开关分闸后的断口距离	mm	4550
2	接地开关分闸后的断口距离	mm	3900
3	隔离开关静触头插入深度	mm	100±25（导向罩端面应在动触头红色标识范围内）
4	接地开关插入深度	mm	40±10
5	主回路电阻	μΩ	≤150
6	机械闭锁检查		隔离开关合闸时，接地开关不能合闸； 接地开关合闸时，隔离开关不能合闸
7	最大操作力	N	作用在手柄上的力不应大于 60，在 10%总转数内允许为 120

3.2.2　检修周期和项目

1. 检修周期

（1）大修周期：按照设备状态评价决策运行。

（2）小修周期：参照本书第 1 章 1.1 的规定进行。

（3）临修：临时性检修根据运行中出现的缺陷及故障性质进行。

2. 检修项目

（1）大修：

1）静触头装配检修。

2）上导电管装配检修。

3）下导电管装配检修。

4）接线底座装配检修。

5）接地开关装配检修。

6）旋转绝缘子、支持绝缘子检查。

7）组合底座装配检修。

8）传动系统检修。

9）电动操动机构检修。

10）手动操动机构检修。

11）整体组装和调试。

12）检查和试验。

13）本体清扫和刷漆。

14）验收。

（2）小修：

1）根据运行中发现的缺陷进行处理。

2）检查动、静触头接触情况。

3）检查橡皮垫和防护罩的密封情况。

4）检查各导电带的连接情况。

5）测量隔离开关和接地开关主回路的回路电阻。

6）清扫及检查旋转绝缘子和支持绝缘子。

7）检查（或紧固）所有外部连接件及其轴销和螺栓。

8）检查接地开关与隔离开关的联锁情况。

9）清扫及检查操动机构、传动机构，对齿轮等所有有相对运动的部分添加润滑油，并进行3～5次动作试验，检查其灵活性，配合调整辅助开关及微动开关的动作情况，用手动检查操动机构，检查丝杆与丝杆螺母在分闸与合闸终了位置时的脱扣与入扣情况，以保证丝杆螺母能够灵活自如地在丝杆上运动。

10）检查机构箱内端子排、操作回路连接线的连接情况及机构箱门的密封情况，测量二次回路的绝缘电阻。

11）检查机构箱、接地装置、基础地脚螺栓等的紧固情况。

（3）临修：临时性检修项目应根据具体情况确定。

3.2.3 危险点及安全措施

危险点及安全措施见表3－3。

表3－3　　危险点及安全措施

序号	防范类型	危险点	安全措施
1	触电	感应触电	添加保安接地线
		高压触电	拆、装的导线应用绝缘绳传递，并绑扎牢固，防止偏甩至带电设备
		低压触电	在操动机构箱内检修时，应断开操动机构的控制电源及电动机电源
		试验触电	试验人员在试验过程中，应禁止检修人员在设备本体进行工作
2	高空摔跌	攀爬绝缘子	禁止攀爬绝缘子，使用合格的人字梯或登高机具，并正确使用安全带
3	物体打击	一次导线脱落	拆、装的导线应用绝缘绳传递，其运动方向范围内不准站人
		物件工具脱落伤人	传递物件时，下方不得站人，传递过程必须使用手持传递或绝缘绳传递
		操动机构伤人	手动与电动未闭锁，电动操作时应检查手动操作把手已拔出
			隔离开关调试时，须得到许可且告知相关作业人员
4	设备损坏	不具备操作条件	机械联锁未调试好前，应确认隔离开关及接地开关状态后方可操作
			电动机正反转未确认时，应将隔离开关手动操作至中间位置时进行电动试验
		人员操作不当	隔离开关合闸时，确认接地开关处于分闸位置，接地开关合闸时确认隔离开关处于分闸位置
			测试最低动作电压时应先测量一下测试仪器是否可靠（如是否有交流分量或直流分量等输出）

3.2.4 大修工作流程

1．导电部分检修条件

（1）主触头接触面有过热、烧伤痕迹，镀银层脱落。

（2）导电臂有锈蚀、起层现象。

（3）接线座腐蚀，转动不灵活，接触不可靠。

（4）接线板变形、开裂，镀层起层脱落。

2. 导电部分大修的工艺流程

导电部分的大修涉及故障位置的判断，由于维修人员的经验及专业知识的限制，对故障位置的判断难免会有一些估计不足，另外，不同部位的检修过程还涉及不同的备品备件，因此在大修前期建议咨询厂家相关事宜，待检修方法、备品备件等明确后再制订大修方案。

3. 机构和传动部分检修条件

（1）轴承座转动不灵活，操作力矩大。

（2）轴套（轴承）卡阻、锈蚀。

（3）传动部件变形、锈蚀或严重磨损，水平连杆内部积水。

（4）机构箱内漏水、有污垢及小动物等，机构箱门变形。

（5）二次元件及辅助开关接线松动，端子排锈蚀。辅助开关与传动杆的连接不可靠。

（6）机构输出轴与传动轴的连接不紧密，定位销松动。

（7）隔离开关与接地开关的机械联锁不可靠，机械强度不足，电气闭锁动作失灵。

3.2.5　检修项目及质量标准

1. 准备工作

（1）技术准备工作：

1）收集需检修的隔离开关的运行、检修记录和缺陷情况。

2）从档案室调出需检修隔离开关的相关资料信息，即安装使用说明书、电气原理图、出厂试验报告、设计院出具的蓝图等。

3）核实隔离开关的操作次数及开断母线转换电流的次数和使用年限，以此制订隔离开关的检修方案。

（2）工器具准备：根据检修方案，准备检修所需的工器具并把工器具运送至检修现场。

（3）全体工作人员就位：安排相应的检修和配合人员，做好组织、安全和技术措施。

（4）检查隔离开关检修前的状态：停电并做好接地等安全措施后，对隔离开关本体做如下外部检查：

1）绝缘子有无破损，绝缘子铸铁法兰有无裂纹。

2）检查导电部位有无过热痕迹。

3）检查机构箱密封是否良好，内部元器件是否有异常情况。

4）检查各部件的锈蚀情况，确定应对措施。

5）手动慢合、慢分隔离开关，检查接线座是否转动灵活，检查各转动部位是否卡涩；操动机构各部件有无损坏变形。然后进行电动分、合闸操作，观察其动作情况。做好检查记录，以确定检修重点。

6）对隔离开关进行检查后，切除操作电源，然后才能开始检修工作。

7）装设必要的登高设施。

（5）大修前的试验：

1）隔离开关主回路电阻测试。

2）测量隔离开关的机械特性：分合闸时间、操作力矩。

3）对地及断口距离。

4）机械联锁性能。

5）操动机构辅助开关指示信号。

2. 维修的判断标准和检修分类

（1）检修分类及内容见表3－4。

表3－4　　检修分类及内容

检修方案	检修的内容	检修的频率
小修方案	（1）检查所有机械和电气部件及电缆和接地连接是否有损伤。 （2）检查三相导线线夹及其他部位的螺栓是否紧固。 （3）检查及清洁绝缘子。 （4）检查动、静触头的接触情况及触头表面的清洁情况，并对接触面进行清洁处理。 （5）检查操动机构减速箱工作情况。 （6）电动就地操作和手动操作，检查分合闸过程是否顺畅。 （7）机构箱清洁检查：有无渗水情况，控制箱内凝露控制器（如果有）加热器工作情况。 （8）电气接线及二次元器件检查：二次端子接线及电气回路接线的紧固情况检查；二次元器件的动作是否准确到位。 （9）检查用于传动的零件是否卡滞，并进行防腐维护	参照本书第1章1.1的规定进行
大修方案	（1）包括小修的所有项目。 （2）更换易损件、易老化件，如防护罩、限位销钉、卡销等。 （3）更换导电部分易损的重要组件。 （4）增加产品后期进行的完善化成果。 （5）机构内部易损的二次零部件检修更换。 （6）检查主要部件的状况和磨损情况，绝缘子情况和安装过程中进行的机械调整。如发现任何偏差，则进行恢复。如需要更换，遵循安装使用说明书中的程序。 （7）更换所有一次及二次部分的易损件，并进行重新整组调试	按照设备状态评价决策进行

（2）常规检查与维护。隔离开关投入运行一年，要进行常规检查与维护，常规检查及质量标准见表3－5。

表3－5　　常规检查及质量标准

常规检查项目	质　量　标　准
（1）整体外观检查	目检应无异常、无破损，外露件无锈蚀，紧固件无松动
（2）绝缘子检查	绝缘子应无污垢（必要时利用升降车进行清洁）
（3）导电系统检查	导电触头、触指应无污垢，镀层无损伤，弹簧无变形
（4）操动机构检查	机构外观完好，密封条应无松动，电器件无损伤，导线无烧损痕迹
（5）进行合、分闸操作	分别进行手动与电动操作，检查传动部分、导电部分及操动机构的运转状况

（3）小修和大修。隔离开关运行一定期限，须进行小修和大修，开展详细检查与维护，见表3－6～表3－22。

1）总体检查质量标准见表3－6。

表3-6　总体检查质量标准

检修项目	质　量　标　准
（1）外观检查	目检无异常、无破损，检查外观锈蚀情况，相位识别漆无脱落
（2）修前合、分闸操作	检查传动部分、导电部分及操动机构的运转状况，并对调整数据进行记录核对
（3）检查隔离开关导电带	导电带无掉片、腐蚀
（4）接地连接	检查接地线应完好，连接端的接触面不应有腐蚀现象，连接牢固，螺栓紧固，锈蚀螺栓应更换

2）清洁、检查绝缘子检修项目及质量标准见表3-7。

表3-7　清洁、检查绝缘子检修项目及质量标准

检　修　项　目	质　量　标　准
（1）清洁、检查绝缘子：使用登高机具或人字梯，用毛巾或干净抹布挨个擦拭绝缘子的伞裙并仔细检查	绝缘子外表无污垢沉积，法兰面处无裂纹，与绝缘子胶合良好，法兰无锈蚀
（2）检查法兰面连接螺栓：使用登高机具或人字梯，检查绝缘子法兰面的连接螺栓	连接部位应无松动，如有松动，用相应的力矩紧固

3）GW35（外观见图3-3）静触头装配的拆卸工艺及质量标准见表3-8。

表3-8　GW35静触头装配的拆卸工艺及质量标准

检　修　工　艺	质　量　标　准
（1）利用登高作业车先拆下静触头均压环放至作业车内，用ϕ16mm 麻绳绑紧静触头，将绳翻过母线，由地面人员稍微拉紧	麻绳应无散股、断股，捆绑牢固
（2）松开静触头上部母线夹与母线相连接的4个M16螺栓，将静触头装配抬至作业车上缓慢降至地面，放置于固定地点	放置静触头的地面应铺草垫和塑料布，吊下后的静触头分相做标记
（3）检查均压环表面是否有裂纹、烧伤、损伤现象，严重的应及时更换	均压环表面无裂纹，烧伤、变形等情况

图3-3　GW35外观图

4）GW36（外观见图 3－4）静触头装配的拆卸工艺及质量标准见表 3－9。

表 3－9　　GW36 静触头装配的拆卸工艺及质量标准

检 修 工 艺	质 量 标 准
（1）利用登高作业车，先拆下静触头均压环放至作业车内，再拆除连接引线。 （2）利用登高作业车，松开单（双）静触头装配与支持绝缘子相连的 4 个 M16 螺栓，将静触头装配及接地开关静触头装配抬高至作业车内，缓慢降至地面，并放置于固定地点，并拆下接地开关静触头装配。 （3）检查均压环表面是否有裂纹、烧伤、损伤现象，严重的应及时更换	在整个检修过程中，应注意保护电气接触面。 静触头均压环表面无裂纹、烧伤、变形等情况

图 3－4　GW36 外观图

5）本体（见图 3－3、图 3－4）的拆卸工艺及质量标准见表 3－10。

表 3－10　　本体的拆卸工艺及质量标准

检 修 工 艺	质 量 标 准
（1）断开操作电源。 （2）使主闸刀处于分闸位置，拆下引线。 （3）用铁丝将上导电管和下导电管两端头捆在一起，捆 3～4 圈。 （4）用吊装绳捆住主闸刀，使主闸刀重心基本处于平衡状态，并用起吊工具将吊装绳拉紧，使吊装绳受微力，要求捆绑牢固，防止在吊下主闸刀时损坏绝缘子。 （5）分别卸下主闸刀中接线底座装配与旋转绝缘子及支持绝缘子的连接螺栓，将主闸刀装配吊下。（应先将接线底座与均压环安装板相连的 M12 螺栓卸下，拆下底座均压环和均压环安装板，检查均压环表面是否有裂纹、烧伤、损伤现象，严重的应更换） （6）将吊下后的主闸刀固定在一个专用铁板检修平台上，平台不小于 1.5m × 1.5m。注意其固定的方式应与实际安装方式相同，待固定牢固后，方能松开绑扎铁丝。 （7）将旋转绝缘子和支持绝缘子分节吊至地面	手动缓慢分闸。 捆扎牢固。 吊装绳应经事先检查，无散股、断股，截面符合起吊重量要求，捆绑牢固、平衡。 拆卸与吊下时应防止支持绝缘子与旋转绝缘子倒下及相互碰撞，可用绳子或其他专用工具将其拉紧、固定。 GW35－550 固定在检修平台上，其上下导电管伸直后应与地面垂直，而不能呈水平状态。 捆绑牢固，吊下时防止绝缘子损坏，绝缘子吊至地面后倒放在草垫上

6）GW35静触头（见图3-5、图3-6）装配检修工艺及质量标准见表3-11。

表3-11　　GW35静触头装配检修工艺及质量标准

检修工艺	质量标准
（1）将静触头装配放置在铺好塑料布的地面上，观察所有接触部分是否有过热、烧伤现象，导电带是否断裂，做好记录，确定更换部件。 （2）分别松开导电带两端的螺栓，取下导电带并检查。 （3）拆下限位销和支轴上的开口销，取下限位销上的弹簧，将母线夹头焊接拆下。松开连板、弯板的各个螺栓，取下连板、弯板。 （4）将固定导向罩与压板的8个M8的螺栓松开，拆下导向罩与压板，并取出弹簧压盘、压缩弹簧、弹簧靠板，将导电板背后12个M10的螺栓和1个M12的盖形螺母松开，取下静触头和静弧触杆。 （5）用酒精清洗所有零部件，用0号砂纸打磨所有非镀银导电接触面，擦净后涂导电脂，将母线夹头与母线夹头焊接的接触部分用钢丝刷和酒精清洗，除去污垢，涂导电脂。 （6）准备好需要更换的零部件，按拆卸时的逆顺序将静触头装配装复	静触头的镀银层良好，母线夹头无开裂，导电带无断裂，导电板平直，接触面清洁、光亮。 所有零部件清洁、完好，导电接触面光滑、平整，无严重烧伤和过热现象。 各连接部分紧固牢靠，导电接触面接触可靠，导电性能良好

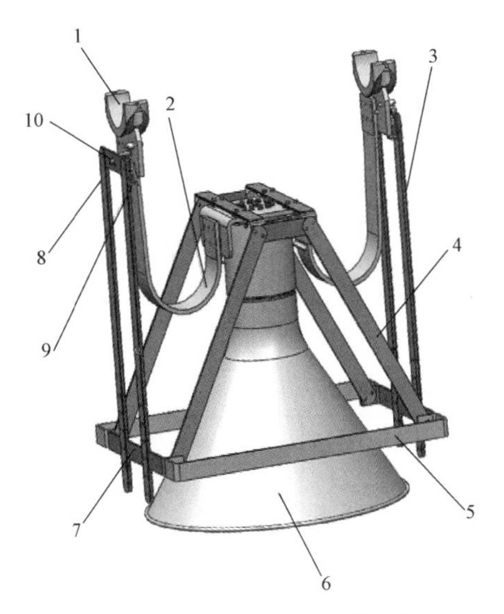

图3-5　GW35静触头装配图

1—母线夹头焊接；2—导电带；3、4—连板；5—弯板；6—导向罩装配；7—弯板；8—板焊接；9—弹簧；10—支轴

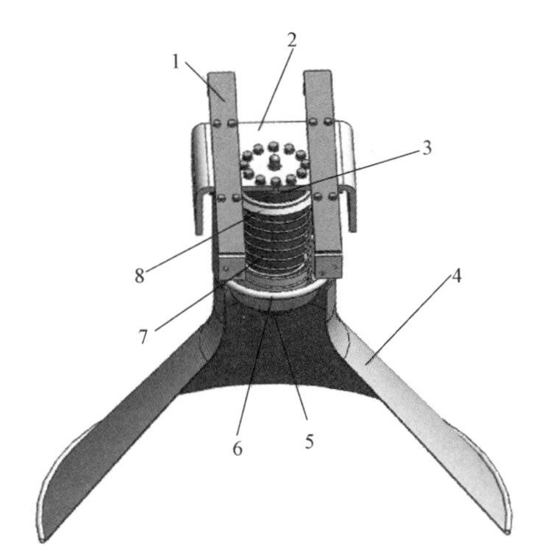

图3-6　GW35/36导向罩装配图

1—压板；2—导电板；3—静触头；4—导向罩；5—静弧触杆；6—弹簧压盘；7—压缩弹簧；8—弹簧靠板

7）GW36静触头（见图3-6、图3-7）装配检修工艺及质量标准见表3-12。

表 3-12　　GW36 静触头装配检修工艺及质量标准

检修工艺	质量标准
（1）将单（双）静触头装配放置在铺好塑料布的地面上，观察所有接触部分是否有过热、烧伤现象，导电带是否断裂，做好记录，确定更换部件。 （2）分别松开导电带两端的螺栓，取下导电带并进行检查，松开均压环安装板焊接上的 M12 的螺栓，取下均压环安装板焊接。 （3）将立柱中间平头销上开口销拆出，取下平头销，将导向罩装配拆下；将固定导向罩的 4 个 M8 的螺栓松开，拆下导向罩，并取出弹簧压盘、压缩弹簧、弹簧靠板，将导电板背后 12 个 M10 的螺栓和 1 个 M12 的盖形螺母松开，取下支板、静触头和静弧触杆。 （4）拆下剩下部分的所有螺栓，将立柱、弯板、接线板、支板、接地静触头及安装槽钢焊接拆下。 （5）用酒精清洗所有零部件，用 0 号砂纸打磨所有非镀银导电接触面，擦净后涂导电脂；检查支持绝缘子有无开裂、损坏，法兰浇合处是否开裂、松动，检查法兰螺孔，用丝锥套攻，清除污垢，涂入黄油，法兰处进行除锈刷漆，绝缘子用酒精清洗，并用干净抹布抹干。 （6）准备好需要更换的零部件，按拆卸时的逆顺序将静触头装配装复	静触头的镀银层良好，母线夹头无开裂，导电带无断裂，导电板平直，接触面清洁、光亮。 所有零部件清洁、完好，导电接触面光滑、平整，无严重烧伤和过热现象。 各连接部分紧固牢靠，导电接触面接触可靠，导电性能良好

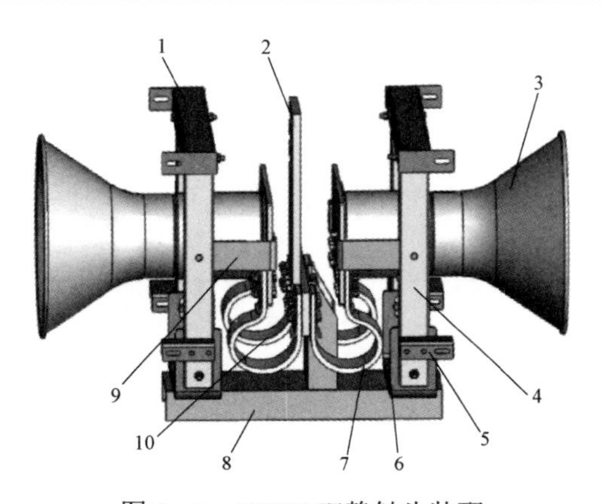

图 3-7　GW36 双静触头装配

1—均压环安装板焊接；2—接线板；3—导向罩装配；4—立柱；5—均压环安装板；6—安装弯板；7—导电带；8—安装支架；9、10—支板

8）主闸刀系统分解检修工艺及质量标准见表 3-13。

表 3-13　　主闸刀系统分解检修工艺及质量标准

检修工艺	质量标准
（1）将主闸刀装配固定在专用检修平台上。 （2）拆下中间均压环及均压环安装板，再将中间导电带和导电底座导电带拆卸下来，剪断绑扎铁丝。 （3）使主闸刀仍保持原分闸状态，将上导电管装配下端部固定连接叉与压块的螺栓松开，吊起上导电管装配至地面。 （4）GW35 的隔离开关需要使主闸刀处于合闸位置，用尼龙绳吊起下导电管上端，松开齿轮箱背面的定位螺栓，拧出转动座处两边的定位螺塞，再松开转动座上两个 M16 的螺栓，慢慢吊起下导电管的同时扶住齿条拉杆。将下导电管吊至地面，再将齿条拉杆慢慢放倒，取出弹簧顶杆，平衡弹簧，再将齿条拉杆下端的可调连接拧出，把齿条拉杆取下。 （5）GW36 的隔离开关需要使主闸刀处于分闸位置，用尼龙绳吊起下导电管上端，松开齿轮箱背面的定位螺栓，拧出转动座处两边的定位螺塞，再松开转动座上两个 M16 的螺栓，慢慢吊起下导电管的同时扶住齿条拉杆。将下导电管吊至地面，再用尼龙绳吊起齿条拉杆上端，拧出下端的可调连接，将齿条拉杆和钢弹簧托管吊至地面，再将平衡弹簧，铝弹簧托管取出放至地面。 （6）留下导电底座装配	必须固定牢固。 导电带完好，无折断等损伤现象。 用斜铁楔缺口时，应防止损伤导电杆

9）上导电管装配（见图 3-8）检修工艺及质量标准见表 3-14。

表 3-14　　上导电管装配检修工艺及质量标准

检修工艺	质量标准
（1）松开防护罩上的喉箍；将防护罩取下，将静触头压入，取出缓冲垫和触指定位环。 （2）松开上导电管上端 12 个 M12 的不锈钢螺栓，将动触头装配取出。 （3）在上导电管下端连接叉处松开 6 个 M10 的螺栓，将弹簧托管焊接取出。 （4）将动触头装配上的零件卸下。 （5）将上导电管下端缓冲管处弹性销打出，取出缓冲管和限位管。 （6）用酒精清洗卸下的各个零部件，有损伤的需更换，更换所有弹性圆柱销。 （7）按照拆卸时的逆顺序组装上导电管装配，注意将衬筒和上导电管的导电接触面用 0 号砂纸砂光后，清洗干净并立即涂上一层导电脂	防雨性能良好，内部零件无锈蚀。 上导电管无严重烧伤或断裂情况。 卸下的部件应做好标记。 所有零部件干净、无锈蚀和严重变形。 动触指、导电弹片无严重烧伤，动触头能可靠复位。 装配正确、可靠，动作灵活

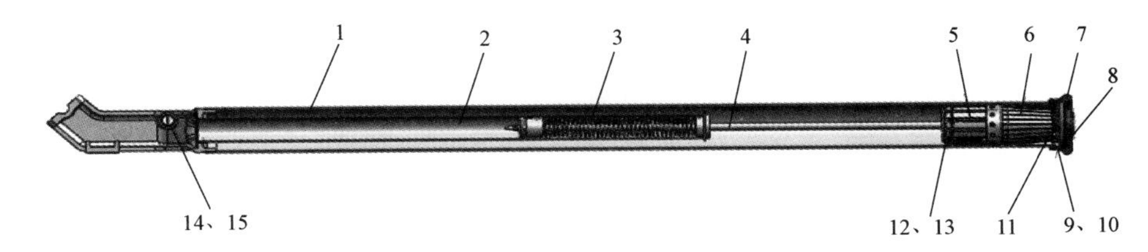

图 3-8　GW35/36 上导电管装配图

1—上导电管焊接；2—弹簧托管焊接；3—复位弹簧装配；4—支撑杆；5—导电弹片；6—动触指；7—防护罩；8—绝缘柱；9—缓冲垫；10—触指定位环；11—触指弹簧；12—衬筒；13—衬筒弹簧；14—缓冲管；15—限位管

10）下导电管装配（见图 3-9）检修工艺及质量标准见表 3-15。

表 3-15　　下导电管装配检修工艺及质量标准

检修工艺	质量标准
（1）将齿条拉杆装配取出。打出齿条 13 与齿条拉杆 14 之间的弹性圆柱销，检查齿条损坏情况，如有缺齿、断齿，应予以更换。 （2）松开固定齿轮箱盖的 3 个 M12 的螺栓，将齿轮敲出齿轮箱，再将轴承和齿轮箱盖敲出，将齿轮箱内的导向滚轮和滚轮支撑块取出。 （3）检查平衡弹簧的疲劳、锈蚀及损坏情况，测量其自由长度，脱漆部分重新刷防锈漆，并涂二硫化钼。 （4）检查拉杆的生锈及变形情况，除锈并刷防锈漆，检查弹簧托管、弹簧顶杆、套管及垫片等锈蚀及变形情况，用酒精清洗、干净抹布抹干。 （5）检查导向滚轮、销轴的磨损及变形情况，如开裂或严重损坏应予以更换。 （6）按拆卸时逆顺序将齿轮、导向滚轮、齿条拉杆等重新装配好	齿轮与齿条相对位置，以滚轮为中心，齿条伸入 3 个半齿后，把齿轮涂抹二硫化钼敲入齿轮箱。然后调整滚轮支撑块的定位螺栓。 齿条平直，无变形、断齿等。 平衡弹簧无锈蚀，自由长度应符合要求：GW35-550 小平衡弹簧长度 1130±20mm，GW35/36 共用平衡弹簧长度 540±10mm。 拉杆无生锈、变形。 滚轮无开裂及变形。 装配正确，零部件干净整洁

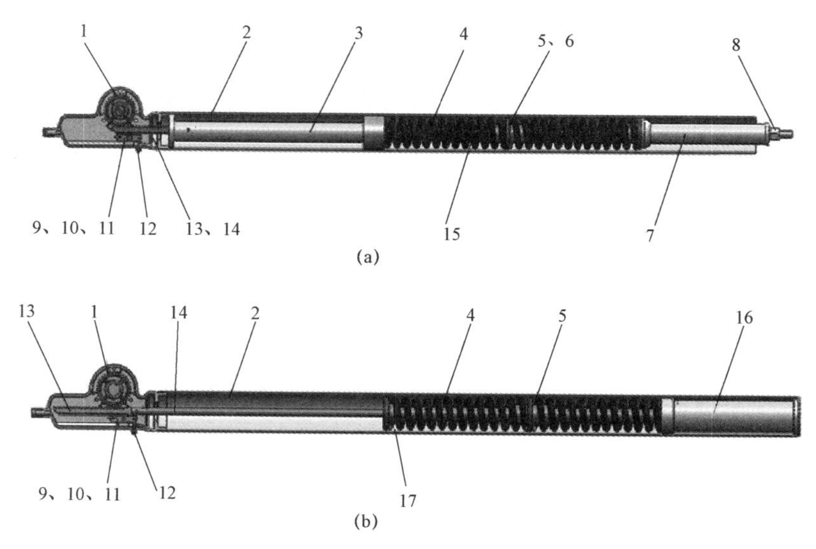

图 3-9　下导电管装配图

（a）GW35 下导电管装配；（b）GW36 下导电管装配

1—齿轮轴焊接；2—下导电管焊接；3—弹簧顶杆焊接；4—平衡弹簧；5—套管焊接；6—减摩圈；7—弹簧托管焊接；8—厚螺母；9—导向滚轮；10—滚轮支撑块；11—销轴；12—定位螺栓；13—齿条；14—齿条拉杆；15—小平衡弹簧；16—铝弹簧托管焊接；17—钢弹簧托管焊接

11）接线底座装配（见图 3-10）检修工艺及质量标准见表 3-16。

表 3-16　　接线底座装配检修工艺及质量标准

检修工艺	质量标准
（1）松开调节拉杆两端并紧螺母，将调节拉杆拧出，检查调节拉杆的反顺接头以及并紧螺母的螺纹是否完好，旋动是否灵活，轴孔是否光洁，可用锉刀和 0 号砂纸进行修整。 （2）松开四个轴承端盖上的螺栓，取出转轴两端的卡环，将转轴和支轴敲出，卸下转动座、连接头、缓冲套、定位套、衬套、绝缘垫片、无油轴套，再将轴承敲出。 （3）松开固定限位件的螺栓，取下限位件，再拆下限位件上的双头螺栓和缓冲垫，将拐臂上两个弹性销打出，拆下拐臂、法兰盘及主轴，再将接线底座主轴孔上的轴承敲出。 （4）松开接线底座上接线板的 8 个 M16 紧固螺栓，并用 0 号砂纸砂光导电接触面，用酒精清洗，并用干净抹布抹干，并立即涂上导电脂；检查所有拆卸出来的零部件，有损坏的需做好更换。 （5）更换所有弹性圆柱销，按拆卸时的逆顺序进行接线底座装配的装复	调节拉杆的材质应为不锈钢，拉杆平直，螺纹完好，旋动灵活。 接触面光滑、平整。 装配正确，螺栓紧固

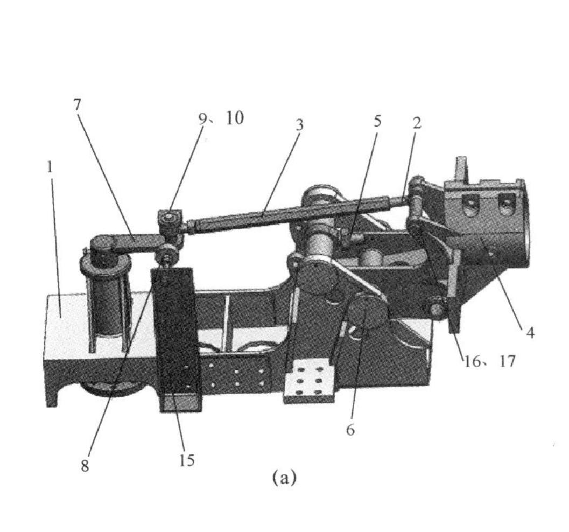

(a)

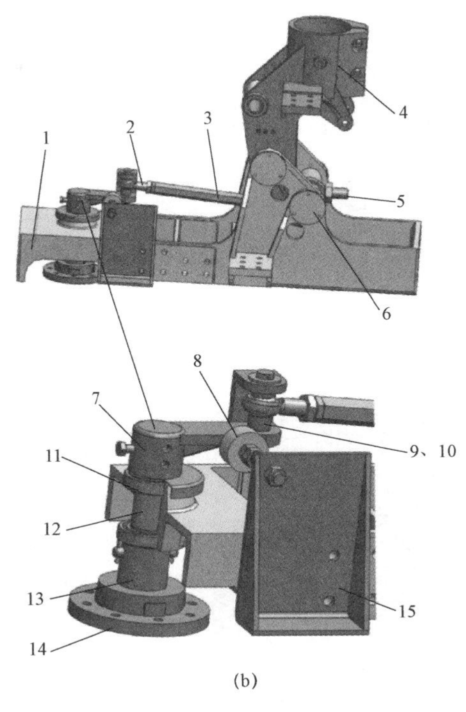

(b)

图3-10　接线底座装配图

(a) GW36接线底座装；(b) GW35接线底座装

1—接线底座；2—关节轴承；3—可调拉杆；4—转动座；5—连接头；6—轴承端盖；7—拐臂；8—缓冲器；9—衬套；10—销；11—轴承；12—主轴；13—法兰焊接；14—法兰盘；15—限位件；16—螺杆；17—衬套

12）接地底座装配（见图3-11）分解检修工艺及质量标准见表3-17。

表3-17　　接地底座装配分解检修工艺及质量标准

检修工艺	质量标准
（1）将底座装配与基础立柱相连的4个可调螺栓拆下（如GW36静触头侧带接地时，应先将动静联锁杆卸下），再拆除隔离开关机构输出轴下端的六孔法兰与垂直连杆装配相连的6个M12螺栓，将垂直连杆装配与底座装配分离，再将底座装配吊下，固定在专用检修平台上。 （2）打出六孔法兰与隔离开关机构输出轴12、接地开关机构输出轴14相连的2个12mm×65mm的圆柱销，卸下六孔法兰。 （3）松开锁板焊接上的M10定位螺栓，拆下锁板焊接、锁板16和限位销17等，检查锁板焊接缺口处和限位销是否变形，如变形严重应及时更换，用酒精清洗减摩轴套并用干净抹布擦干净，在其内壁涂以二硫化钼。 （4）松开三角支座5与调节顶杆6相连的3个M12螺栓，打下ϕ10mm弹性圆柱销，取下三角支座、转轴法兰焊接4、复合轴套和垫片，检查零部件磨损情况，更换复合轴套，轴套内壁应涂二硫化钼。 （5）拆下连接主动拐臂与从动拐臂的调节拉杆，检查拉杆变形、锈蚀情况。 （6）松开接地开关输出轴上端和固定轴承座3的4个M12螺栓，拆下主动拐臂、轴和轴承座并检查。 （7）检查动静联锁杆及所有轴类零部件是否有变形、锈蚀情况，应将其表面除锈、清洗，与其他部件相配合的转动部位应涂二硫化钼，更换所有弹性圆柱销。 （8）按拆卸时的逆顺序装复底座装配	联锁杆无变形、弯曲。 调节顶杆丝扣完整，三角支座、联锁板、限位销和轴无变形和锈蚀，联锁板缺口如变形严重，应及时更换。 拉杆无变形，两端关节轴承中心距为900±1mm。 各部件转动灵活，无卡滞现象，支持绝缘子底板中心距隔离开关机构出轴中心为600mm，距接地开关机构出轴中心为500mm

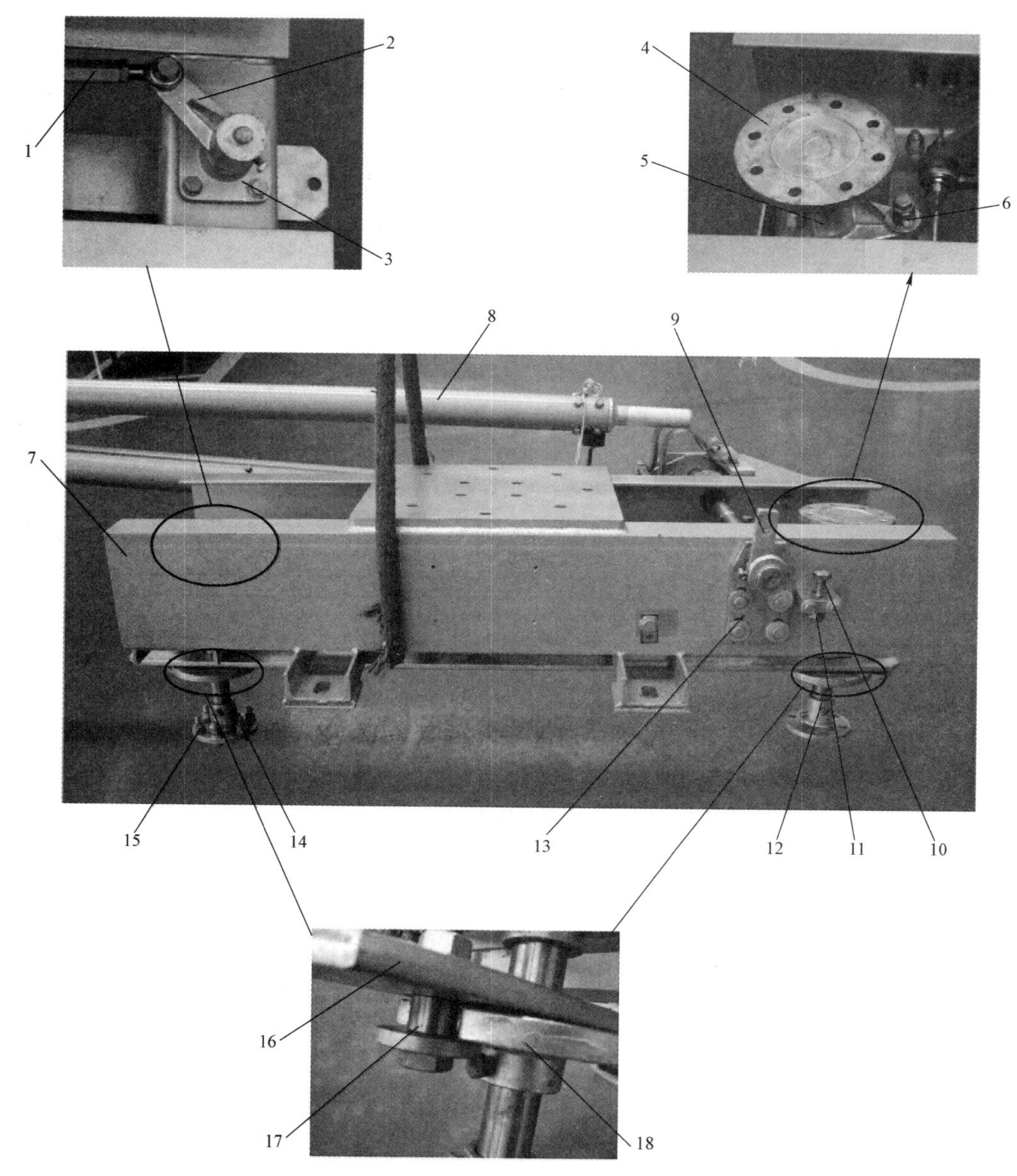

图 3－11　GW35/36 接地底座装配

1—调节拉杆；2—主动拐臂；3—轴承座；4—转轴法兰焊接；5—三角支座；6—调节顶杆；7—接地底架焊接；8—接地开关装配；9—限位板；10—限位螺栓；11—限位块；12—隔离开关机构输出轴；13—支板；14—接地开关机构输出轴；15—六孔法兰；16—锁板；17—限位销；18—锁板焊接

13）功能试验质量标准见表 3－18。

表 3－18　　功能试验质量标准

检修项目	质量标准
控制开关功能试验	控制开关在遥控位置，就地应无法操作。 控制开关在就地位置，遥控应无法操作

14）测量回路电阻质量标准见表 3－19。

表 3－19　测量回路电阻质量标准

检修项目	质量标准
测量回路电阻	测量主回路电阻（20℃时）：≤150μΩ

15）操作试验质量标准见表 3－20。

表 3－20　操作试验质量标准

检修项目	质量标准
手动/电动合、分闸操作	手动操作各三次，分、合闸动作正常。 电动近控或遥控操作各三次，确认终点动作到位，确认监控信号正确

16）自验收/运行验收质量标准见表 3－21。

表 3－21　自验收/运行验收质量标准

检修项目	质量标准
自验收	根据检修导则工艺技术要求进行全面检查，并进行合、分闸操作，复核调整数据。认真填写检修报告
运行验收	根据检修导则工艺技术要求进行全面检查，并进行手动操作、电动近控操作、电动遥控操作各三次，均应符合技术要求

17）恢复设备状态，清理施工现场质量标准见表 3－22。

表 3－22　恢复设备状态，清理施工现场质量标准

检修项目	质量标准
恢复设备状态	恢复运行许可工作时的设备状态
清理施工现场	清理打扫现场，做到工完料尽场地清，检修设备上不可遗留任何物件

3.2.6　隔离开关的调试

主闸刀安装完毕，按以下要求进行整组调试。

（1）如合闸时动触头中心与静触头中心偏离，可调节组合底座装配（图 3－2 序 D）上的 M42 安装调整螺杆，主闸刀在合闸后，静触头导向罩端面应在动触头红色标识范围内。

（2）如合闸不到位而分闸过位或分闸不到位而合闸过位，则应调节操动机构与垂直连杆的抱箍接头（图 3－2 序 1），使主闸刀与操动机构分、合闸相应同步。

（3）如分、合闸均不到位或均过位，则应调整电动操动机构（图 3－2 序 G）的输出角度，使主闸刀与操动机构分、合闸转动行程一样。

（4）调整接线底座装配（图 3－2 序 C）上的可调连杆（图 3－2 序 7），使主闸刀在合闸位置时处于垂直或者水平，且主闸刀在合闸到位后，当与可调连杆相连接的主动拐臂

（图 3－2 序 5）处于死点位置时（判断方法：当主动拐臂的纵向轴线与可调连杆的轴线重合时，即为死点位置），应能继续运动一点，使得主动拐臂与限位螺钉距离约为 2mm，拐臂合闸后过死点。

（5）调节下导电管（图 3－2 序 10）与接线底座装配（图 3－2 序 C）之间的可调连接（图 3－2 序 8），使上、下导电管（图 3－2 序 17、10）在合闸位置时处于同一直线上。

（6）调整下导电管（图 3－2 序 10）下端的调节螺母（图 3－2 序 9）位置，可以调节平衡弹簧（图 3－2 序 11）的力，使分、合闸力矩平衡。

3.2.7 隔离开关故障判断及处理

隔离开关故障判断及处理见表 3–23。

表 3–23　　隔离开关故障判断及处理

常见故障	产生原因	处理方法
隔离开关在合闸位置时，下导电管处于垂直（GW35）或水平（GW36）位置，而上导电管不垂直或不水平	主导电系统内的齿条与齿轮啮合不正确	（1）当下导电管垂直或水平而上导电管向分闸方向倾斜时，可缩短下导电管与接线底座连接处的可调连接长度，使上、下导电管成一直线，并将紧固螺栓拧紧。 （2）当下导电管垂直或水平而上导电管向合闸方向倾斜时，可伸长下导电管与接线底座连接处的可调连接长度，使上、下导电管成一直线，并将紧固螺栓拧紧
隔离开关处在合闸位置时，上、下导电管成一直线，但整体不在铅垂（GW35）或水平（GW36）位置	接线底座装配调节拉杆长度调整不当	松开调节拉杆上的锁紧螺母，适当放长或缩短调节拉杆长度
隔离开关在调试时，单相分、合闸力矩之差大于 30N·m	下导电管内平衡弹簧压缩量调整不当	调整下导电管装配下部的厚螺母，改变平衡弹簧的压缩量，直至分合闸力矩差符合要求
导电系统运行中发生过热现象	触头材质和制造工艺不良：如静触头没有镀银，或是虽镀银但镀层太薄，磨损露铜，以及由于锈蚀造成接触不良而发热严重甚至导致动触片烧损；再如调整不到位而引起的触点接触不到位	检查静触头上镀银情况，如磨损露铜，则需更换静触头。调整隔离开关使之合闸到位，导向罩端面应在动触头红色标识范围内，保证插入深度足够
机构及传动系统问题	机构箱进水，各部轴销、连杆、拐臂、底架甚至底座轴承锈蚀造成拒分拒合或是分合不到位；连杆、传动连接部位等强度不够导致断裂而造成分合闸不到位	对机构及锈蚀部件进行解体检修，更换不合格元件；加强防锈措施，例如涂二硫化钼润滑脂
电气二次回路问题	电动机构分合闸时，电动机不启动，隔离开关拒动	电气二次回路串联的控制保护元件较多，包括微型断路器、熔断器、转换开关（远方、就地、停止）、交流接触器、限位开关、联锁开关、热继电器及辅助开关等。任一元件故障，就会导致隔离开关拒动。当按动分合闸按钮而电动机不启动时，要首先检查操作电源是否完好、熔断器是否熔断，然后停电对各元件进行检查，出现元件损坏时，须查明原因，并予以更换
接地开关合不到位问题	接地刀杆插入深度不正确	调节上、下导电管插入各铝铸件的深度，将接地刀杆用手推动合闸，保证动触头插入接地静触头内 40±10mm
电动操动机构问题	电动操作时不能完成分合闸动作	电动操作时能动作，但未分合到位机构就自行停止。请检查电器触点有无松动、接触不良；电动机启动电流预设值偏低时，将电动机综合保护器上的可调电流增大

3.3　CJ12 型机构二次回路简介

3.3.1　CJ12 型机构工作原理

当给出分、合闸操作信号时，电动机得电运转，通过一、二级齿轮减速（二级齿轮上引出手动操作方轴），以及蜗杆、蜗轮减速输出力矩，用以操动隔离开关。当隔离开关运动到设定的分、合闸位置时，输出轴通过拐臂连杆推动两侧的限位开关，使电动机停止运转。即使二次电气保护出现故障，机构安装背板上的限位螺栓也会顶住机构输出轴上的机械限位件，而迫使机构的电动机保护热继电器动作跳闸，从而起到保护机构和隔离开关本体的目的。

3.3.2　CJ12 机构电动机回路介绍

图 3－12 是 CJ12 机构的电动机回路和控制回路，电动机回路由三相交流操作电动机 M、控制电动机正反转交流接触器 KM1 和 KM2、电动机空气断路器 QF3、热继电器 KT、断相与相序保护继电器 XJ 等元器件组成。电动机的正反转原理是通过接触器 KM1、KM2 的动作将接至电动机三相电源进线中的任意两相实现对调。

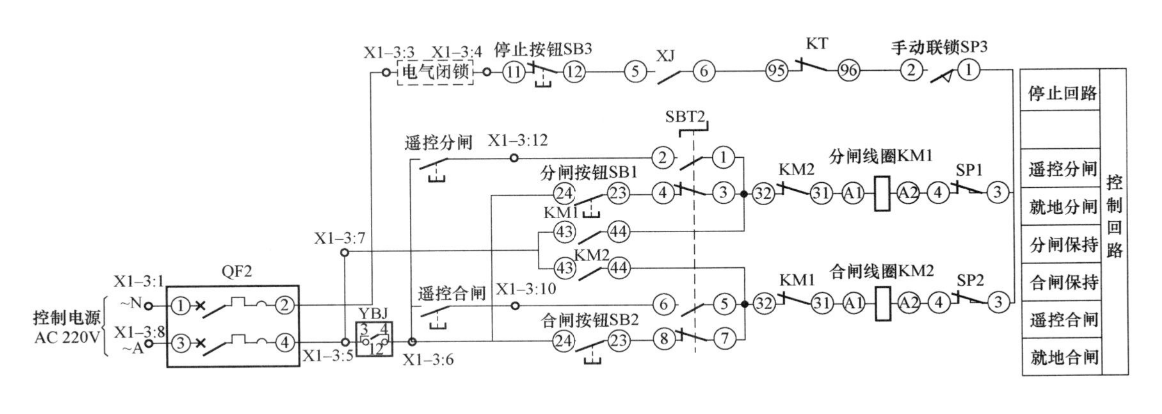

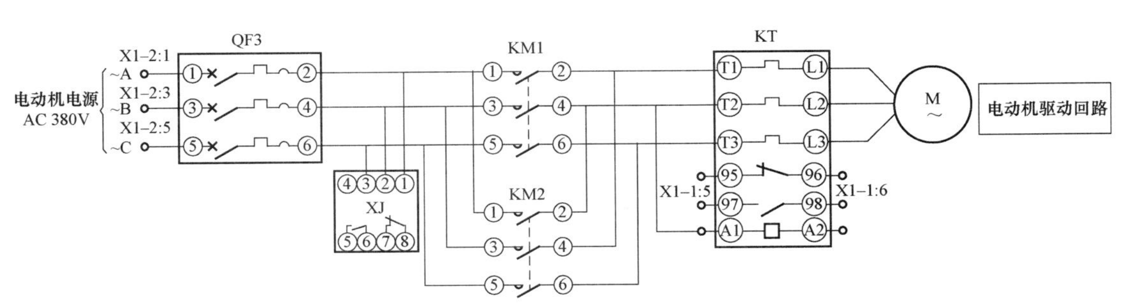

图 3－12　CJ12 机构电动机回路和控制回路图

（1）隔离开关分闸操作。当空气断路器 QF3 处于合上位置，且 KM1 三对主触点 KM1/1－2、KM1/3－4、KM1/5－6 闭合时，隔离开关电动机 M 得电正转，隔离开关进行分闸操作。

（2）隔离开关合闸操作。当空气断路器 QF3 处于合上位置，且 KM2 三对主触点 KM2/1－2、KM2/3－4、KM2/5－6 闭合时，隔离开关电动机 M 得电反转，隔离开关进行合闸操作。

3.3.3 CJ12 机构控制回路详解

隔离开关的控制回路由控制电源空气断路器 QF2、远方/就地转换开关 SBT2、分闸按钮 SB1、合闸按钮 SB2、急停按钮 SB3、交流接触器 KM1/KM2、分合闸限位开关 SP1/SP2、侧门闭锁开关 SP3、端子排 X1、热继电器 KT、断相与相序保护继电器 XJ、遥控闭锁继电器 YBJ、外部联锁等元器件及端子接线组成。

1. 远方分闸操作

当隔离开关符合外部联锁条件时，X1－3/3－4 导通。将远方就地切换开关 SBT2 切到“远方”位置，其触点 SBT2/1－2 导通。当后台发出隔离开关分闸指令后，遥控闭锁继电器 YBJ 得电导致遥控五防闭锁触点 YBJ/3－4 导通，且下列回路导通：

X1－3/8→QF2/3－4→X1－3/5→YBJ/3－4→X1－3/6→遥控分闸触点→X1－3/12→SBT2/1－2→KM2/31－32→KM1/A1－A2→SP1/3－4→SP3/1－2→KT/95－96→XJ/5－6→SB3/11－12→X1－3/3－4→QF2/1－2→X1－3/1，KM1 线圈得电，电动机 M 转动，隔离开关分闸。

同时，触点 KM1/43－44 闭合，下列回路导通，实现 KM1 线圈自保持。

X1－3/8→QF2/3－4→X1－3/5→X1－3/7→KM1/43－44→KM2/31－32→KM1/A1－A2→SP1/3－4→SP3/1－2→KT/95－96→XJ/5－6→SB3/11－12→X1－3/3－4→QF2/1－2→X1－3/1。

隔离开关分闸到位后，限位开关 SP1/3－4 触点断开，KM1 线圈自保持回路断电，电动机断电停转，隔离开关远方分闸操作结束。

2. 就地分闸操作

当隔离开关符合外部联锁条件时，X1－3/3－4 导通。将远方就地切换开关 SBT2 切到“就地”位置，其触点 SBT2/3－4 导通。当五防电脑钥匙插入该电编码锁，验证正确后五防解锁钥匙接通遥控闭锁继电器 YBJ/1－2，在机构箱处按下分闸按钮，SB1/23－24 导通，且下列回路导通：

X1－3/8→QF2/3－4→X1－3/5→YBJ/1－2→X1－3/6→SB1/23－24→SBT2/3－4→KM2/31－32→KM1/A1－A2→SP1/3－4→SP3/1－2→KT/95－96→XJ/5－6→SB3/11－12→X1－3/3－4→QF2/1－2→X1－3/1，KM1 线圈得电，电动机 M 转动，隔离开关分闸。

同时，触点 KM1/43－44 闭合，下列回路导通，实现 KM1 线圈自保持。

X1－3/8→QF2/3－4→X1－3/5→X1－3/7→KM1/43－44→KM2/31－32→KM1/A1－A2→SP1/3－4→SP3/1－2→KT/95－96→XJ/5－6→SB3/11－12→X1－3/3－4→QF2/1－2→X1－3/1。

隔离开关分闸到位后，限位开关 SP1/3－4 触点断开，KM1 线圈自保持回路断电，电动机断电停转，隔离开关远方分闸操作结束。

3. 电动停止

当隔离开关在分、合闸过程中需要紧急停止时，可以按下停止按钮 SB3，由于停止按钮动断触点 SB3/11－12 串联在公共回路中，能够切断隔离开关控制回路，使分合闸接触器失电复位，电动机停止运转。

4. 电动机断相保护

断相与相序保护继电器 XJ 的工作原理是检测电动机回路三相电压，当电动机回路三相都失电或者任意一相失电时，串联在控制回路的公共回路中的触点 XJ/5－6 动作断开，切断控制回路，防止电动机缺相烧毁；同时防止控制回路中的分合闸接触器在电动机空气断路器 QF3 没有合上或者电动机操作电源失电时，长时间吸合烧毁。

5. 电动机过热保护

电动机回路串联有热继电器 KT，当电动机过电流时，热继电器 KT 串联在控制回路的公共回路中的触点 KT/95－96 动作断开，切断控制回路，防止电动机过电流烧毁。

6. 手动操作

当需要对隔离开关进行手动操作时，插入摇把时 SP3 动作，控制回路中的 SP3 动断触点 SP3/1－2 断开，从而闭锁隔离开关电动，保证操作人员的安全。

7. 电气闭锁

电气闭锁接口用于变电站的安全操作以及隔离开关与断路器、其他隔离开关或接地开关的电气联锁，实现防误操作功能。

3.3.4　CJ12 型机构二次元器件介绍

CJ12 型机构二次元器件介绍见表 3－24。

表 3－24　　CJ12 型机构二次元器件介绍

元器件名称	规格参数	简　　图	功能介绍
热继电器 KT	西门子：3US50	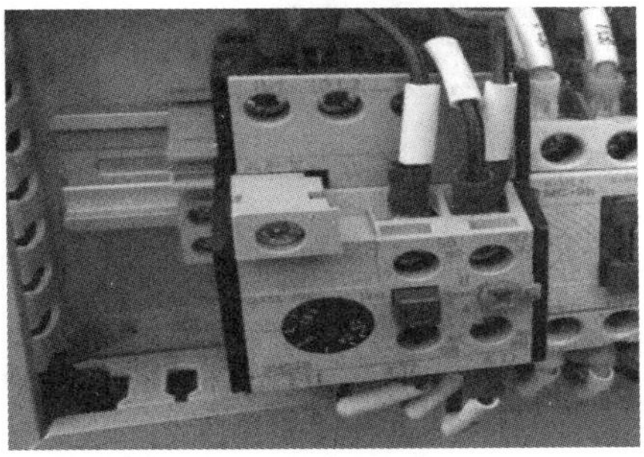	对三相电动机回路提供过载保护
断相与相序保护继电器 XJ	CHNT：XJ3－G		对三相电动机回路提供断相保护

续表

元器件名称	规格参数	简　图	功能介绍
分闸接触器 KM1、合闸接触器 KM2	LS；MC－9b；AC 220		控制电动机主回路的闭合断开
远方就地切换开关 SBT2	ATP；LW39－16B－6KC		实现隔离开关控制回路的远方、就地控制切换
分闸按钮 SB1、合闸按钮 SB2、急停按钮 SB3	ATP；LA39 系列		用于分、合闸操作及指示和停止按钮
辅助开关 SBT1	ZKF6		用来指示隔离开关的状态、电气联锁之用

续表

元器件名称	规格参数	简　图	功能介绍
侧门开关 SP3	CHNT；YBLXW－6/11BZ		用侧门闭锁，防止手动分合隔离开关时进行电动操作伤人
分闸限位开关 SP1、合闸限位开关 SP2	CHNT；YBLXW－6/11BZ	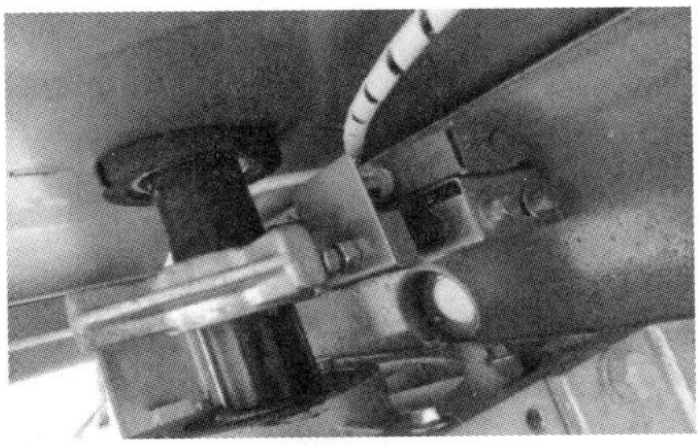	在分、合闸到位切断控制回路，从而停止电动机运转

第4章 泰开GW4型隔离开关检修工艺

4.1 泰开GW4型隔离开关简介

4.1.1 隔离开关概述

GW4－40.5/72.5/126 系列双柱水平旋转单断口式户外三相高压交流隔离开关（以下简称GW4型隔离开关）是在额定频率50Hz或60Hz、额定电压40.5kV/72.5kV/126kV的供电系统中，供高压线路在无载荷情况下进行换接，以及对被检修的高压母线、断路器等高压电气设备与带电的高压线路进行电气隔离之用。同时，它还用于改变系统的运行方式，切合母线转移电流及电压互感器、避雷器等规定范围内的小电流。

4.1.2 隔离开关特点

GW4－40.5/72.5/126系列隔离开关是山东泰开在GW4型隔离开关基础上，对有效抑制导电回路发热、传动部分卡滞、轴承座锈蚀、隔离开关表面腐蚀等一系列问题都进行了完善化设计，同时它简化了现场安装及调试工作量，而且具有以下特点：

（1）导电杆采用角铝结构，增加导电散热面积，提高导电可靠性。

（2）采用新型触头及外压式触指结构，与原结构相比其触头、触指表面积较大，具有良好的散热能力，消除了集肤效应的影响，同时具有良好的自清洁和耐磨损能力；该结构触头插入触指深度较深，大大提高了导电可靠性。

（3）采用先进的镀银工艺，保证镀银层的厚度及硬度，大大增加了镀层的附着力，同时采用合适的触头压力，可靠保证镀银层长期工作不脱落。

（4）接线座与接线端子间采用固定软连接通流，软连接每层表面均经过镀锡处理，接线端子上下两端采用绝缘轴套，确保通流可靠、转动灵活。接线端子与出线柱采用一体式结构，增加强度的同时减少了一个可能的发热点。

（5）采用全密封结构轴承座，采用上下双道密封，防止雨水、沙尘对转动轴承的侵蚀，轴承表面填充足量的工作温度范围在－60～＋130℃的宽温润滑脂，确保气候炎热地区和高寒地区不发生润滑失效。

（6）传动轴销采用不锈钢，传动轴承采用热镀锌或不锈钢，防腐能力强，转动阻力小，配合间隙小，传动可靠，可有效避免转轴锈死，确保转动灵活。

（7）接地开关采用一步动作式结构，接地动触头采用自力式结构，结构简单美观，操作力小，动作可靠。

（8）钢质零部件采用热镀锌工艺处理，铜质零部件表面镀银或镀锡处理。

（9）主接地开关机构与本体连接的垂直传动杆采用夹板和抱箍的连接方式，取消现场焊接和配钻，方便用户现场安装、调试、拆卸及维护。

（10）隔离开关配 CJTK 改进型电动机构，接地开关配 CS17A 人力机构，采用不锈钢或铝合金机构箱体，外形美观，防腐能力强，具有良好的防水、防尘性能。具有联锁单元，可同时满足多种联锁功能。

4.1.3　隔离开关分类与技术参数

按电压等级分为 40.5kV、72.5kV、126kV 三种，按电流等级分为 1250A、2000A、2500A、3150A、4000A 五种，根据附装的接地开关可分为不接地、左接地、右接地、双接地四种。

隔离开关主要技术参数见表 4-1。

表 4-1　　隔离开关主要技术参数

<table>
<tr><th>序号</th><th colspan="2">额定参数</th><th colspan="2">GW4-40.5</th><th>GW4-72.5</th><th colspan="2">GW4-126</th></tr>
<tr><td>1</td><td colspan="2">额定电压（kV）</td><td colspan="2">40.5</td><td>72.5</td><td colspan="2">126</td></tr>
<tr><td>2</td><td colspan="2">额定电流（A）</td><td>1250</td><td>2000</td><td>2500</td><td>3150</td><td>4000</td></tr>
<tr><td rowspan="3">3</td><td rowspan="3">隔离开关</td><td>额定峰值耐受电流（kA）</td><td>100</td><td>100</td><td>125</td><td>125</td><td>160</td></tr>
<tr><td>额定短时耐受电流（kA）</td><td>40</td><td>40</td><td>40</td><td>50</td><td>50</td></tr>
<tr><td>额定短路持续时间（s）</td><td>4</td><td>4</td><td>4</td><td>3</td><td>3</td></tr>
<tr><td rowspan="3">4</td><td rowspan="3">接地开关</td><td>额定峰值耐受电流（kA）</td><td>100</td><td>100</td><td>125</td><td>125</td><td>160</td></tr>
<tr><td>额定短时耐受电流（kA）</td><td>40</td><td>40</td><td>40</td><td>50</td><td>50</td></tr>
<tr><td>额定短路持续时间（s）</td><td>4</td><td>4</td><td>4</td><td>3</td><td>3</td></tr>
<tr><td rowspan="2">5</td><td rowspan="2">额定短时工频耐受电压（有效值）（kV）</td><td>对地</td><td colspan="2">95</td><td>160</td><td colspan="2">230</td></tr>
<tr><td>断口</td><td colspan="2">118</td><td>200</td><td colspan="2">230+70</td></tr>
<tr><td rowspan="2">6</td><td rowspan="2">额定雷电冲击耐受电压（有效值）（kV）</td><td>对地</td><td colspan="2">185</td><td>350</td><td colspan="2">550</td></tr>
<tr><td>断口</td><td colspan="2">215</td><td>410</td><td colspan="2">550+100</td></tr>
<tr><td rowspan="3">7</td><td rowspan="3">额定端子静态机械负荷（N）</td><td>水平纵向</td><td colspan="2">1000</td><td>1000</td><td colspan="2">1000、1250</td></tr>
<tr><td>水平横向</td><td colspan="2">750</td><td>750</td><td colspan="2">750</td></tr>
<tr><td>垂直力</td><td colspan="2">1000</td><td>1000</td><td colspan="2">1000</td></tr>
<tr><td>8</td><td colspan="2">开合母线转换电流（母线转换电压 100V，A）</td><td colspan="5">400V、2500A、100 次</td></tr>
<tr><td rowspan="3">9</td><td rowspan="3">接地开关感应电流开合能力</td><td>电磁感应电流（电流/电压）（A/kV）</td><td colspan="5">50/0.5</td></tr>
<tr><td>静电感应电流（电流/电压）（A/kV）</td><td colspan="5">0.4/3</td></tr>
<tr><td>开合次数</td><td colspan="5">10</td></tr>
</table>

续表

序号	额定参数		GW4－40.5	GW4－72.5	GW4－126
10	隔离开关小电流开合能力	电容电流（A）	2		
		电感电流（A）	1		
11	无线电干扰水平		不大于 500μV		
12	机械寿命		3000 次		

隔离开关结构性参数见表 4－2。

表 4－2　　隔离开关结构性参数

序号	额定参数	GW4－40.5					GW4－72.5					GW4－126				
1	断口绝缘距离（mm）	≥400					≥650					≥1000				
2	导电部分对地绝缘距离（mm）	≥400					≥650					≥900				
3	主回路电阻（μΩ）（1250/2000/2500/3150/4000A）	≤150	≤90	≤75	≤50	≤40	≤155	≤100	≤85	≤70	≤50	≤170	≤110	≤95	≤80	≤60
4	隔离开关三相合闸同期性（mm）	≤5					≤8					≤12				
5	单极质量（kg）	120					200					260				
6	电动机构分合闸时间	135°　传动 6±1s														

4.1.4　隔离开关结构与动作原理

1. 隔离开关的结构

GW4 型隔离开关是双柱水平旋转单断口式隔离开关，由三个单极组成。主要包括底座、支持绝缘子、主导电系统、操动机构等，也可根据需要配装接地开关。

底座全部由热镀锌钢制零部件及铸铝件装配而成。传动部分、接地开关支架、机械联锁板等也安装在底座上。

支持绝缘子上端固定主导电系统，下端装于轴承座上，起绝缘和保证隔离开关在动静负荷下的机械稳定性的作用。支持绝缘子分为Ⅲ、Ⅳ防污等级，均由高强度绝缘子组成。

GW4－72.5/126 单极结构示意图如图 4－1 所示。

主导电系统由左导电和右导电两部分组成，分别固定于左右支持绝缘子上端。隔离开关合闸时触头嵌入两排触指内。触指有较长的接触面，接触压力由外压弹簧产生并保持稳定的数值，在触指和触头上有电流流过的区域都进行镀银处理。触头插入深度范围在弹簧定位孔外侧 5～10mm，如图 4－2 所示。

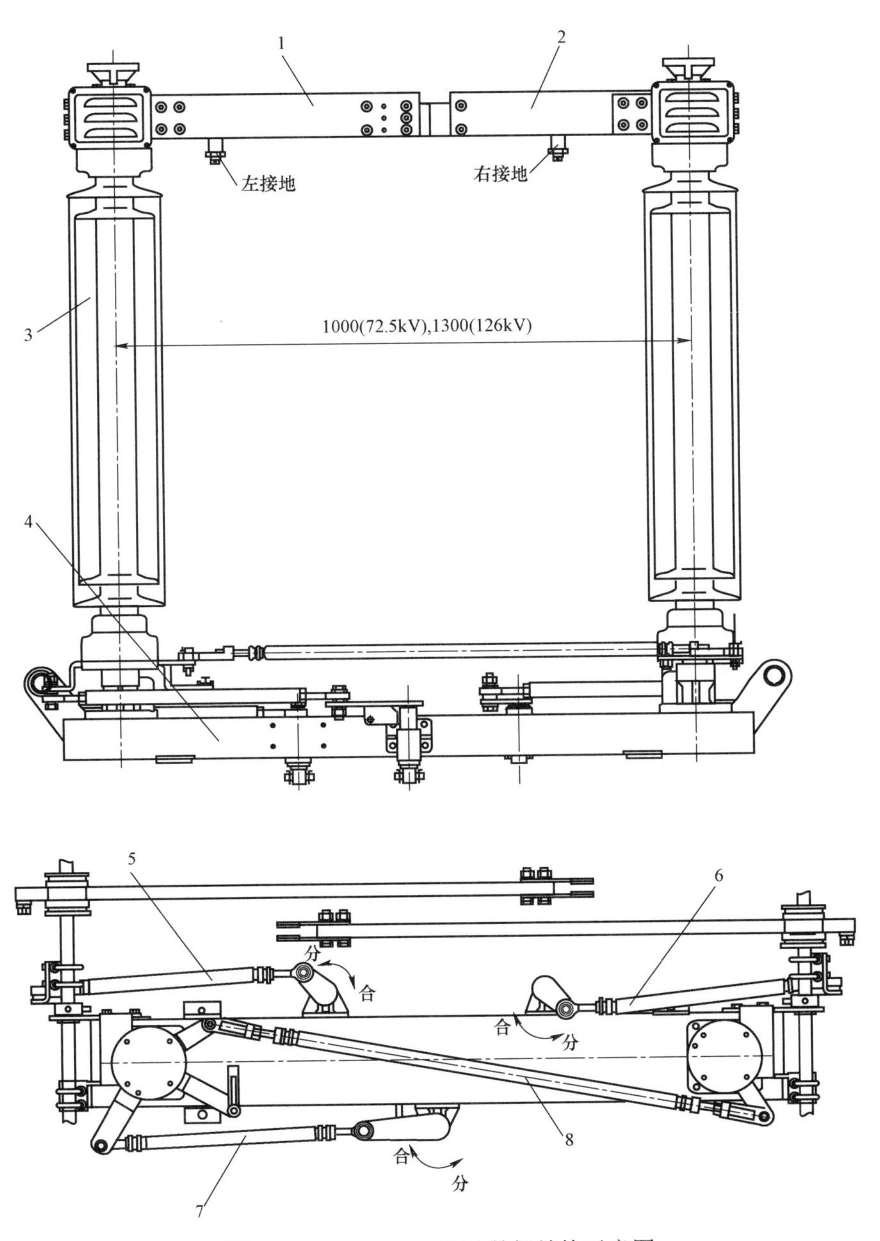

图 4－1　GW4－72.5/126 单极结构示意图

1—左导电装配；2—右导电装配；3—支持绝缘子；4—底座；5—左接地拐臂拉杆（仅 C 相）；6—右接地拐臂拉杆（仅 C 相）；7—隔离开关拐臂拉杆（仅 A 相）；8—隔离开关交叉连杆

接地开关采用自力式结构，接地开关管采用高强度铝合金方管，操作平稳。

CJTK 型电动机构采用不锈钢箱体。由三相交流电动机驱动，通过蜗轮蜗杆减速装置将力矩传递给机构输出轴。机构配有辅助开关，并设有人力分合的手动装置，还装有加热器、温湿度控制器、照明灯、手动闭锁开关等元件。

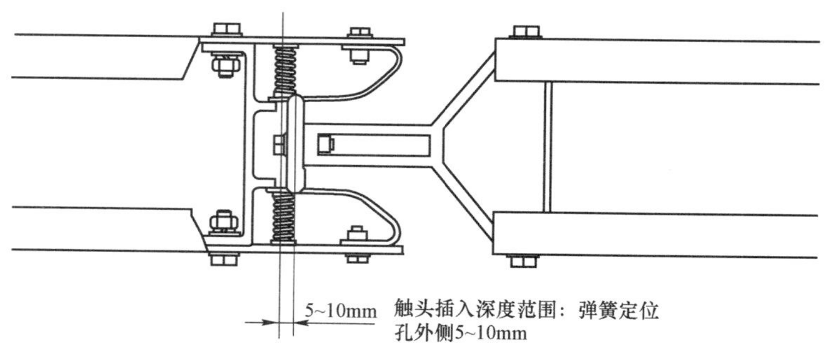

图 4－2　导电合闸插入位置

CS17A 型人力机构采用铸铝底座及工程塑料轴套，操作灵活轻便，整体结构密封性好，防水、防尘能力强。机构配有辅助开关，有挂锁孔，还可附装电磁锁。

2. 隔离开关动作原理

GW4 型隔离开关的操动机构通过垂直传动杆、接头与开关主轴相连，通过四连杆、接头、水平连杆与各独立的单极连接起来，实现三极同步动作。

操动机构动作时通过垂直传动杆带动隔离开关的一个支持绝缘子转动，通过装在底座中的一套平面四连杆机构（交叉连杆）带动另一个支持绝缘子（左、右触头分别装在两支持绝缘子上）转动，从而实现了左触头和右触头的分、合闸动作。操动机构中的辅助开关与机构的主轴连接在一起，在分、合闸动作时该辅助开关动作，给出相应的分、合闸信号。

3. 接地开关动作原理

三极接地开关通过接地开关水平传动杆连在一起，接地开关操动机构的主轴通过接地开关垂直传动杆、接头和一套空间四连杆与水平传动杆连在一起。接地开关操动机构动作时，通过接地开关垂直传动杆和空间四连杆实现接地开关的分、合闸操作。

接地开关和隔离开关的机械联锁是通过安装在底座及接地开关转轴上的联锁板实现的，联锁装置具有足够的机械强度。隔离开关在合闸位置时，底座上的联锁使接地开关不能合闸；反之，当接地开关处于合闸位置时，也可通过联锁防止隔离开关合闸。

4.1.5　隔离开关的调试

4.1.5.1　调整要求

（1）对隔离开关机构进行检修、检查、调整。所有部件应完好，无严重锈蚀、卡涩、松动、磨损、断裂，如有应更换。转动部分润滑充分。机构及隔离开关动作平稳，无卡涩。

（2）插入深度调整。隔离开关合闸后，左右两导电臂（图 4-1 序 1、2）公母触头之间的剩余间隙为 3～8mm。

（3）左右导电臂水平度。合闸后，首先保证两侧导电臂水平，再观察两侧触头的上下剩余量（≤5mm），如不满足，利用导电杆和接线座的安装螺栓与螺孔的间隙进行调整。

（4）三相合闸不同期：≤20mm（252 型），≤10mm（126 型）。

（5）检查止钉间隙。调整定位螺钉与挡板间间隙为 1～3mm。

4.1.5.2　调整须知

（1）拐臂：决定分合闸角度。

1）主动拐臂：在拐臂传动中，起主动作用的拐臂（如操动机构上端的拐臂），它的中心距增加时，可使隔离开关的转动角度加大。

2）从动拐臂：在拐臂传动中，由另一只拐臂带着转动的拐臂，它的中心距增加时，可使隔离开关的转动角度减小。

（2）拐臂中心距：拐臂转轴中心线至轴销中心线的距离，决定了隔离开关的转动角度（即分合闸行程）。

（3）主连杆：调整主连杆长度不能改变分合闸角度，只改变分闸或合闸的起始位置。

（4）相间连杆。相间连杆有两个作用：一是带动从动相转动；二是控制从动相与主动相的同期。调整相间连杆长度不能改变从动相分合闸角度，只改变从动相分闸或合闸的起始位置。

（5）交叉连杆。交叉连杆有两个作用：一是通过其长度调整每相的切入角，使得各相触头与触指的接触点在平滑的圆弧处；二是使得一侧支持绝缘子旋转 90°，另一侧支持绝缘子反向旋转 90°。

GW4 型隔离开关各部件位置如图 4－3 所示。

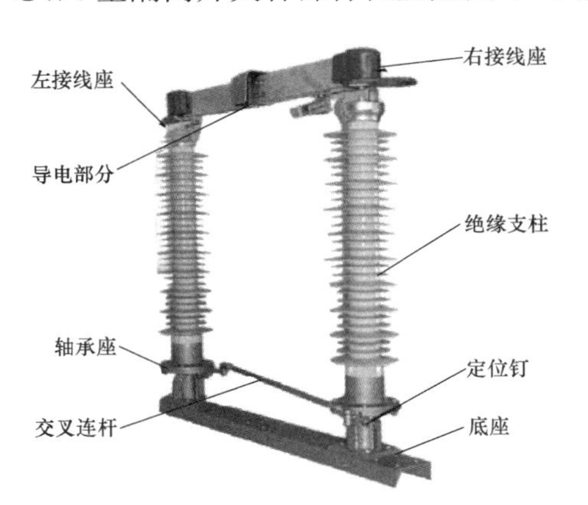

图 4-3　GW4 型隔离开关各部件位置

4.1.5.3　调整方法

1. 隔离开关单极调试

（1）操作 A 相隔离开关导电臂置于合闸位置，观察左右公母导电臂是否在同一直线；如有偏差，用橡皮锤轻敲击导电臂，直至合格为止。固定合闸定位钉，定位钉与挡板之间不留间隙。连接交叉连杆。

（2）分开该相隔离开关，固定分闸定位钉，定位钉与挡板之间不留间隙，保证分闸定位钉所在的绝缘子刀臂与合闸状态成 90°～92°，使用卷尺测量左右导电臂首尾两端距离的差值在 10mm 以内。

（3）微调交叉连杆的长度，调整合闸切入点，保证左右公母导电臂合闸切入能在母导电臂平滑的圆弧处，锁紧交叉连杆长度调节备帽。

（4）再次分开该相隔离开关，再次进行分合角度和导电臂间首尾长度差测量，如不合格，调整交叉连杆处拐臂中心距，改变行程，达到分闸到位的目的。

（5）以同样方法调整 B、C 相隔离开关。

2. 隔离开关三相调试

（1）在 A、B 两相隔离开关处于合闸位置时，安装两相的相间连杆。

（2）退出 B 相隔离开关的分、合闸定位钉。

（3）用手轻推 A 相隔离开关的左右导电臂，使其进行分闸，在分闸位置进行 B 相隔离开关分闸角度及导电臂间首尾长度差测量，如不合格，调整 B 相隔离开关主拐臂中心距，改变行程。同时，也可配合微调 A、B 相隔离开关相间连杆长度改变 B 相隔离开关起始位置，完成 B 相隔离开关的分合闸调整。

（4）按同样的方法再连接 B、C 两相隔离开关相间连杆，对 C 相隔离开关进行调整。

3. 整体调试

（1）三相隔离开关连为一体后，使三相处于合闸位置，安装主连杆。

（2）机构箱摇至合闸位置，安装传动轴抱箍。

（3）退出 A 相隔离开关分、合闸定位钉。

（4）通过机构将三相隔离开关摇至分闸状态，进行三相隔离开关的分闸角度测量，如不合格，调整主拐臂的中心距即可调节三相隔离开关的行程，配合主连杆的调节，即可完成三相隔离开关的调整。

（5）完成三相隔离开关分、合闸定位钉的固定。

4.2 泰开 GW4-40.5 型隔离开关检修工艺

4.2.1 隔离开关维护项目及周期

1. 不停电维护项目

不停电维护项目见表 4-3。

表 4-3　不停电维护项目

序号	项目	要　求	备注
1	基础支架检查	隔离开关基础支架接地良好，基础无松动、裂纹、沉降，地脚螺栓无松动、锈蚀、变形	
2	隔离开关底座及传动部分检查	底座接地良好；安装螺栓无松动、锈蚀，各销轴及转动部位无锈蚀，转动灵活，不卡滞；垂直连杆、水平连杆无锈蚀、变形，连接螺栓紧固可靠	隔离开关操作时应巡视
3	绝缘子检查	绝缘子表面无严重污垢沉积，无破损伤痕，法兰处无裂纹，无闪络痕迹	
4	主导电回路检查	在隔离开关处于合闸位置时，检查导电杆是否有欠位或过位现象	
		用红外成像仪检测隔离开关各导电部分及引流线连接部位表面温度有无异常	如发现异常，查明原因，启动临修
		夹钳位置无严重污垢沉积	隔离开关操作后应巡视
5	接地开关的检查	接地开关能分合闸到位，确保合闸时能有效接地	

续表

序号	项目	要　求	备注
6	操动机构检查	机构固定螺栓无锈蚀、松动	
		机构外壳无破损、变形，机构箱密封良好，达到防水、防潮、防尘的要求	隔离开关操作时应巡视
		分合闸指示标牌指示正确，并与隔离开关位置一致	
		垂直连杆抱箍紧固螺栓及止动螺钉无松动，抱箍铸件无裂纹，带孔圆柱销无弯曲现象；操作时垂直连杆无打滑现象	隔离开关操作时应巡视
		二次线无锈蚀、破损、松脱，机构箱内无异味；各电气元件外观无破损且功能正常	隔离开关操作后应巡视
		门灯功能正常	
		加热器功能正常	
		低压电缆及接地电缆外壳无破损	
7	引流线检查	引流线连接可靠，并呈自然下垂状态，三相松弛度一致	变电站投运前三年雨季后；当变电站出现地质沉降时

注：不停电维护项目由变电运行人员实施。

2. 停电维护项目及周期

停电维护项目及周期见表4-4。

表4-4　停电维护项目及周期

序号	项目	要　求	周期	备注
1	不停电维护所有项目（除红外测温外）	按照不停电维护项目要求开展	结合停电预防性试验开展	
2	主导电回路检查	主回路电阻：符合技术参数表要求	结合停电预防性试验开展	
		啮合位置无严重污垢沉积或烧损		积污严重的可考虑开展带电或停电清洁，污垢无法清除考虑返镀，烧损严重者需更换
		软连接无撕裂等损坏现象，连接螺栓按力矩要求进行紧固		
		各紧固螺栓应无松动锈蚀并按力矩要求进行紧固		
3	接地开关的检查	接地开关应能分合闸到位；动、静触头无严重污垢，确保合闸时能有效接地	结合停电预防性试验开展	如有污垢需清除
4	操动机构检查	操作时机构内无异常响声	结合停电预防性试验开展	如有，查明原因并做相应处理
		对机构箱进行清洁，对机构箱各转动部分存在锈蚀的进行除锈处理并对机构箱密封进行检查		机构箱密封良好，达到防水、防潮、防尘的要求
		垂直连杆抱箍紧固螺栓及止动螺钉无松动，抱箍铸件无裂纹，带孔圆柱销无弯曲现象；操作时垂直连杆无打滑现象		按力矩要求对连接螺栓及止动螺钉进行紧固，更换损坏零件
		检查电动机回路、控制回路、照明回路、驱潮回路；各回路功能应正常		
		分、合闸接触器的动作电压检测：电动操动机构在交流额定电压的85%～110%范围内能可靠动作		
		辅助开关信号、动作正确，无卡滞		

续表

序号	项目	要　　求	周期	备注
4	操动机构检查	箱内端子排无锈蚀，二次电缆绝缘层无变色、老化、损坏现象，辅助和控制回路绝缘电阻应大于 10MΩ		
		各电气元件紧固良好且功能正常，无烧损现象		更换损坏失效的电气元件

3. 小修项目及周期

小修项目及周期见表 4-5。

表 4-5　　小 修 项 目 及 周 期

序号	项目	要　　求	周期	备注
1	停电维护所有项目	按照停电维护项目要求开展	参照第 1 章 1.1 的规定执行	由设备维护人员进行
2	主导电回路检修	测量主回路电阻		
		清理动、静触头位置沉积污垢，确保夹钳位置接触良好，动、静触头应无烧损		
		软连接接触良好，无撕裂等损坏现象，如有损坏需更换软连接，更换时导电接触面需砂光，连接螺栓按力矩要求进行紧固，接触面周围用硅胶密封		
3	接地开关的检修	清理接地开关动、静触头沉积污垢，接地开关能有效接地		
4	绝缘子检修	清洁绝缘子，故障后或运行 10 年以上的绝缘子，应用超声波试验设备检查有无裂纹		
5	操动机构检修	转换开关、辅助开关动作应正确，无卡滞，触点无锈蚀，用万用表测量每对触点通断情况是否正常		
		对机构箱密封情况及防潮、防冻装置进行检查		
6	检查闭锁	进行操作试验，检查主隔离开关与接地开关的机械闭锁以及与断路器的电气联锁情况		
7	润滑	检查底座传动部分及操动机构动作情况并涂适应当地气候条件的润滑油		
8	紧固螺栓	对所有外部连接螺栓，按力矩要求值紧固		

4. 大修项目及周期

大修项目及周期见表 4-6。

表 4-6　　大 修 项 目 及 周 期

序号	项目	要　　求	周期	备注
1	所有小修项目	按小修项目要求开展	按照设备状态评价决策进行，一般 10 年进行一次大修	由厂家安排技术人员现场进行指导
2	引线及本体部件拆除	各导电接触面有防损伤措施，引线用绳索固定好；吊件要系好拉绳，绝缘子安放平稳，有防止碰伤措施；主闸刀在检修平台上分解后各部件应分相放置，并做好标记		
3	静触头装配检修	检查所有导电接触部分是否有过热、烧伤现象，如有轻微烧伤可用砂布打磨修复，静触杆也可通过转动角度后改变接触位置的方法处理，损伤严重者应更换		
		检查钢芯铝绞线应无散股、断股现象，有应更换		
		检查所有导电夹板和夹块，应无开裂、变形，开裂或变形严重者应更换		

续表

<table>
<tr><th>序号</th><th>项目</th><th>要　求</th><th>周期</th><th>备注</th></tr>
<tr><td rowspan="4">4</td><td rowspan="4">主导电装配检修</td><td>检查触指触头是否有过热、烧损情况，如有轻微烧损，可用砂纸打磨修复，如有严重烧损应更换</td><td rowspan="2"></td><td rowspan="2"></td></tr>
<tr><td>检查软连接接触面是否有过热、烧伤、折断现象，如有烧伤、严重过热或断裂，应更换。对接触面用砂纸除去氧化层，安装好后周围应用硅胶密封</td></tr>
<tr><td>检查夹紧弹簧的锈蚀、弹性情况，锈蚀轻微的应刷除铁锈，涂黄油防锈；若变形严重者应更换</td><td rowspan="25">按照设备状态评价决策进行，一般 10 年进行一次大修</td><td rowspan="25">由厂家安排技术人员现场进行指导</td></tr>
<tr><td>检查所有的弹性圆柱销和复合轴套，如生锈、开裂或变形严重均应更换</td></tr>
<tr><td rowspan="4">5</td><td rowspan="4">接地开关
装配检修</td><td>检查接地闸刀有无变形，变形应校正</td></tr>
<tr><td>检查所有导电接触面，镀层接触面用清洗剂清除污垢，非镀层接触面用砂纸清除氧化层</td></tr>
<tr><td>检查触指弹簧的变形及锈蚀情况，如锈蚀或变形严重均应予以更换</td></tr>
<tr><td>动、静触头应无损坏并清除污垢，静触头安装板应除锈刷漆</td></tr>
<tr><td rowspan="2">6</td><td rowspan="2">绝缘子检修</td><td>检查绝缘子有无裂纹或破损，如有则应更换</td></tr>
<tr><td>检查绝缘子瓷件与法兰的浇装情况，如有脱块应及时修补，瓷件松动及铁法兰有裂纹则应更换</td></tr>
<tr><td rowspan="7">7</td><td rowspan="7">底座及传动部分检修</td><td>检查所有转动轴和轴套，变形应校正，并用砂纸清除其锈蚀部分，涂二硫化钼</td></tr>
<tr><td>检查接地软连接是否有断裂现象，如有断裂，应更换，对接触面用砂纸除去氧化层</td></tr>
<tr><td>检查旋转绝缘子支座和法兰有无开裂、变形，如有开裂或变形严重应更换</td></tr>
<tr><td>检查各拉杆和连接头的螺纹是否完好，有无损坏，焊接处有无裂纹，如开裂应补焊，螺纹损坏严重则应更换</td></tr>
<tr><td>检查所有传动拐臂，如严重变形应校正；如连接头转动轴磨损严重应更换</td></tr>
<tr><td>检查所有圆柱销有无变形，如变形严重则应更换</td></tr>
<tr><td>检查机械闭锁板，如严重变形应校正</td></tr>
<tr><td rowspan="7">8</td><td rowspan="7">电动机操动机构检修</td><td>机构箱无锈蚀，密封良好，安装牢固</td></tr>
<tr><td>各电气元件完整、无损、接触可靠</td></tr>
<tr><td>辅助开关触点光滑，通、断位置正确，转动灵活</td></tr>
<tr><td>限位开关动作准确，到达规定分、合闸极限位置能可靠切断电源</td></tr>
<tr><td>各转动部件完好，蜗轮与蜗杆及齿轮转动灵活</td></tr>
<tr><td>电动机辅助工作面无裂纹和锈蚀，接触面良好。转动灵活，引出线焊接良好，电动机转动正常</td></tr>
<tr><td>二次回路接线端子无锈蚀，标记清晰，接线正确，辅助开关切换可靠，二次回路及电动机绝缘电阻不小于 10MΩ</td></tr>
<tr><td rowspan="3">9</td><td rowspan="3">手动操动机构检修</td><td>各连接固定螺栓牢固</td></tr>
<tr><td>辅助开关触点光滑、接触良好，通、断位置正确，转动灵活</td></tr>
<tr><td>蜗轮、蜗杆无磨损，蜗杆轴与轴套完好、无变形；蜗轮中心线与蜗杆轴线在同一水平面，其轴向窜动量不大于 0.5mm，机构动作灵活，无卡涩</td></tr>
</table>

续表

序号	项目	要 求	周期	备注
9	手动操动机构检修	机构与辅助开关触点位置切换正确，辅助和控制回路绝缘电阻应大于 10MΩ		
10	整体组装和调试	安装底座装配时应保证绝缘子安装面水平	按照设备状态评价决策进行，一般 10 年进行一次大修	由厂家安排技术人员现场进行指导
		断口距离应符合产品技术规定，主闸刀在合闸位置时，导电底座主动拐臂纵向轴线与底座传动连杆应同一直线上		
		接地开关在合闸位置，动、静触头接触可靠，分闸时开距符合产品技术规定		
		主隔离开关、接地开关系统动作灵活、无卡涩，辅助开关切换位置可靠		
		主隔离开关与接地开关机械闭锁和电气联锁准确可靠、动作灵活		
		符合技术参数表中安装调试及验收参数标准		
11	本体清扫和刷漆	设备线夹、接线板导电接触面无氧化层并涂薄层导电膏，连接可靠；底座及支架补刷漆，隔离开关油漆完好，相色标志正确		

注：1. 在拆卸零部件过程中，要注意记录各部件的相互位置、标准件的规格，以免重新安装时产生错误。

2. 修后装复时，所有相对运动部位都应涂润滑油。

3. 在检修导电部位时，要求用酒精等清洗剂清洗镀银的导电接触面，用砂纸清除非镀银导电接触面的氧化层，并立即擦净进行装配，装配时固定接触面涂薄层导电膏。

4. 各连接螺栓需按力矩要求值紧固。

5. 临时检修

根据隔离开关运行时的缺陷情况及状态评价情况，在确认隔离开关存在影响安全运行的故障或隐患时，需根据缺陷及故障情况，参照本大纲相关维护及检修项目要求有针对性地开展临时检修工作。

4.2.2 停电维护和检修危险点及预控措施

停电维护和检修危险点及预控措施见表 4-7。

表 4-7　停电维护和检修危险点及预控措施

防范类型	危险点	预 控 措 施
高空坠落	高空作业时，人员或工器具发生高空坠落	（1）应正确使用安全带。 （2）应使用合格的登高工具并有专人扶持，绑扎牢固。 （3）工器具应系好保险绳或做好其他防坠落的可靠措施，如使用工具袋。 （4）使用传递绳传递引线，拆除后应及时绑扎牢固
人身触电	接、拆低压电源	检修电源应有漏电保护器；电动工具外壳应可靠接地
		（1）检修人员应在变电站运行人员指定的位置接入检修电源，禁止未经许可乱拉电源，禁止带电拖拽电源盘。拆、接试验电源前应使用万用表测量，确无电压方可操作。 （2）使用带有绝缘包扎的工器具。拆线前做好标记，拆除即采取绝缘包扎措施。接回时，应由第二人进行复查

续表

防范类型	危险点	预控措施
人身触电	接、拆低压电源	（1）检修前应断开隔离开关操作电源、加热器电源。 （2）严禁带电拆、接操作回路电源接头。 （3）拆、接操作回路电源接头前应使用万用表测量，确无电压方可操作
	误碰带电设备	（1）吊车进入高压设备区必须由具有特种作业资质的专业人员进行监护、指挥，按照指定路线行走及吊装。 （2）工作前应划定吊臂和重物的活动范围及回转方向。 （3）确保与35kV带电体的安全距离不小于4m

4.2.3 检修质量标准

1. 不停电维护质量标准

不停电维护质量标准见表4-8。

表4-8　　不停电维护质量标准

不停电维护要求	质量标准	检查位置
隔离开关支架检查（钢构架、基础、接地）	隔离开关支架接地应良好、紧固，无松动、锈蚀。基础无裂纹、沉降。安装螺栓应紧固	
隔离开关底座及传动部分检查	底座接地良好；安装螺栓无松动、锈蚀，各销轴及转动部位无锈蚀，转动灵活，不卡滞；垂直连杆无锈蚀、变形，连接螺栓紧固可靠	
绝缘子检查	绝缘子表面无严重污垢沉积、无破损伤痕，法兰处无裂纹、无闪络痕迹	
主导电回路检查	在隔离开关处于合闸位置时，检查导电杆是否有欠位或过位现象；夹钳位置无严重污垢沉积，用红外成像仪检测隔离开关各导电部分及引流线连接部位表面温度有无异常	

续表

不停电维护要求	质量标准	检查位置
接地开关检查	分闸到位，闭锁良好	
操动机构检查	二次线应无锈蚀、破损、松脱，机构箱内无异味；相关电气元件功能正常	
	机构箱密封应良好，达到防潮、防尘要求	
	机构箱传动部件外观正常，无锈蚀现象。机构连接螺栓无松动、锈蚀现象。机构各轴销外观检查正常	
	加热器功能应正常	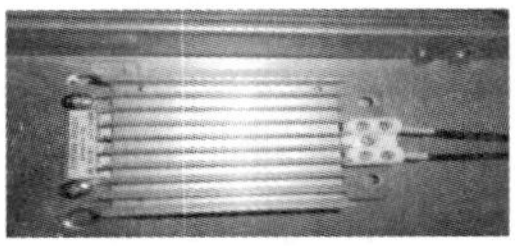
	门灯功能应正常	
手动操动机构	操作无卡涩，各连接螺栓牢固，辅助开关切换正确、灵活	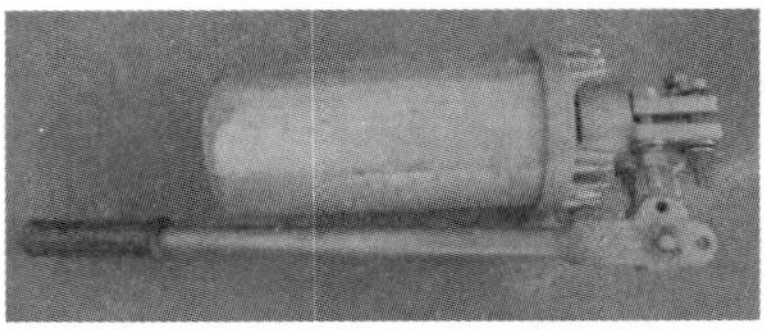
引流线检查	引流线应连接可靠，引流线应呈似悬链状自然下垂，三相松弛度应一致	

2. 停电维护质量标准

停电维护质量标准见表 4－9。

表 4－9　　停电维护质量标准

检修工艺	质量标准	检查位置
基础支架检查 工具：0 号砂纸、防锈油漆、漆刷、力矩扳手。 更换损坏标准件并按力矩要求对连接螺栓进行紧固，如基础有裂纹或发生沉降需对产生后果进行评估，并做相应处理	隔离开关基础支架接地良好，基础无松动、裂纹、沉降，地脚螺栓无松动、锈蚀、变形；锈蚀则进行除锈刷漆处理；M30 地脚螺栓紧固力矩为 500N·m	
隔离开关底座及传动部分检查 工具：0 号砂纸、16～24 开口扳手及梅花扳手、润滑脂。 更换损坏标准件并按力矩要求对连接螺栓进行紧固，对锈蚀部位进行除锈刷漆处理，并在转动部位涂适应使用地区气候条件的润滑脂	底座接地良好；安装螺栓无松动、锈蚀，各销轴及转动部位需涂润滑脂，无锈蚀，转动灵活，不卡滞；垂直连杆、水平连杆无锈蚀、变形，连接螺栓紧固、可靠	位置同不停电维护
绝缘子检查 工具：抹布、水、清洁剂、酒精。 绝缘子外表应无污垢沉积、无破损伤痕；法兰处无裂纹，与绝缘子胶合良好，如有污垢需冲洗和擦拭以清洁绝缘子表面	绝缘子表面无污垢沉积、无破损伤痕，法兰处无裂纹、无闪络痕迹	位置同不停电维护
主导电回路检查 工具：回路电阻测试仪、抹布、水、清洁剂、酒精、力矩扳手。 清除动、静触头污垢，更换撕裂损坏的软连接，按力矩要求值对各连接螺栓紧固；测量主回路电阻	主回路电阻符合技术参数表要求： 3150A：≤120μΩ 4000A：≤100μΩ 5000A：≤100μΩ	位置同不停电维护
接地开关的检查 工具：抹布、水、清洁剂、酒精。 清除动、静触头污垢，如接地开关分、合闸不到位需调试到位	接地开关分、合闸到位并能有效接地	位置同不停电维护
操动机构检查 工具：一字螺丝刀、十字螺丝刀、力矩扳手、绝缘电阻表。 机构内部需清洁、无杂物；接线测试机构各回路功能应正常，动作过程中应无异常响声；按力矩要求紧固垂直连杆、抱箍连接螺栓；用绝缘电阻表测量二次回路绝缘电阻；二次接线连接可靠，各电气元件紧固可靠且无烧损，辅助开关动作正确、无卡滞，损坏的二次元件需更换	（1）分、合闸接触器的动作电压检测：电动操动机构在交流额定电压的 85%～110%范围内能可靠动作。 （2）二次回路绝缘电阻应大于 10MΩ。 （3）各电气元件应动作正确、可靠。 （4）二次接线端子排无松动，接线紧固、无虚接	位置同不停电维护

3. 小修质量标准

小修工作应包含全部的停电维护工作内容。此外，还应包括以下项目和内容：

（1）绝缘子超声探伤质量标准见表 4－10。

表 4－10　　绝缘子超声探伤质量标准

检修工艺	质量标准	检查位置
用超声波试验设备检查绝缘子有无裂纹	绝缘子无裂纹	绝缘子

（2）机构箱电气元件检查及更换。除了按照停电维护工作中相关电气元件检查质量要求开展检查外，还需按照下面要求进行手动/电动转换开关及辅助开关的检查。另外，需要对机构箱内接触器按照停电维护中对相关电气元件更换的质量要求进行更换，见表4－11。

表4－11　　机构箱电气元件检查及更换质量标准

检修工艺	质量标准	检查位置
远方/就地转换开关应按照质量标准要求，定期检查远方/就地转换开关功能，如发现远方/就地转换开关损坏，不能正常工作，则应更换	远方/就地转换开关安装牢固，二次线连接正确，压接、绑扎牢固。 转换开关打到远方时，能远方操作。 转换开关打到就地时，能就地操作	远方 就地
（1）检查辅助开关各接头连接情况，并紧固相关接头。 （2）检查辅助开关转换触头情况，是否出现锈蚀。 （3）对辅助开关复位弹簧进行检查	辅助开关各转换接头连接应紧固、无锈蚀，切换可靠。 辅助开关触点无锈蚀。 辅助开关复位弹簧应无卡涩、断裂现象	

（3）传动系统检查质量标准见表4－12。

表4－12　　传动系统检查质量标准

检修工艺	质量标准	检查位置
检查转动部位是否灵活，检查润滑脂情况	转动部位无卡滞；隔离开关各转动部位动作灵活、无卡涩；轴销无锈蚀，开口销齐全并开口；各转动部分轴销、轴承涂二硫化钼润滑脂	传动部位

4. 大修质量标准

大修工作应包含全部的小修工作内容，此外，大修工作还应包括表4－13所示项目和内容（由于现场条件有限，原则上隔离开关大修在场内完成，表4－13中步骤仅供参考）。

表4－13　　大修质量标准

检修工艺	质量标准	检查位置
1. 主导电部分的装配检修 （1）主导电检查： 1）检查触指触头的接触表面无烧伤痕迹，镀银层完好，清除触指、触杆表面氧化层。 2）检查触指与触块的接触面不应氧化，连接处固定螺栓应紧固； 3）检查触指组装部件连接牢固，触指表面无严重烧损，并应清理光洁； 4）检查触指弹簧表面无锈蚀、断裂，能自动复位，螺栓应紧固； 5）检查基座部件不变形、软连接装配固定牢靠、螺栓紧固，内部零部件无锈蚀，涂润滑脂。 （2）主导电拆卸：将主导电两侧的百叶窗拆下，然后拆掉4个M12×35连接支持绝缘子的螺栓，即可拆下左右触头	1）各导电部分必须固定牢固。 2）导电镀层良好，无严重烧伤或断裂情况。 3）各接触点合闸时均能可靠接触。 4）导电带完好，无折断等损伤。防雨性能良好，内部零件无锈蚀。卸下的部件应做好标记。 5）所有零部件干净、无锈蚀和严重变形，触指无锈蚀、变形、开裂等，装配正确、可靠，动作灵活	拆除百叶窗后的主导电，拆除百叶窗后，即可露出接线座内的软连接

续表

检修工艺	质量标准	检查位置
2. 绝缘子装配检查 在地面上将绝缘子擦拭干净，将支持绝缘子下端用 M12 螺栓固定在底座装配的安装平面上，用铅垂线检查其是否垂直，用水平尺检查上安装面是否水平，如有偏差用 C 形垫片调整	起吊绝缘子时，应事先检查吊具安全可靠，捆绑牢固。 支持绝缘子的上平面水平，紧固牢靠	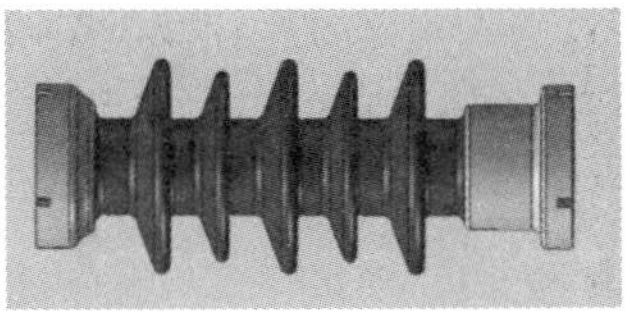
3. 底座及接地开关装配检查 （1）将底座装配与基础立柱相连的 4 个螺栓拆下，再拆除隔离开关机构输出轴下端的法兰与垂直连杆装配相连的轴销，将垂直连杆装配与底座装配分离，再将底座装配吊下，固定在专用检修平台上。 （2）检查机械闭锁装置连杆运动应灵活，并能使隔离开关和接地开关起到互为闭锁的作用（适用带接地开关）。 （3）拆下相间水平传动杆端部接头及与轴承座法兰拐臂不锈钢连接的轴销，检查复合轴套不应严重磨损，轴承套孔径磨损大于 ϕ0.2mm 应予以更换，并重新涂合适的润滑油脂，水平传动杆不应弯曲、变形，连接夹件不应变形，锈蚀螺栓应更换。 （4）拆去垂直传动杆与操动机构连接的夹件的紧固螺栓，拆下垂直传动杆与主传动轴上连接的轴销，取下垂直传动杆；拆卸主传动轴下部紧锁套或闭锁板，从上方抽出带拐臂的主传动轴，检查主传动轴不应生锈，磨损应不大于 ϕ0.2mm，检查上、下复合轴套不应严重磨损、变形，轴套孔径磨损大于 ϕ0.5mm 应予以更换，并重新涂上合适的润滑油脂。 （5）按拆卸时的逆顺序装复底座装配。 （6）检查接地闸刀管无弯曲，上动触头铝刀板应完好，清除触棒表面的氧化层并涂润滑脂，塑料限位块完整，掰动刀板结构有弹性。 （7）检查接地闸刀管转动应灵活。 （8）接地开关传动装置应与底座板固定牢固、无松动，固定螺栓紧固	（1）联锁板无变形、弯曲。 （2）调节顶杆丝扣完整，联锁板、限位销和轴无变形和锈蚀，联锁板缺口如变形严重，应及时更换。 （3）各部件转动灵活、无卡滞现象	
4. 操动机构装配检查 （1）电动操动机构输出法兰、抱箍的检修。 1）先检查机构输出法兰、抱夹铸件有无损伤现象，如裂缝、带孔圆柱弯曲等现象。 2）如有损伤现象，将机构抱夹上的 4 个螺栓拧下，将损坏的零部件进行更换（如有必要，可将垂直连杆拆下）。再将其进行装复	抱夹铸件无损伤、裂缝、带孔圆柱弯曲等现象	
（2）辅助开关的检修。 先用摇手柄手动进行分、合闸操作，观察辅助开关切换是否正确，有无卡滞现象。如不能满足质量标准中的要求正确动作，可松开辅助开关上端接头上的 2 个 M8 螺栓，将该接头转动一个角度，再将螺栓拧紧	接触良好，通断相应位置正确，转动灵活、无卡滞	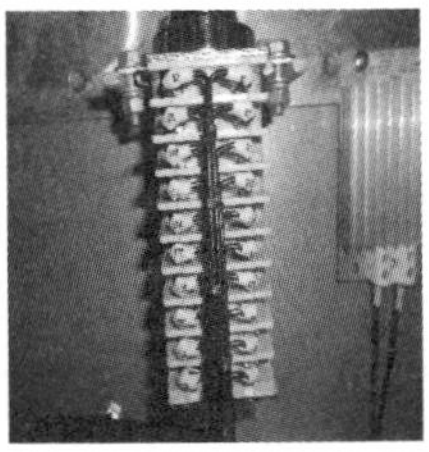

续表

检修工艺	质量标准	检查位置
（3）二次元件的检修。 1）检查电动机综合保护器外观有无破损，如破损应更换；检查整定电流值与实际值是否相符，不符时应校正，并用清洗剂清洗其表面。 2）检查交流接触器、小型断路器、分/合闸限位开关，如破损应更换，用手轻压检查触点动作情况。 3）温湿度凝露控制器外观有无破损，如破损应更换，手动启动温湿度凝露控制器，检查加热器是否在进行加热	1）电动机综合保护器完整，实际值与刻度相符。 2）无破损，触点切换动作正确。 3）无破损，温湿度凝露控制器、加热器能正常工作	
（4）减速器的检修。 松开机构抱箍与垂直连杆的连接，用摇手柄手动操作机构，减速器应能轻松操作，无卡滞现象和异常响声。如有卡滞现象需对减速器进行开箱检修或更换	减速器无卡滞现象和异常响声	

4.2.4 常见故障处理

常见故障产生原因及处理方法见表4－14。

表4－14　　常见故障产生原因及处理方法

常见故障	产生原因	处理方法
三相同期不到位或过位	三相传动连杆长度过长或过短	（1）断开三相隔离开关相间连接的水平连杆。 （2）调节每相的极间连杆，使每相合闸到位，三相保持平行。 （3）重新调整三相隔离开关水平连杆的长度将三相连接起来
接地开关操作时分、合闸力矩较大	操动机构的输出轴线与接地开关的传动轴轴线不在一条直线上，即相连接时对中误差较大	调节操动机构的安装位置，保证机构的输出轴中心与接地开关的传动轴轴线对中
	接地开关本身装配不良，没有按规定涂润滑油，装配关系有误等	重新进行拆装
	操动机构自身装配不良，例如转动部位卡涩，没有按规定涂润滑油，甚至装配关系错误等	
	接地开关调节不到位，如平衡弹簧调节不当等	重新进行调试
	静触头装配调节不当	调整静触头装配的安装位置，使动触头能顺利打入静触头中
导电系统运行中发生过热现象	触头材质和制造工艺不良或是虽镀银但镀层太薄，磨损露铜，以及由于锈蚀造成接触不良而发热严重甚至导致触头触指烧损；再如调整不到位而引起的触点接触不到位	检查触头触指镀银情况，如磨损露铜，则需要更换；检查触头触指接触位置，如有轻微烧伤可用砂纸打磨修复，如损伤严重，应更换

续表

常见故障	产生原因	处理方法
传动系统问题	各部轴销、连杆、拐臂、底架甚至底座轴承锈蚀造成拒分、拒合或是分、合不到位；连杆、传动连接部位等强度不够而断裂造成分合闸不到位；二次元件老化损伤使电气回路异常而拒动	对机构及锈蚀部件进行解体检修，更换不合格元件；加强防锈措施，例如采用二硫化钼等润滑脂。机构问题严重应更换新型机构
旋转绝缘子、支持绝缘子问题	分、合闸操作时，发生旋转绝缘子或支持绝缘子断裂	旋转绝缘子或支持绝缘子发生断裂，可能是由于机械强度不够，或是其机械性能分散性大，绝缘子质量不稳定；也可能是由于机械及传动系统锈蚀、卡涩使操作力增大。选型时应注意选用制造工艺良好、机械强度合格的绝缘子
接地开关主闸刀问题	合闸不到位	调节连接接地闸刀管传动拐臂的连杆，直到到位为止
	接地开关合闸时接地主闸刀偏离静触棒	松开紧固接地主闸刀的接头，加 C 形垫调整，然后紧固螺栓

4.3　CJTK 型机构二次回路简介

GW4 型隔离开关采用电动机构箱，该机构箱的二次回路分为电动机回路、控制回路及辅助回路，如图 4－4～图 4－6 所示。

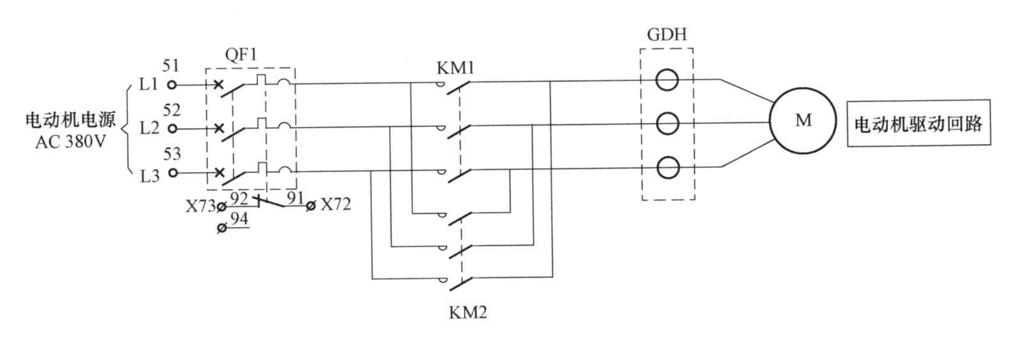

图 4－4　电动机回路

机构二次回路介绍及工作过程如下：

（1）远方/就地切换开关。通过切换远方就地切换开关（SA），实现隔离开关远方、就地的操作。

（2）电动远方分闸。当隔离开关符合外部联锁条件时，外部闭锁 X1/48－49 导通。进行远方操作前，需将切换开关 SA 切到“远方”位置，其触点 SA/1－2 导通。当后台发出隔离开关分闸指令后，下列回路导通：X1/55→QF2→SA/1－2→遥分触点→X1/64→KM2/A1－A2→KM1/21－22→SP2/1－2→SB3/2－1→GDH/2－1→SP3/2－1→X1/48－49→QF2→X1－56。KM2 线圈得电，电动机回路中 KM2 三对触点导通，电动机 M 转动，驱动齿轮蜗轮，并带动与主轴相连的隔离开关向分闸方向运动，隔离开关分闸。

同时，触点 KM2/13－14 闭合，下列回路导通，实现 KM2 线圈自保持：X1－55→QF2

→KM2/13－14→KM2/A1－A2→KM1/21－22→SP2/1－2→SB3/2－1→GDH/2－1→SP3/2－1→X1/48－49→QF2→X1－56。

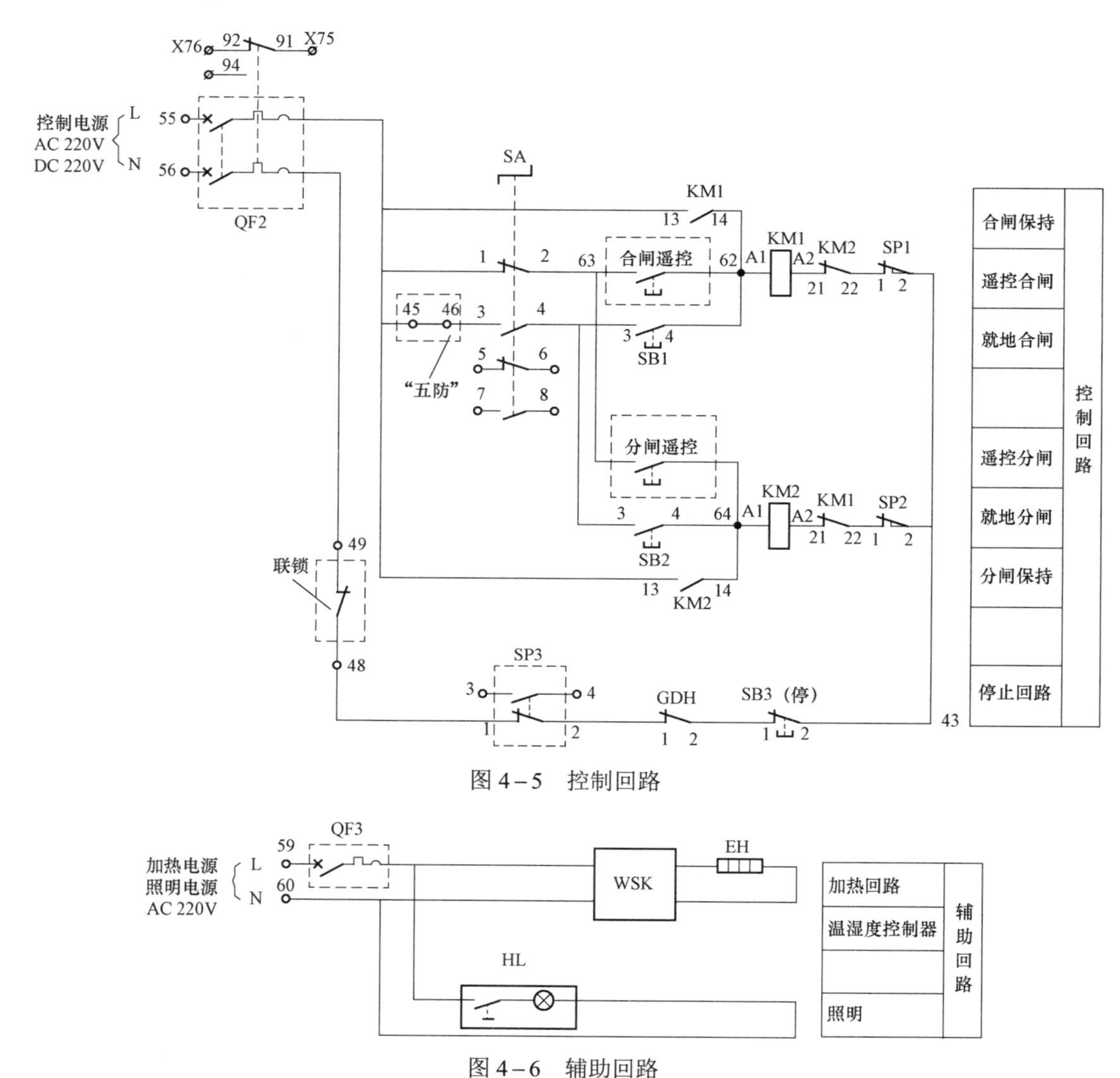

图4－5　控制回路

图4－6　辅助回路

隔离开关分闸到位后，限位开关SP2受力动作，其触点SP2/1－2打开，KM2线圈自保持回路断电，电动机断电停转，隔离开关远方分闸操作结束。

（3）电动就地分闸。当就地操作满足五防条件时，X1/45－46导通，将切换开关SA切到“就地”位置，SA/3－4导通。当就地按下“分闸”按钮SB2后，SB2/3－4导通，下列回路导通：X1－55→QF2→X1/45－46→SA/3－4→SB2/3－4→KM2/A1－A2→KM1/21－22→SP2/1－2→SB3/2－1→GDH/2－1→SP3/2－1→X1/48－49→QF2→X1－56。KM2线圈得电，电动机M转动，隔离开关分闸。同时，触点KM2/13－14闭合，KM2线圈自保持。隔离开关分闸到位后，SP2受力动作，其触点SP2/2－1打开，KM2线圈自保持回路断电，电动机断电停转，隔离开关就地分闸操作结束。

（4）电动合闸。就地按下合闸按钮 SB1（或由后台发送远方合闸指令），合闸接触器 KM1 线圈得电，电动机回路中 KM1 动合触点闭合，电动机反向转动（相对于分闸），从而使隔离开关向合闸方向转动。同样，当到达合闸位置时，限位开关 SP1 动作，电动机停转。

（5）电动停止。当隔离开关在分、合闸过程中需要紧急停止时，按下停止按钮 SB3，切断电动机控制回路，电动机停转。

（6）电动机保护。控制回路中串入 GDH 电动机保护器，当电动机出现缺相、过流等异常情况时，控制回路中的 GDH/1－2 触点断开，切断控制回路，电动机停转，起到保护电动机的功能。

（7）手动操作。当需要对隔离开关进行手动操作时，插入摇把时 SP3 动作，控制回路中 SP3 动断触点断开，从而闭锁隔离开关电动，保证操作人员的安全。

（8）辅助开关切换。辅助开关 AUS 在分、合闸两个位置相互切换，其 10 对动合、10 对动断触点相应动作，可用于后台监控隔离开关位置以及作为其他隔离开关的外部联锁触点等。

（9）闭锁回路。在控制回路中设置两处闭锁点，即五防闭锁和外部联锁，用于变电站的安全操作以及隔离开关与断路器、其他隔离开关或接地开关的电气联锁。

（10）辅助回路。辅助回路包括加热器和照明灯，加热器由温湿度控制器控制开启。

CJTK 型机构箱主要二次元件见表 4－15。

表 4－15　CJTK 型机构箱主要二次元件

序号	代号	名称	备注	图　片
1	QF1	电动机电源空气断路器	DZ47－10/3P（带报警触头 SD）	
2	QF2	控制电源空气断路器	DZ47－4/2P（带报警触头 SD）	
3	QF3	加热电源空气断路器	DZ47－4/1P	
4	KM1	合闸接触器	控制电压 AC 220V：3TB41 22－0X 控制电压 DC 220V：3TB41 22－1X	
5	KM2	分闸接触器		
6	GDH	电动机保护器	GDH－Ⅲ	

续表

序号	代号	名称	备注	图片
7	SA	远方/就地切换开关	LAY7－22×2	
8	SB1	合闸按钮	LAY7－11B/R	
9	SB2	分闸按钮	LAY7－11B/G	
10	SB3	停止按钮	LAY7－11B/B	
11	SP1	合闸行程开关	LX44－B	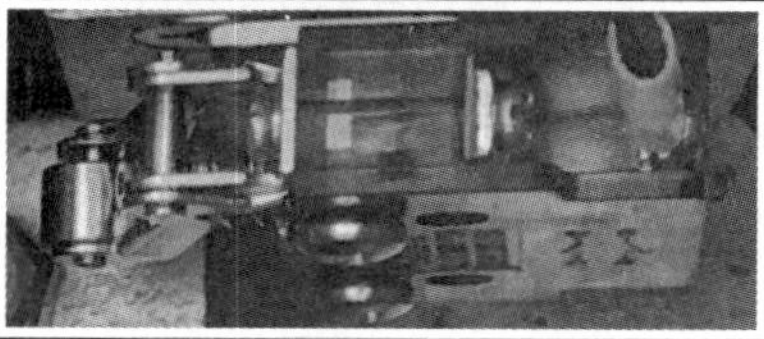
12	SP2	分闸行程开关	LX44－B	
13	SP3	手动闭锁限位开关	LX44	
14	M	交流电动机	CJTKA：550W/CJTKB：250W	
15	EH	加热器	80W	
16	HL	照明灯		
17	WSK	温湿度控制器	CG－1C	
18	AUS	辅助开关	10 对动合、10 对动断触点	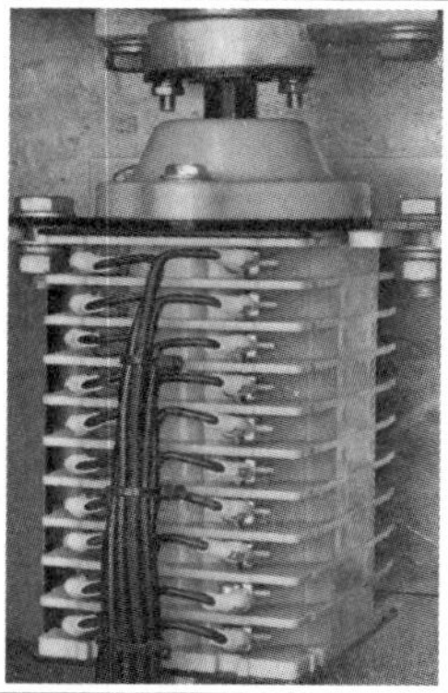
19	X1	接线端子排	1～40 号	
20	X2	接线端子排	41～90 号	

第5章　如高GW22型隔离开关检修工艺

5.1　如高GW22型隔离开关简介

5.1.1　隔离开关用途

GW22B－252D（G・W）型户外高压交流隔离开关是三相交流额定频率50Hz、额定电压252kV 的户外高压输电设备，用于在无负载情况下断开或接通高压线路，以改变运行方式，对检修的母线和断路器等高压电气设备实行安全的电气隔离。

5.1.2　隔离开关主要特点

该隔离开关为单柱、垂直断口、折叠式结构，可布置在母线的正下方，其静触头悬挂在架空硬母线或软母线上。产品分闸后形成垂直方向的绝缘断口，占地面积小，特别是在“双母线带旁路母线”接线的变电站中，节省占地尤为显著。其使用环境为：

（1）环境温度：－50～＋50℃；

（2）海拔：不超过2000m；

（3）风速：不超过34m/s；

（4）覆冰厚度：不超过10mm；

（5）地震烈度：不超过9度；

（6）空气污秽程度：适用于Ⅳ级及以下污秽地区；

（7）安装场所：无易燃、易爆和化学腐蚀物质，无频繁激烈振动和摆动；

（8）阳光辐射强度：1000W/m^2 （晴天中午）。

5.1.3　隔离开关技术参数

隔离开关技术参数见表5－1。

表5－1　　隔离开关技术参数

序号	项　目		单位	参　数
1	额定电压		kV	252
2	额定绝缘水平			
	（1）1min工频耐受电压（有效值）	断口	kV	460（＋145）
		对地	kV	460

续表

序号	项　　目		单位	参　　数				
2	（2）额定雷电冲击耐受电压（峰值）	断口	kV	1050（+200）				
		对地	kV	1050				
3	额定频率		Hz	50				
4	额定电流		A	2000	2500	3150	4000	5000
5	额定短时耐受电流		kA	50	63			
6	额定峰值耐受电流		kA	125	160			
7	额定短路持续时间	隔离开关	s	3				
		接地开关	s	3				
8	额定端子机械负荷	水平纵向负荷	N	2000				
		水平横向负荷	N	1500				
		垂直力	N	1250				
9	隔离开关母线转换电流开合能力	转换电压	V	300				
		转换电流	A	1600				
		开合次数	次	100				
10	接地开关感应电流开合能力	电磁感应电流（电流/电压）	A/kV	160/15（80/2）				
		静电感应电流（电流/电压）	A/kV	10/15　（3/12）				
		开合次数	次	10				
11	隔离开关主回路电阻		μΩ	≤160	≤120	≤100	≤90	≤85
12	隔离开关小电流开合能力	电压	kV	$252/\sqrt{3}$				
		电容电流	A	1				
		电感电流	A	0.5				
		开合次数	次	5				
13	额定接触区	支撑导线纵向位移的总幅度	mm	150/200（硬导线/软导线）				
		水平总偏移	mm	150/500（硬导线/软导线）				
		垂直偏移	mm	150/250（硬导线/软导线）				
14	机械寿命		次	5000	10 000		3000	5000
15	电动机操动机构型号			SRCJ3				
	电动机功率		W	370				
	电动机电压		V	AC 380/DC 220				
	控制回路电压		V	AC 220/DC 220				
	分、合闸时间		s	12±1				
	输出转角		（°）	135				
16	人力操动机构型号			SRCS2				
	电磁锁电压		V	AC 220/DC 220				
17	单极质量	不接地	kg	600				
		单接地		630				

注：1. 绝缘按海拔 2000m 考核，修正系数 k=1.13。

2. 参数为 DL/T 486《高压交流隔离开关和接地开关》中 B 类规定值，装设引弧装置。括号内为 GB 1985—2014《高压交流隔离开关和接地开关》中 B 类规定值。

5.1.4　隔离开关总体结构

该隔离开关为单柱、垂直断口、折叠式结构，每组由三个独立的单极隔离开关组成（一个主极和两个边极）。隔离开关可以附装接地开关。三极隔离开关由一台 SRCJ2 型电动机操动机构联动操作，三极接地开关由一台 SRCS2 型人力操动机构联动操作（也可由一台 SRCJ2 型电动机操动机构联动操作）。

每个单极隔离开关由基座、支持绝缘子、旋转绝缘子、主导电部分、传动系统及接地开关（当需要时）组成（见图 5－1）。

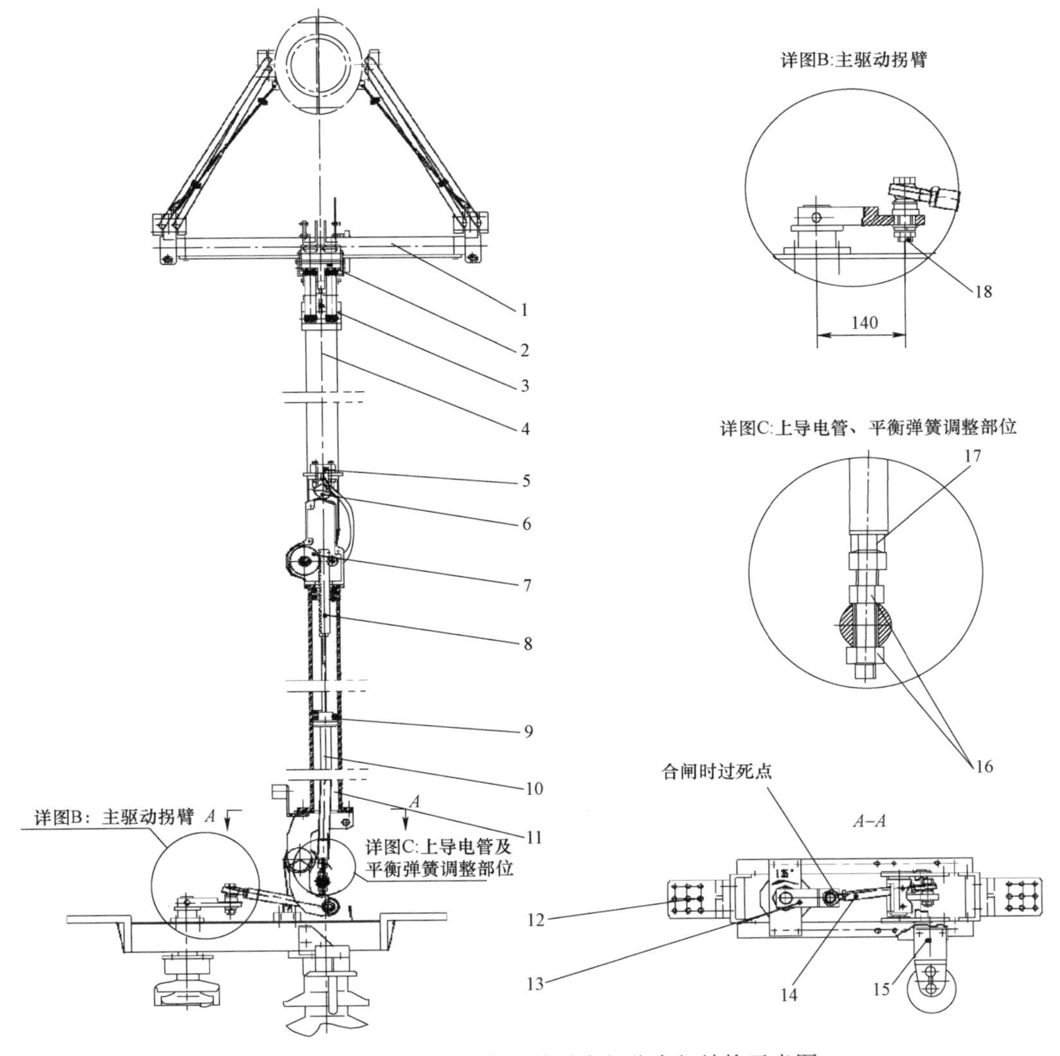

图 5－1　GW22B 型隔离开关导电部分内部结构示意图

1—悬挂式静触头；2—动触头；3—顶杆；4—上导电臂；5—软连接；6—滚轮；7—齿轮；8—齿条；9—平衡弹簧；10—操作杆；11—下导电臂；12—接线端子；13—主操作拐臂；14—拉杆；15—接地开关静触头；16—上导电臂调节螺母；17—平衡弹簧调节螺母；18—主拐臂调整螺栓

1. 基座

隔离开关基座由钢板折弯而成，基座与安装底板通过高强度螺杆悬升连接。支持绝缘子、旋转绝缘子、传动系统及接地开关安装在基座上。

2. 绝缘子

每极隔离开关的支持绝缘子、旋转绝缘子均由两个实心棒形绝缘子串联而成，支持绝缘子安装在基座上，旋转绝缘子吊装在导电部分的旋转法兰下，且与基座垂直，基座操作拐臂上的传动销穿在旋转绝缘子法兰孔内，旋转拐臂带动旋转绝缘子旋转 135°，完成隔离开关分、合闸。

3. 主导电部分

主导电部分包括传动座、上导电臂、下导电臂、动触头及悬挂式静触头（见图 5－1）。主导电部分除静触头外，均安装在支持绝缘子顶部。传动座中有机械传动元件及接线端子。

4. 接地开关

附装的接地开关的圆棒形静触头固定在隔离开关的传动座上。接地开关导电杆由方形铝管制成，弯形动触板固定在接地导电杆上端。接地开关为一步动作式，合闸时依靠触板的变形使动、静触头可靠接触。结构设计上有效利用电动力夹紧静触头以及使接地开关保持在合闸位置，因此具有较好的承受短路电流的能力。

隔离开关与接地开关之间的机械联锁，通过各凸轮滑板联锁结构来实现。确保隔离开关在合闸位置时，接地开关不能合闸；接地开关在合闸位置时，隔离开关不能合闸。

5. 操动机构

SRCJ2 型电动机操动机构，由电动机、双蜗轮蜗杆全密封减速箱、转轴、辅助开关及电气控制、保护元件所组成。机构箱外壳采用不锈钢板铆接而成。机构配有防误操作装置，以实现手动操作与电动操作之间的联锁，机构箱门设有挂锁装置。

5.1.5 隔离开关工作原理

上、下导电臂通过齿轮、齿条实现折叠伸直动作。隔离开关处于分闸状态时，上、下导电管折叠合拢，与其正上方的静触头之间形成清晰可见的隔离断口；合闸时，上、下导电管打开伸直成垂直状态，上导电臂顶端的动触头钳住静触头，形成导电通路。上、下导电臂之间、下导电臂与传动座之间，通过软连接保持电流导通。下导电臂内设有平衡弹簧，以平衡导电臂的重力矩，使操作平稳有力。当隔离开关分闸时，平衡弹簧吸收导电臂的运动势能使操作平稳；当隔离开关合闸时，平衡弹簧把吸收的势能释放出来，推动导电臂向上运动，降低操作力。

动触头为钳夹式（见图 5－2），合闸时由上导电臂中的推杆驱动触指将静触头夹住，依靠外压式弹簧对静触头产生足够的接触压力。弹簧与触指之间有绝缘隔垫，防止弹簧分流；动触头及静触头上分别装有引弧触头。引弧触头在合闸时先接触，在分闸时后分开。避免电弧烧伤主触头，使隔离开关具有良好的开合母线转换电流、电容电感小电流的性能。触指顶端的导向板，能保证足够的钳夹范围和防止静触头滑出。

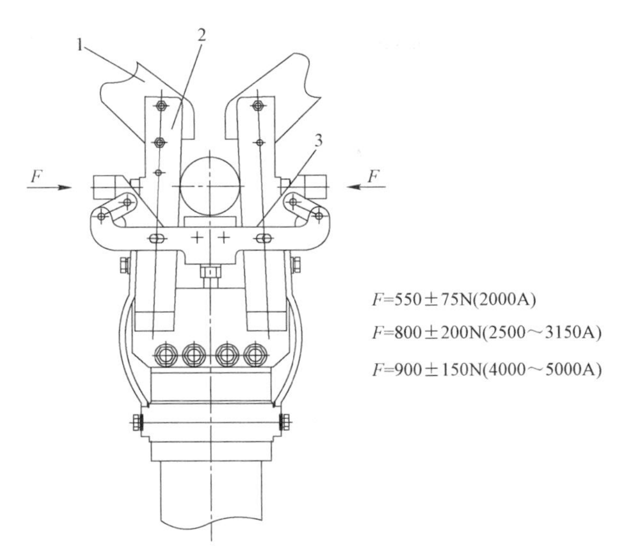

图 5－2　GW22B－252 型隔离开关动触头结构示意图

1—导向板；2—主触指；3—触指外压式弹簧

悬挂式静触头通过母线夹具、导电杆、铝绞线及导电夹安装到母线上，并用钢丝绳调整与固定上下位置。

5.1.6　隔离开关的调试

1. 操作极隔离开关调试

（1）手动缓慢操作电动机操动机构，将隔离开关合上，观察静触头的钳夹位置是否合理，同时应检验主操作拐臂（图 5－1 中序号 13）是否过死点，确认无误后方可将机构完全合上。

（2）合闸时，检查下导电臂是否到位（图 5－3 中应略向合闸方向倾斜 3°～5°），如果不合格，应先调整主拉杆（图 5－1 中序号 14）的长度。下导电臂合闸到位后，再检查上导电臂合闸是否到位，必要时调整 M16 螺母（图 5－1 中序号 16）以调整可调连接的长度，保证上导电臂垂直。

（3）上、下导电臂合闸状态调整完毕后，在分闸状态：检查上导电臂与下导电臂上的缓冲件是否无间隙、机构分闸是否能到位。如果不合格，可以调整主拐臂（图 5－1 中序号 B）的长度，从主拐臂螺栓中心轴到主拐臂转动中心轴的理论尺寸为 140mm，缓冲件与上导电臂有间隙应调整主拐臂长度大于

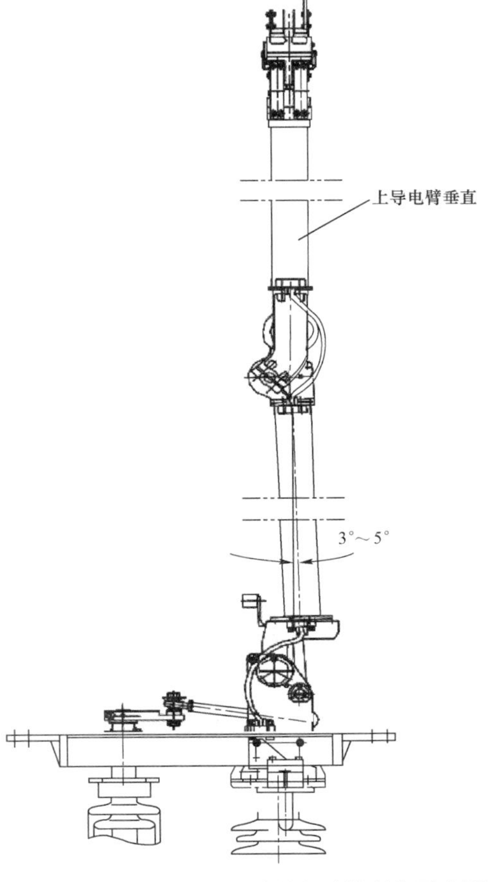

图 5－3　GW22B－252 型隔离开关到位示意图

140mm，上导电臂过多的压在缓冲件上时应调整主拐臂长度小于140mm，同时适当调整主拉杆（图5-1中序号14）长度。

2. 隔离开关的三极联动调整

（1）操作极隔离开关调试结束后，再进行三极联动调整。

（2）首先将每极隔离开关置于分闸位置，测量每极基座上主闸刀主操作轴之间的距离（见图5-4），连接调整相间连杆，使相间连杆长度与主闸刀主操作轴的相间距离相等，紧固连杆上的螺母。手动分、合闸隔离开关，三极应同时分、合闸到位，动、静触头接触良好，必要时可调整单极隔离开关。两极隔离开关合闸同期性应小于或等于20mm。

（3）三极同期性调整必须确认三相静触头高度相等，必要时调整。

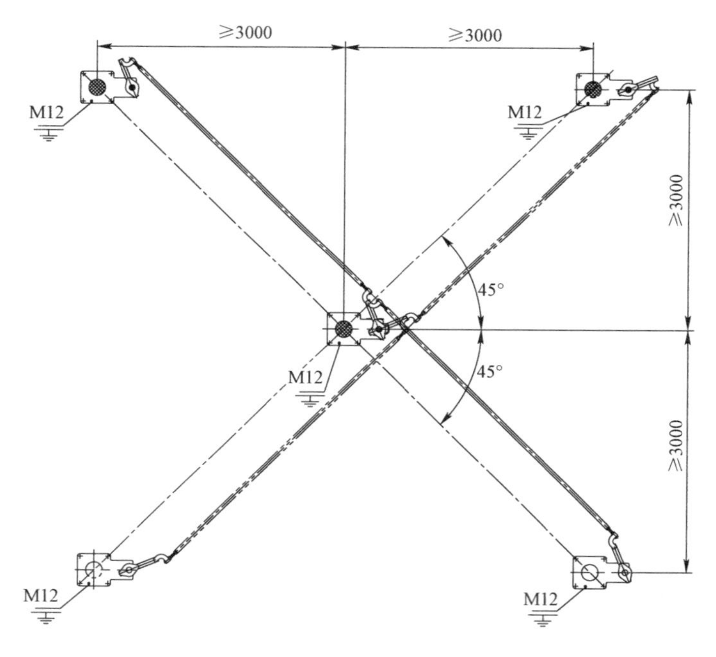

图5-4　三极俯视图

5.2　如高GW22B-252型隔离开关检修导则

5.2.1　巡视及停电项目

1. 日常巡视项目

日常巡视项目见表5-2。

表5－2　　日常巡视项目

项目	责任专业	工作要求侧重点
日常巡视	运行	应包含以下内容： （1）绝缘子应清洁、无破损或放电痕迹及麻点。 （2）各部分接头、触点接触完好，无螺栓断裂、松脱，无过热、变色现象。 （3）引线无松动、严重摆动或烧伤、断股现象。 （4）闭锁装置完好，机械锁应无锈蚀或锁不上现象。 （5）操作箱、端子箱及辅助触点盒应密封良好。 （6）熔断器、加热器应完好。 （7）架构底座应无倾斜变位。 （8）隔离开关的分、合闸位置指示正确，并与实际运行工作情况相符。 （9）绝缘子无裂痕，无放电声和电晕。 （10）接地良好，附近无杂物。 （11）底座牢固、无位移、无锈蚀。 （12）机构箱接线无锈蚀、电缆入口密封良好。 （13）隔离开关传动连接、限位螺栓安装牢固
红外测温	运行	检查的部位：本体、接头等。本体、接头红外测温异常发热时，应记录发热情况并提供红外测温照片
夜巡	运行	夜巡时，重点检查隔离开关动、静触头和引线接头接触处有无过热和变色发红现象；绝缘子有无闪络爬电现象

2. 专业巡视项目

专业巡视项目见表5－3。

表5－3　　专业巡视项目

项目	责任专业	工作要求侧重点
试验专业巡视	试验	采用红外成像进行检查。重点检查隔离开关动、静触头和引线接头接触处有无发热现象
一次专业巡视（机构箱检查）	检修	（1）机构箱密封良好，加热器工作正常，箱体无生锈，箱内无凝露现象。 （2）机构箱内电动机、接触器、行程开关等元件无异常、破损现象。 （3）操动机构转动部分的防松元件状态正常，传动部件状态正常。 （4）检查二次接线牢固、标识正确；无明显破损或烧伤痕迹；二次接地措施良好
一次专业巡视（隔离开关本体检查）	检修	（1）设备外观正常，支持绝缘子无破损、无爬电现象，无异常声响和振动。 （2）均压环外表清洁，无破损、变形。 （3）分、合闸位置指示与当时实际运行方式相符，操动机构位置正确、无锈蚀；触头、触指完整，触指弹簧无锈蚀、脱落，防雨罩完整。 （4）传动杆无弯曲变形现象、无严重锈蚀现象。 （5）导电杆夹件无破损、开裂现象。 （6）三相之间的水平连杆应连接牢靠，闭锁销在打开位置。 （7）主拐臂固定良好，无松动现象。 （8）接地开关之间的机械闭锁装置正常，能够起到闭锁功能。 （9）设备各部位接地线牢固，连接正常，接地引下线符合要求，有明显的接地标志

3. 停电维护

（1）小修项目。小修周期参照本书第1章1.1的规定进行，其项目应包含所有日常巡视项目，还应包含表5－4中内容。

表 5－4　　小 修 项 目

项目	工作要求侧重点
导电回路检查	（1）触头及触指导电接触面无烧损。烧损深度不大于 0.5mm。 （2）触头固定牢固、可靠；导电臂无变形、损伤，采用软连接结构的，应检查软连接无断裂、损伤。 （3）触指弹簧无锈蚀、变形、断裂，触指压紧力符合要求。 （4）均压环及其连接件无变形、损伤、松动。 （5）螺栓及各可见连接件无锈蚀、松动、脱落，各连接螺栓规格及力矩符合要求。 （6）防雨罩、引弧角无锈蚀、裂纹、变形。 （7）接线座无锈蚀、裂纹，转动灵活。 （8）三相导线松弛度一致；导线无散股、断股；线夹无裂纹、变形。 （9）各接触面涂抹薄层导电膏，触头、触指涂抹凡士林
绝缘子检查	（1）绝缘子表面无严重污垢沉积。 （2）浇装处无裂纹，填充物无脱落。 （3）外观无破损、裂纹、闪络痕迹。 （4）法兰无裂纹、锈蚀、闪络痕迹。 （5）法兰固定螺栓无锈蚀、断裂、变形
外传动部件检修	（1）底座及传动部位无裂纹、锈蚀，转动灵活，无卡滞。 （2）拐臂、轴承座及可见轴类零部件无变形、锈蚀。 （3）拉杆及连接头无损伤、锈蚀、变形，螺纹无锈蚀、滑扣。 （4）各相间轴承转动应在同一水平面。 （5）可见齿轮无锈蚀，丝扣完整，无严重磨损；齿条平直，无变形、断齿。 （6）各传动部件锁销齐全，无变形、脱落。 （7）螺栓无锈蚀、断裂、变形，各连接螺栓规格及力矩符合要求。 （8）各传动、转动部位应进行润滑
操动机构箱检修	电气元件： （1）端子排编号清晰，端子无锈蚀、松动。 （2）机构箱内各电器元件通、断正确，切换动作灵活、无卡滞。 （3）驱潮装置功能正常，加热板阻值符合要求。 （4）电动机阻值符合厂家要求，壳体无裂纹、锈蚀，转动灵活，可见轴承及所有轴类零部件无变形、锈蚀。 （5）箱内端子排无锈蚀，二次电缆绝缘层无变色、老化、损坏现象，辅助和控制回路绝缘电阻应大于 10MΩ。 机械元件： （1）变速箱壳体无变形、裂纹，可见轴承及轴类零部件灵活、无卡滞；蜗轮、蜗杆动作平稳、灵活，无卡滞。 （2）机械限位装置无裂纹、变形。 （3）抱夹铸件无损伤、裂纹。 （4）机构转动灵活、无卡滞。 （5）各连接、固定螺栓（钉）无松动。 （6）机构箱体无锈蚀、变形，密封胶条完好、无破损，机构箱内无渗水现象。 （7）各传动、转动部位应进行润滑
接地开关检修	（1）触指无烧损、变形、脱落；导电臂无变形、损伤；接线座与触指架间无松动；弹簧及连接件无变形、锈蚀；触指压力符合要求。 （2）防雨罩无锈蚀、裂纹。 （3）助力弹簧功能正常。 （4）接地软铜带无断裂。 （5）螺栓无锈蚀、断裂、变形，规格及力矩符合要求。 （6）各连接件无损伤、断裂、锈蚀
基础支架检查	（1）地面基础无裂纹、沉降。 （2）基础支架无松动、锈蚀、变形，接地牢固。 （3）螺栓无松动、锈蚀。 （4）接地引下线无锈蚀、断裂

续表

项目	工作要求侧重点
测量、试验	（1）隔离开关合闸时三相不同期允许值符合要求。 （2）隔离开关合闸后，触头插入触指的深度符合要求。 （3）接地开关插入深度、三相不同期允许值符合要求。 （4）隔离开关合闸时，隔离开关与接地开关闭锁板配合间隙符合要求。 （5）接地开关合闸时，接地开关与隔离开关闭锁板配合间隙符合要求。 （6）机械闭锁及电气联锁符合“五防”逻辑。 操作检查： （1）手动操动机构动作灵活，无卡滞、变位。 （2）操动机构在额定操作电压下分、合闸动作应正常
清扫、防腐	对隔离开关进行全面清扫、局部防腐并刷相色漆

（2）大修项目。应对设备开展设备状态评价、可靠性评估及经济效益分析，以确定大修周期及是否需要或值得大修。根据评估结果可选取维护、小修、大修延寿或更换等方式提高设备健康水平，确保设备安全稳定运行。

大修项目应根据表 5－5 所示内容进行，还应包含全部小修项目。

表 5－5　　大　修　项　目

项目	工作要求侧重点
导电回路大修	（1）触头导电接触面光滑、平整、清洁、无氧化；镀银层无脱落；烧损深度不大于 0.5mm。 （2）触头固定牢固、可靠；导电臂无变形、损伤，接触面光洁、无氧化；采用软连接结构的，应无断裂、损伤。 （3）触指弹簧无锈蚀、变形、断裂，触指压紧力符合标准。 （4）接线座转动灵活，导电杆不窜动；导电带及导电轴承无断裂，接触面光洁、无氧化；导电夹板无断裂、变形，与导电部分的接触面光洁、无氧化。 （5）接线座装配后测量其电阻值符合要求。 （6）均压环及其连接件无变形、损伤、松动，接触面光洁、无氧化。 （7）防雨罩、引弧角无锈蚀、裂纹、变形。 （8）三相导线松弛度一致；导线无散股、断股；线夹无裂纹、变形，接触面光洁、无氧化。 （9）螺栓及各可见连接件无锈蚀、松动、脱落，各连接螺栓规格及力矩符合要求，必要时更换相应零部件。 （10）各接触面涂抹薄层导电膏，触头、触指涂抹凡士林。 （11）进行隔离开关完善化改造。 （12）导电回路电阻值符合要求
绝缘子检查	（1）绝缘子表面无严重污垢沉积，无破损、裂纹、闪络痕迹。 （2）浇装处无裂纹，填充物无脱落，在绝缘子金属法兰与瓷件的浇装部位涂以性能良好的防水密封胶。 （3）法兰无裂纹、锈蚀、闪络痕迹。 （4）螺栓无锈蚀、松动、脱落，各连接螺栓规格及力矩符合要求。 （5）绝缘子爬距符合污秽等级要求。 （6）运行超过 18 年的普通瓷绝缘子需更换成高强瓷绝缘子
外传动机构大修	（1）底座及传动部位无裂纹、锈蚀，装配后转动灵活、无卡滞。 （2）拐臂、轴承座及所有轴类零部件无变形、锈蚀；复合轴套无变形、裂纹。 （3）拉杆及连接头无损伤、锈蚀、变形，螺纹无锈蚀、滑扣；铜套表面无锈蚀、变形。 （4）齿轮无锈蚀、严重磨损，丝扣完整。 （5）各相间轴承转动应在同一水平面。 （6）传动绝缘子连接牢固，转动无卡滞。 （7）各传动部件固定轴销齐全，无变形、脱落。 （8）螺栓无锈蚀、断裂、变形，各连接螺栓规格及力矩符合要求。 （9）各传动、转动部位应进行润滑，必要时更换相应零部件

续表

项目	工作要求侧重点
操动机构大修	电器元件： （1）端子排无破损，编号清晰，端子无锈蚀。 （2）接触器通、断切换正确，动作灵活、无卡滞；线圈电阻值符合要求。 （3）辅助开关通、断相应位置正确，接触良好，壳体无破损；转轴、传动拐臂及连杆无变形、卡滞，转动灵活。 （4）电动机保护器无破损，设定值符合要求；通、断切换正确；线圈电阻值符合要求。 （5）分、合闸操作按钮无损伤，动作灵活、无卡滞，通、断正确，接地部位接地导通良好。 （6）二次接线正确，连接紧固。 （7）箱内端子排无锈蚀，二次电缆绝缘层无变色、老化、损坏现象，辅助和控制回路绝缘电阻应大于 10MΩ。 （8）驱潮装置功能正常；加热板电阻值测量符合要求。 （9）限位开关无破损，切换可靠。 （10）照明回路照明灯启动正常。 （11）测量电动机、控制、加热及照明电源正常。 （12）空气断路器无破损、烧损，切换可靠。 （13）电动机阻值符合要求；引出线焊接或压接应良好；壳体无裂纹、锈蚀；转动部件灵活、无卡滞；轴承及所有轴类零部件无变形、锈蚀。 机械元件： （1）变速箱齿轮及键槽完整、无损伤；蜗轮、主轴、键槽及平键无损伤；轴承及所有轴类零部件无变形、锈蚀、卡滞，转动灵活；壳体及端盖无变形、裂纹、损伤；轴向窜动量不大于 0.5mm；蜗轮中心平面与蜗杆轴线在同一平面，蜗轮与蜗杆的轴线互相垂直。 （2）机械限位装置无变形、裂纹、损伤，弹簧无变形、锈蚀。 （3）机构箱体无锈蚀、变形，密封胶条完好、无破损，机构箱内无渗水现象。 （4）抱夹铸件无损伤、裂纹。 （5）机构转动灵活、无卡滞。 （6）各连接、固定螺栓（钉）连接牢固。 （7）各传动、转动部位应进行润滑
接地开关大修	（1）触指光滑、平整、清洁、无氧化；镀银层无脱落；烧损深度不大于 0.5mm。 （2）触指卡板无变形、锈蚀；弹簧及连接件无锈蚀、断裂、脱落；触指压力符合要求。 （3）助力弹簧在自由状态下圈间无间隙，销及弹簧无变形、锈蚀，分闸缓冲和合闸初加速作用正常；固定挡圈定位正确。 （4）导电臂无变形、损伤，接触面光洁、无氧化。 （5）防雨罩完好，无锈蚀、裂纹。 （6）接地软铜无断裂，面积大于 $50mm^2$。 （7）各连接件无损伤、断裂、锈蚀。 （8）螺栓无锈蚀、断裂、变形，规格及力矩符合要求。 （9）各接触面涂抹薄层导电膏，触头、触指涂抹凡士林
基础支架检查	（1）地面基础无裂纹、沉降。 （2）基础支架无松动、锈蚀、变形，接地牢固。 （3）螺栓无松动、锈蚀。 （4）绝缘支柱与底座槽钢垂直，同相绝缘子处于同一垂直平面，绝缘支柱接线座安装面应处于同一水平面上
组装、调整	（1）隔离开关合闸后，导电杆在一条直线位置。 （2）合闸时三相不同期允许值符合要求。 （3）隔离开关合闸后，机构操动拐臂与其定位螺栓的间隙符合要求，且定位螺栓紧固。 （4）隔离开关处于合闸位置时，主触头夹紧力符合要求。 （5）隔离开关合闸后，触指与触头上下误差符合要求。 （6）隔离开关合闸后，触头插入触指的深度符合要求。 （7）隔离开关分闸后打开角度符合要求。 （8）隔离开关分闸后，机构操动拐臂与其定位螺栓的间隙符合生产厂家要求，且定位螺栓紧固。 （9）合闸时接地开关能正确插入静触头（接地开关动、静触头能对中，且插入深度符合要求）。 （10）接地开关分闸后保证与主导电回路有足够的安全距离（接地开关动导杆基本处在同一水平线上）

续表

项目	工作要求侧重点
组装、调整	（11）隔离开关合闸时，隔离开关与接地开关闭锁板配合正确，间隙符合要求。 （12）接地开关合闸时，接地开关与隔离开关闭锁板配合正确，间隙符合要求 （13）接地开关分、合闸时，机构操动拐臂与其定位螺栓的间隙符合要求，且定位螺栓紧固。 （14）同一绝缘支柱的绝缘子中心线应在同一垂直线上；同相各绝缘支柱的中心线应在同一垂直平面内；相间各绝缘支柱的中心线应在同一垂直平面内。 （15）操作检查： 1）　手动操动机构动作灵活，无卡滞、变位； 2）　操动机构在额定操作电压下分、合闸动作应正常
检查、试验	（1）机械闭锁符合“五防”逻辑。 （2）电气联锁符合“五防”逻辑。 （3）后台位置信号正确。 （4）测量导电回路电阻值符合要求。 （5）电动机操动机构在其额定操作电压的 80%～110%范围内分、合闸动作应可靠。 （6）绝缘子探伤
清扫、防腐	对隔离开关进行全面清扫、防腐并涂相色漆

5.2.2　停电维护和检修危险点及预控措施

停电维护和检修危险点及预控措施见表 5－6。

表 5－6　　停电维护和检修危险点及预控措施

防范类型	危险点	预控措施
高空坠落	高空作业时，人员发生高空坠落	（1）高空作业人员必须系好安全带； （2）应正确使用安全带； （3）应使用合格的登高工具并有专人扶持，绑扎牢固
人身触电	接、拆低压电源	检修电源应有漏电保护器；电动工具外壳应可靠接地
		（1）检修人员应在变电站运行人员指定的位置接入检修电源，禁止未经许可乱拉电源，禁止带电拖拽电源盘。 （2）拆、接试验电源前应使用万用表测量，确无电压方可操作。 （3）使用带有绝缘包扎的工器具。拆线前做好标记，拆后立即采取绝缘包扎措施。接回时，应由第二人进行复查
		（1）检修前应断开隔离开关操作电源、加热器电源； （2）严禁带电拆、接隔离开关操作回路电源接头； （3）拆、接操作回路电源接头前应使用万用表测量，确无电压方可操作
	误碰带电设备	（1）吊车需由专业执照人员驾驶，进入高压设备区必须由具有特种作业资质的专业人员进行监护、指挥，按照指定路线行走及吊装。 （2）工作前应划定吊臂和重物的活动范围及回转方向。 （3）确保与 220kV 带电体的安全距离不小于 6m
物体打击及物品损坏	高空零部件或工器具等坠落	（1）工器具应系好保险绳或做好其他防坠落的可靠措施。 （2）引流线拆除后应及时绑扎牢固，并使用传递绳传递引线。 （3）主闸刀拆卸时应在分闸位置将上下导电管捆扎牢固，防止隔离开关弹开伤人。 （4）地面作业人员必须佩戴好安全帽。 （5）吊车需由专业执照人员驾驶，吊装重物需捆扎牢固；吊绳应事先检查无松股、断股现象

5.2.3 检修质量标准

小修工作应包括表5－7～表5－13所示项目和内容。

1. 主导电回路检修

表5－7　　主导电回路检修质量标准

检修工艺	质量标准	检修类型
分合闸检查： 在隔离开关处于合闸位置时，检查导电杆无欠位或过位现象；处于分闸位置时，检查分闸是否到位，分、合闸闭锁不到位需要调试	合闸导电杆伸直，分闸到位，分、合闸闭锁可靠有效	停电维护
主导电回路电阻检查： 工具：回路电阻测试仪。 测量主回路电阻	主回路电阻符合技术参数表要求： 5000A：≤85μΩ 4000A：≤90μΩ 3150A：≤100μΩ 2500A：≤120μΩ 2000A：≤160μΩ	停电维护
动、静触头处理： 工具：抹布、清洁剂、酒精、力矩扳手。 清理动、静触头位置沉积污垢，确保夹钳位置接触良好，动、静触头应无烧损，按力矩要求值对各连接螺栓紧固	动、静触头位置无沉积污垢，夹钳位置接触良好，动、静触头无烧损，按力矩要求值对各连接螺栓紧固	
软连接检查 工具：抹布、清洁剂、酒精、扳手。 软连接接触是否良好，有无撕裂等损坏现象，如有损坏需更换软连接，更换时导电接触面需砂光，连接螺栓按力矩要求进行紧固，接触面周围用硅胶密封	软连接接触良好，无撕裂等损坏现象	
防雨罩检查 工具：抹布、清洁剂、扳手、硅密封胶。 检查防雨罩有无损坏，硅胶密封是否完好，能否达到防水、防尘的要求	防雨罩无损坏，硅胶密封完好，达到防水、防尘的要求	

2. 绝缘子检修

表5－8　　绝缘子检修质量标准

检修工艺	质量标准	检修类型
绝缘子检查： 清洁绝缘子，故障后或运行10年以上的用超声波试验设备检查绝缘子	绝缘子表面清洁、无污垢，用超声波试验设备检查绝缘子应无裂纹	小修检查
法兰处检查： 法兰处有无裂纹及闪络痕迹	法兰处无裂纹、无闪络痕迹	小修检查

3. 接地开关检修

表5－9　　接地开关检修质量标准

检修工艺	质量标准	检修类型
接地触头的检查： 工具：抹布、清洁剂、酒精、扳手。检查清理接地动、静触头的沉积污垢，保证接地开关能有效接地	接地动、静触头表面清洁、无污垢，能有效接地	小修检查

续表

检修工艺	质量标准	检修类型
接地开关连杆的检修： 工具：0 号砂纸、16～24 开口扳手及梅花扳手、防锈油漆、漆刷。 更换损坏标准件并对连接螺栓进行紧固，对锈蚀部位进行除锈刷漆处理，并在转动部位涂适应使用地区气候条件的润滑脂	接地开关垂直连杆、水平连杆无锈蚀、变形，连接螺栓紧固可靠	小修检查

4. 电动机构检修

表 5－10　　电动机构检修质量标准

检修工艺	质量标准	图片	检修类型
辅助开关检查： （1）用万用表测量辅助开关各对触点。 （2）检查辅助开关复位弹簧及转换接头。 （3）检查辅助开关转动是否灵活、信号是否正确	（1）各对触点通、断情况正常且无锈蚀。 （2）复位弹簧无卡涩、断裂现象，转换接头连接应紧固、无锈蚀，切换可靠		小修检查
远控/近控转换开关检查： 接线测试远控/近控转换开关功能，如发现远控/近控转换开关损坏，不能正常工作则需更换	（1）远控/近控转换开关安装牢固，二次线连接正确，压接、绑扎牢固。 （2）转换开关打到近控时，能近控操作。 （3）转换开关打到远控时，能远控操作		小修检查
电动机构控制回路检查： 检查接触器触点有无烧蚀现象，分、合闸接触器是否接触良好、动作准确；传动涡轮与蜗杆配合是否良好，有无卡涩、断裂；限位装置是否完整，动作是否准确	接触器触点无烧蚀现象，分、合闸接触器接触良好、动作准确；传动涡轮与蜗杆配合良好，无卡涩、断裂；限位装置完整且动作准确		小修检查

5. 闭锁检修

表 5－11　　闭锁检修质量标准

检修工艺	质量标准	检修类型
定位锁住装置动作情况检查： 检查隔离开关在分、合闸位置终点时，定位锁住装置动作情况是否正常	隔离开关在分、合闸位置终点时，应锁住，避免隔离开关由于短路电动力作用或其他原因而引起自动分、合闸	小修检查
联锁装置检查： （1）操动机构加装电磁锁或机械锁后，进行分、合闸操作是否动作。 （2）电动机构在逻辑闭锁条件未满足时能否电动操作。 （3）机械闭锁装置是否动作准确、可靠，电气联锁是否正常可靠	（1）操动机构加装电磁锁或机械锁后，进行分、合闸操作应不能动作。 （2）电动机构在逻辑闭锁条件未满足时不能电动操作。 （3）机械闭锁装置动作准确、可靠，电气联锁正常可靠	小修检查

6. 手力机构检修

表 5-12　　手力机构检修质量标准

检修工艺	质量标准	图片	检修类型
手力操作时是否灵活，传动蜗轮和蜗杆配合是否良好，辅助开关切换是否正确	应动作灵活、无卡涩、无锈蚀，检查传动蜗轮和蜗杆配合良好、无缺齿，辅助开关切换正确		小修检查

7. 润滑紧固检修

表 5-13　　润滑紧固检修质量标准

检修工艺	质量标准	检修类型
润滑 工具：毛刷、润滑油。 检查底座传动部分及操动机构动作情况，并涂适应当地气候条件的润滑油	传动部分及操动机构动作灵活、无卡涩、无锈蚀	小修检查
紧固螺栓 工具：扳手、力矩扳手。 对所有外部连接螺栓，按力矩要求值紧固	所有外部连接螺栓紧固，无松脱、锈蚀	小修检查

5.2.4 故障判断及处理

故障判断及处理见表 5-14。

表 5-14　　故 障 判 断 及 处 理

故障类型		可能引起的原因	判断标准和检查方法	处理
底座传动部位	三相连动杆弯曲	上定位卡住，导电部位传动拐臂与旋转绝缘子传动拐臂不同步	合闸时三相导电部位主拐臂是否在同一位置	松旋转绝缘子，通过间隙来调整
	机构转动，隔离开关不动	未按照力矩要求紧固夹件的紧固螺栓或中间防松紧固螺栓未紧固	通过力矩扳手紧固	按照力矩要求重新紧固
上导电部位	动触头不复位	弹簧失效	回复弹簧是否锈蚀、变形、失效	更换弹簧
	合闸到位触头接触不好	（1）触指弹簧失效； （2）杠杆初始位置不对	（1）动、静触头钳夹时无法保证正压力； （2）观察穿过触指销是否在触指腰形孔中间	（1）更换弹簧； （2）适当调整杠杆初始位置
	单相手动操作很费力	平衡弹簧失效	调整平衡弹簧压力无法使产品平衡	更换弹簧
	触头接触不良，引起发热	接触部位的氧化	目测接触部位有无烧灼现象	清理表面污垢，有烧灼时进行更换
	动触头钳夹不到静触头	铝绞线未按照说明书长度计算方法切割，或吊紧钢丝绳太紧	铝绞线环绕为圆形还是椭圆形	加大静触头侧铝绞线长度

续表

故障类型		可能引起的原因	判断标准和检查方法	处理
其他	仅远控不动	（1）远方/就地开关在就地位置； （2）远控线路有故障	（1）检查远方/就地开关是否在远方位置； （2）检查远控线路	（1）切换至远方； （2）维修线路，更换故障元件
其他	远控、近控均不动作	分、合闸回路有元器件损坏	检查隔离开关所配电动机构分、合闸回路	查出故障元件并更换
其他	远控、近控均不动作	辅助开关接线不正确或辅助开关损坏	与接线图核对辅助开关接线，用万用表检查线路	检查或更换辅助开关
其他	电动机构不动作	电源缺相	电动机有“嗡嗡”声但不动作	消除缺相
其他	电动机构不动作	电动机损坏	电源正确，但电动机不动作	更换电动机
其他	电动机构不动作	行程开关损坏	用万用表检查线路	更换行程开关
其他	转换开关打在手动，闭锁挡板无法拉出	闭锁回路有元器件损坏，闭锁继电器不带电	检查闭锁回路	查出故障元件并更换
其他	电动机构输出角度变化	机械定位损坏	通过手摇进行目视检查	更换定位件
其他	电动机构输出角度变化	行程开关损坏或断电过早	通过手摇进行目视检查	更换行程开关或调整其切换时间

5.3　SRCJ2 型机构二次回路简介

GW22 型隔离开关采用 SRCJ2 型电动机构箱，该机构箱的二次回路分为电动机回路、控制回路及辅助回路。原理图如图 5－5～图 5－7 所示。

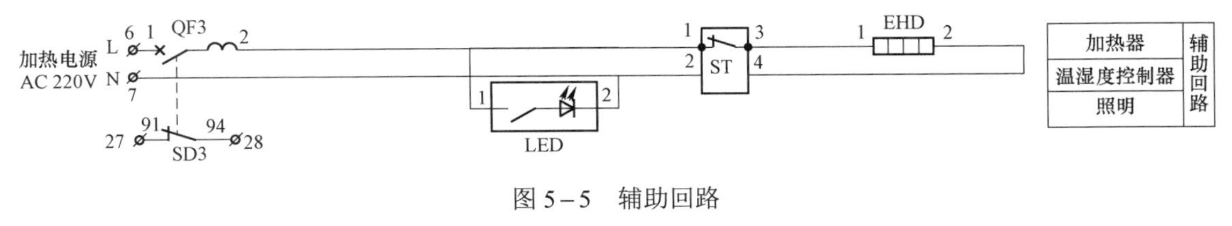

图 5－5　辅助回路

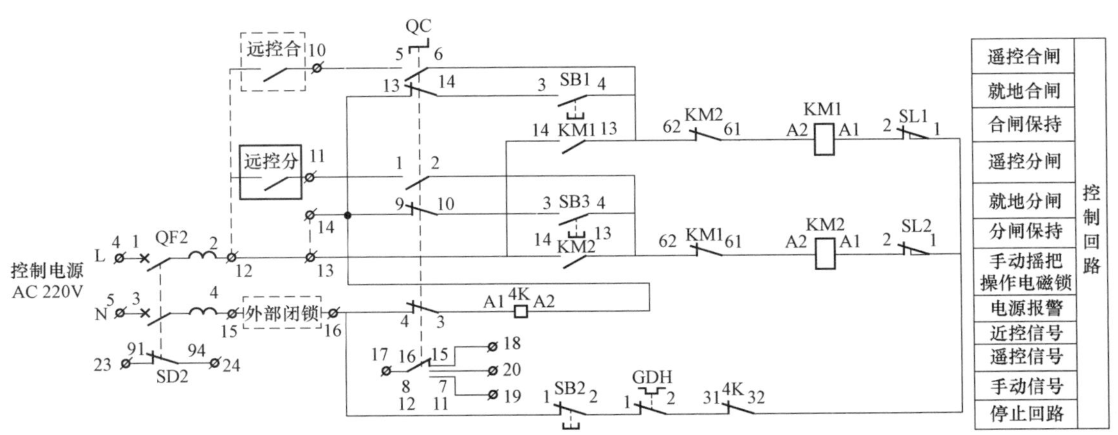

图 5－6　控制回路

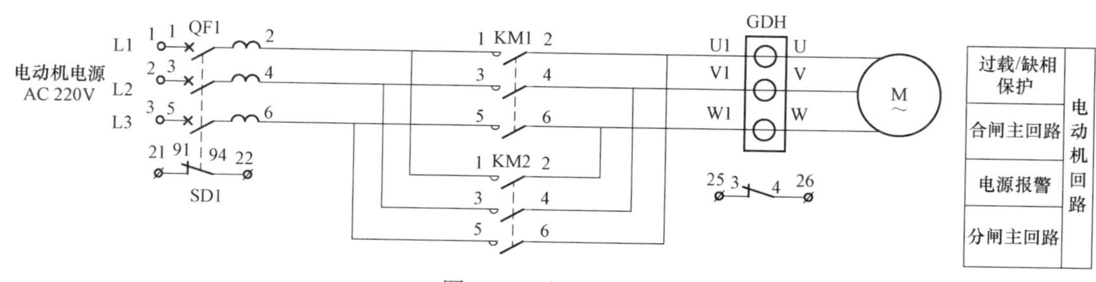

图 5-7　电动机回路

机构二次回路介绍及工作过程如下：

（1）辅助回路。辅助回路包括加热器和照明灯，加热器由温湿度控制器控制开启。

（2）远方/就地切换开关。通过切换远方就地切换开关（QC），实现隔离开关远方、就地的操作。

（3）电动分闸。当隔离开关符合外部联锁条件时，外部闭锁 XT1/15-16 导通。需要进行远方操作时，将切换开关 QC 切到“远方”位置，其触点 QC/1-2 导通。当后台发出隔离开关分闸指令后，下列回路导通：XT1/4→QF2/1-2→XT1/12→遥分触点→XT1/11→QC/1-2→KM1/62-61→KM2/A2-A1→SL2/2-1→4K/32-31→GDH/2-1→SB2/2-1→XT1/16-15→QF2/4-3→XT1/5。KM2 线圈得电，电动机回路中 KM2/1-2、KM2/3-4、KM2/5-6 导通，电动机 M 转动，隔离开关分闸。

同时，触点 KM2/13-14 闭合，下列回路导通，实现 KM2 线圈自保持：XT1/4→QF2/1-2→XT1/12→XT1/13→KM2/14-13→KM1/62-61→KM2/A2-A1→SL2/2-1→4K/32-31→GDH/2-1→SB2/2-1→XT1/16-15→QF2/4-3→XT1/5。

隔离开关分闸到位后，限位开关 SL2 受力动作，其触点 SL2/2-1 打开，KM2 线圈自保持回路断电，电动机断电停转，隔离开关远方分闸操作结束。

需要进行就地操作时，切换开关 QC 切到“就地”位置，QC/9-10 导通。当就地按下“分闸”按钮 SB3 后，下列回路导通：

XT1/4→QF2/1-2→XT1/13→XT1/14→QC/9-10→SB3/3-4→KM1/62-61→KM2/A1-A2→SL2/2-1→4K/32-31→GDH/2-1→SB2/2-1→XT1/16-15→QF2/4-3→XT1/5。KM2 线圈得电，电动机 M 转动，隔离开关分闸。

同时，触点 KM2/13-14 闭合，KM2 线圈自保持。隔离开关分闸到位后，SL2 受力动作，其触点 SL2/2-1 打开，KM2 线圈自保持回路断电，电动机断电停转，隔离开关就地分闸操作结束。

（4）电动合闸。按下合闸按钮 SB1（或由后台发送远方合闸指令），合闸接触器 KM1 线圈得电，电动机回路中 KM1 动合触点闭合，电动机反向转动（相对于分闸操作），从而使隔离开关向合闸方向转动。同样，当到达合闸位置时，限位开关 SL1 动作，电动机停转。

（5）电动停止。当隔离开关在分、合闸过程中需要紧急停止时，按下停止按钮 SB2，切断电动机控制回路，电动机停转。

（6）手动操作。当需要对隔离开关进行手动操作时，插入摇把时电磁锁 4K 得电，控制回路中 4K 动断触点 4K/31-32 断开，从而闭锁隔离开关电动，保证操作人员的安全。

（7）辅助开关切换。辅助开关 SA 在分、合闸两个位置相互切换，其动合、动断触点相应动作，可用于后台监控隔离开关位置以及作为其他隔离开关的外部联锁触点等。

（8）闭锁回路。在控制回路中设置两处闭锁点，即五防闭锁和外部联锁，用于变电站的安全操作以及隔离开关与断路器、其他隔离开关或接地开关的电气联锁。

SRCJ2 型机构的主要二次元件见表 5－15。

表 5－15　　SRCJ2 型机构的主要二次元件

序号	代号	名　称	数量	图　片
1	SB1	合闸按钮 CP1－10R－10	1	 合 CLOSING 停 STOP 分 OPENING
2	SB3	分闸按钮 CP1－10G－10	1	
3	SB2	停止按钮 CP1－10B－01	1	
4	SL1、SL2	合、分限位行程开关 LXW18－11MB	2	
5	QC	远控/近控转换开关 HZ5B－10/4	1	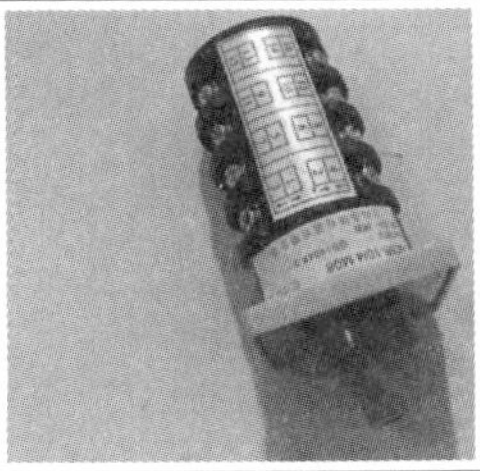
6	QF1	电动机回路小型断路器 OSMC32N3C10＋SD1	1	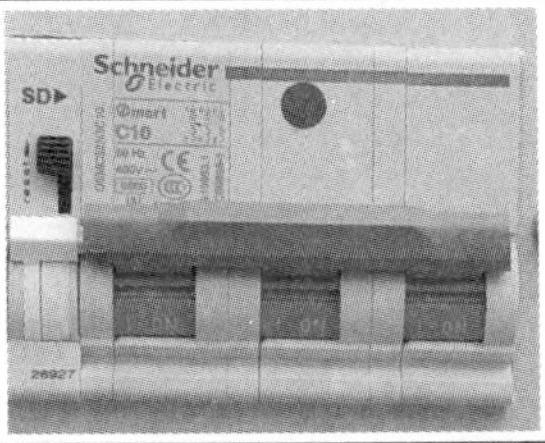 Schneider Electric SD C10
7	QF2	控制回路小型断路器 OSMC32N2C10＋SD2	1	
8	QF3	照明/加热回路小型断路器 OSMC32N1C10＋SD3	1	
9	KM1、KM2	合/分闸接触器 LC1D0910M7N，附加 LADN11C 辅助触头	2	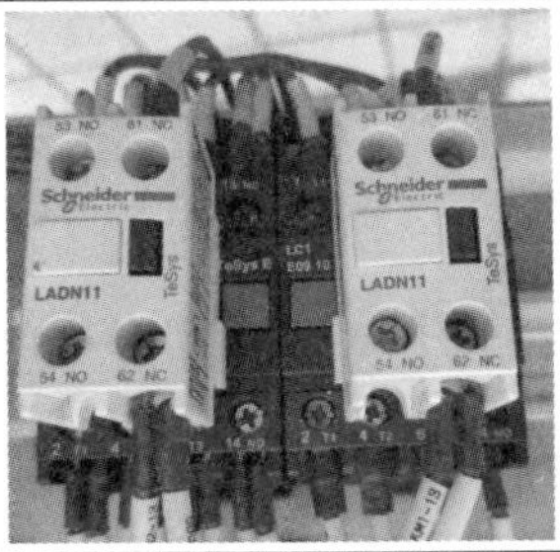 Schneider Electric LADN11

续表

序号	代号	名　称	数量	图　片
10	XT1	控制回路接线端子 UK5N	20	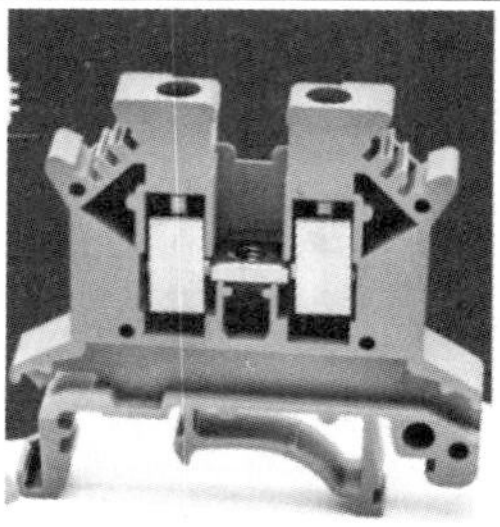
11	XT2	辅助开关接线端子 UK5N	38	
12	M	交流电动机 AC 380V/370W	1	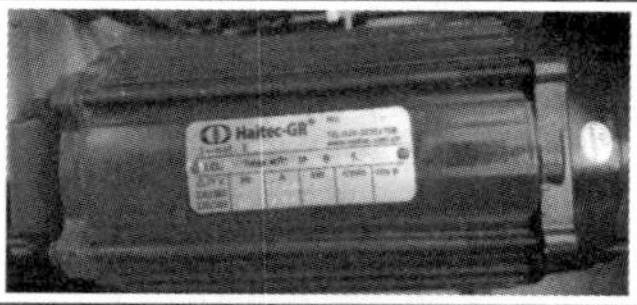
13	EHD	加热器 DJRⅡ－50W/220V	1	
14	SA	辅助开关 F6－16/L	1	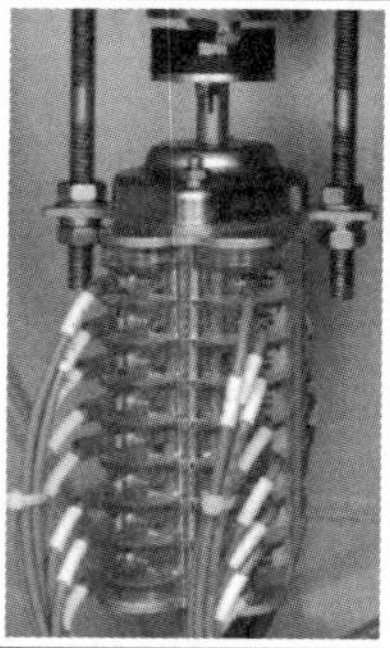
15	GDH	电动机过载/缺相保护器 GDH－1/AC220V	1	
16	4K	闭锁手动摇把操作电磁锁 700－M200×A2S	1	AC 220V
17	XS	插座	1	AC 220V
18	ST	YZK220W－01/WS 温湿度控器	1	
19	LED	LED 照明装置	1	AC 220V

第6章　西安西电 GW11A-550 型隔离开关检修工艺

6.1　西安西电 GW11A-550 型隔离开关简介

6.1.1　隔离开关用途

GW11A-550 型三柱水平伸缩式户外高压交流隔离开关（以下简称隔离开关）是三相交流 50Hz 户外高压电器，供高压线路在有电压、无负载时分、合线路，以及对被检修的高压母线、断路器等实现安全的电气隔离。

6.1.2　隔离开关主要特点

隔离开关在分闸后形成水平方向的绝缘单断口，两侧均可配装接地开关。接地开关与隔离开关各配有独立的操动机构，但两者间具有机械联锁或电气联锁装置，确保隔离开关和接地开关两者间操作顺序正确。接地开关为单杆分步动作式。

隔离开关具有通流能力大、占地面积小、结构紧凑等特点。

6.1.3　隔离开关的技术参数

（1）隔离开关的环境条件参数见表 6-1。

表 6-1　　隔离开关的环境条件参数

序号	项目	参　　数
1	海拔	不超过 2000m
2	环境温度	-40～+40℃
3	风压	不超过 700Pa（相当于风速 34m/s）
4	地震烈度	不超过 8 度
5	覆冰厚度	不超过 20mm
6	相对湿度	日平均不超过 95%；月平均不超过 90%
7	阳光辐射	不大于 $1000W/m^2$

（2）隔离开关的技术条件参数见表6-2。

表6-2　　隔离开关的技术条件参数

序号	项　　目		额定参数
1	额定电压（kV）		550
2	额定电流（A）		4000、5000
3	额定短时耐受电流（有效值）（kA）		63
4	额定短路持续时间（s）		3
5	额定峰值耐受电流（峰值）（kA）		160
6	额定短时工频耐受电压（有效值）（kV）	对地	740
		断口	740（+315）
7	额定雷电冲击耐受电压（峰值）（kV）	对地	1675
		断口	1675（+450）
8	额定操作冲击耐受电压（峰值）（kV）	对地	1300
		断口	1175（+450）
9	额定开断电容电流（A）		2
10	额定开断电感电流（A）		0.7
11	额定频率（Hz）		50
12	无线电干扰水平		在1.1倍额定相电压下：① 晴天、夜晚无可见电晕；② 无线电干扰电压不大于500μV
13	单极质量（kg）		不接地1590、单接地1790、双接地1990

注：1. 隔离开关所配用的接地开关额定短时耐受电流和额定峰值耐受电流同主闸刀。
2. 表中数据（电压值）通过海拔2000m修正值试验。

（3）CJ6A型电动机构的主要技术参数见表6-3。

表6-3　　CJ6A型电动机构的主要技术参数

项　　目		技术参数
电动机	额定电压（V）	AC 380
	额定功率（W）	550
	额定转速（r/min）	1400
分合闸线圈控制电压（V）		AC 220

续表

项　　目	技术参数
分合闸线圈电流（A）	2
额定操作时间（s）	12
额定输出转矩（N·m）	1200
机构质量（kg）	75

（4）适用于高压隔离开关及接地开关的参数见表 6-4。

表 6-4　　适用于高压隔离开关及接地开关的参数

操动机构型号	输出扭矩（N·m）	动作时间（s）	输出转角（°）
CJ6A 完善化改进型	300～1200	6～20	90～180
备注	上述各项可根据用户要求特定		

（5）电动机操动机构的额定参数见表 6-5。

表 6-5　　电动机操动机构的额定参数

项　　目	技术参数
型号	CJ6A 完善化改进型
额定电动机电压（V）	380（AC）
额定控制电压（V）	220（AC）　220（DC）
额定电动机电流（A）	550W 为 1.55；370W 为 1.3
额定输出转矩（N·m）	300～1200

6.1.4　隔离开关总体结构

1. 隔离开关本体

隔离开关为三柱水平伸缩式，由底座、支持绝缘子、导电系统、接地开关（不接地除外）及传动系统组成（如图 6-1 所示）。如要求隔离开关静触头侧接地开关的技术参数能满足额定感应电流和额定感应电压的类标准值，需在静触头侧接地开关上加一套灭弧装置。

2. 支持绝缘子

如图 6-2 所示，隔离开关动触头侧有支持柱和操作柱，静触头侧有支持柱，每相共有支持柱 2 柱、操作柱 1 柱，每柱由三节耐污型支持绝缘子组成。支持绝缘子的下端固定在底座上端的安装板上，支持绝缘子上端固定隔离开关导电系统。

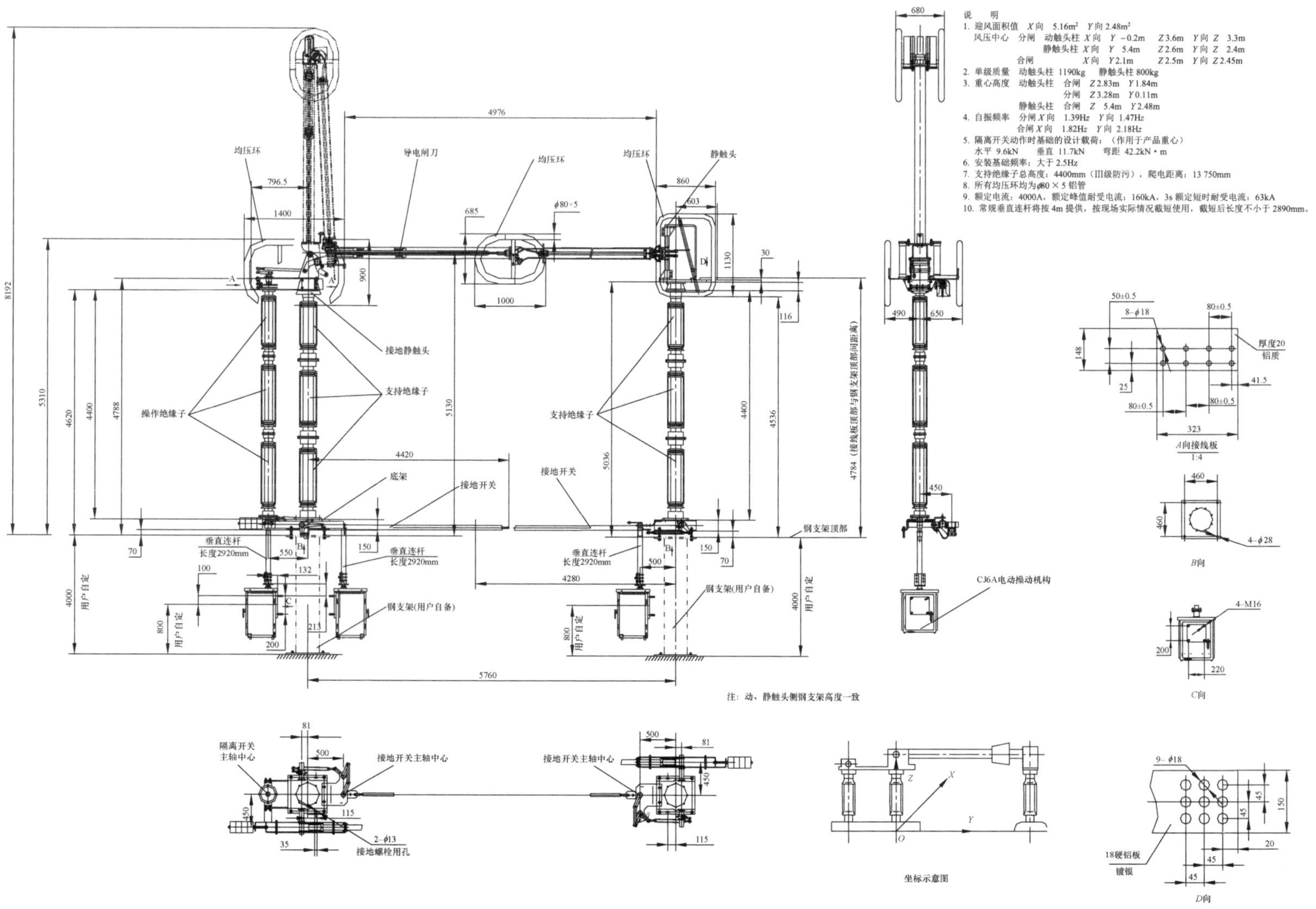
说　明
1. 迎风面积值　X向　5.16m²　Y向 2.48m²
风压中心　分闸　动触头柱 X向　Y −0.2m　Z 3.6m　Y向 Z　3.3m
静触头柱 X向　Y　5.4m　Z 2.6m　Y向 Z　2.4m
合闸　X向　Y 2.1m　Z 2.5m　Y向 Z 2.45m
2. 单级质量　动触头柱 1190kg　静触头柱 800kg
3. 重心高度　动触头柱　合闸　Z 2.83m　Y 1.84m
分闸　Z 3.28m　Y 0.11m
静触头柱　合闸　Z　5.4m　Y 2.48m
4. 自振频率　分闸 X向　1.39Hz　Y向　1.47Hz
合闸 X向　1.82Hz　Y向　2.18Hz
5. 隔离开关动作时基础的设计载荷：（作用于产品重心）
水平 9.6kN　垂直 11.7kN　弯距 42.2kN · m
6. 安装基础频率：大于 2.5Hz
7. 支持绝缘子总高度：4400mm（Ⅲ级防污），爬电距离：13 750mm
8. 所有均压环均为φ80 × 5 铝管
9. 额定电流：4000A，额定峰值耐受电流：160kA，3s 额定短时耐受电流：63kA
10. 常规垂直连杆将按 4m 提供，按现场实际情况截短使用，截短后长度不小于 2890mm。
均压环
导电闸刀
静触头
接地静触头
支持绝缘子
操作绝缘子
底架
接地开关
垂直连杆
长度2920mm
钢支架(用户自备)
钢支架顶部
用户自定
CJ6A电动操动机构
注：动、静触头侧钢支架高度一致
隔离开关
主轴中心
接地开关主轴中心
接地螺栓用孔
坐标示意图
A向接线板
厚度20
铝质
B向
C向
D向
18硬铝板
镀银

图 6-1　GW11-550DW 型三柱水平伸缩式高压交流隔离开关及电动操动机构外形图

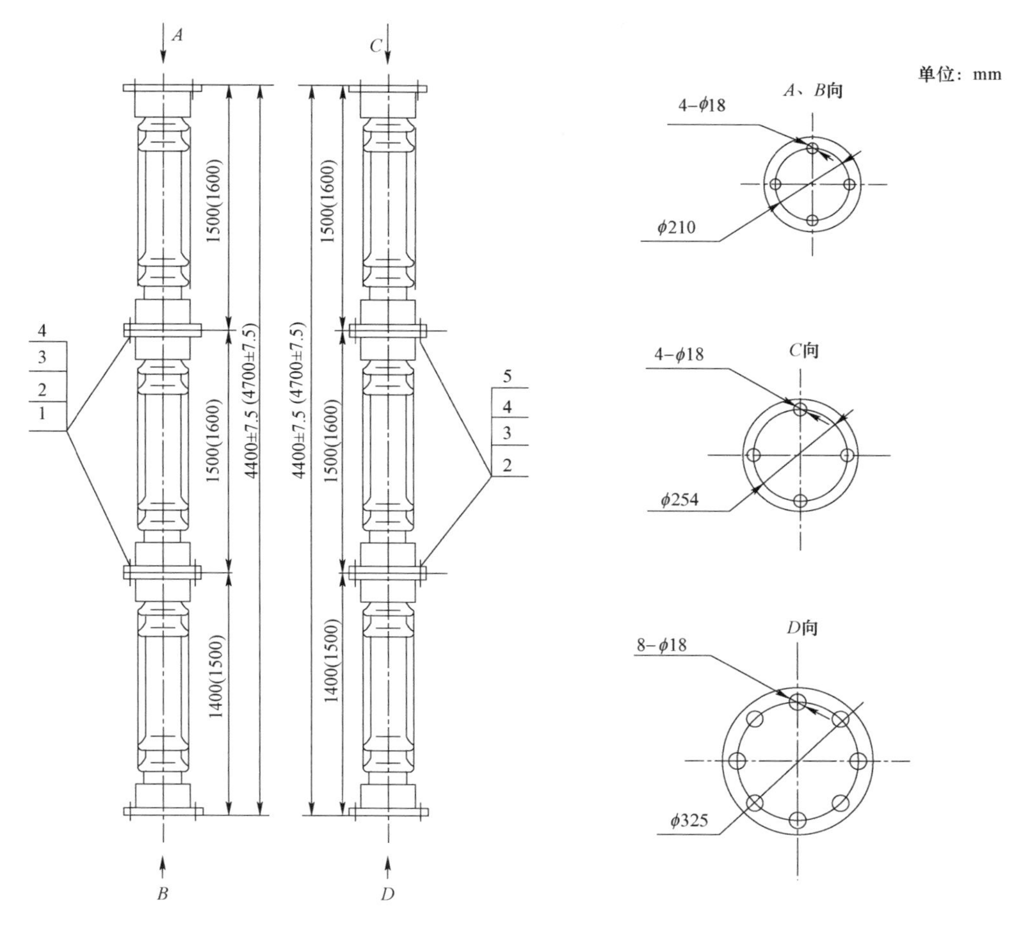

图 6-2　支持绝缘子（A、B 视图为操作柱；C、D 视图为支持柱）

3. 底座

底座由钢板折弯装配而成。转动部位采用无油轴套，长期运行无须润滑。接地开关为装配式的，隔离开关可装配成不接地、动触头侧接地、静触头侧接地和双接地四种形式。底座上部直接安装支持绝缘子，底座下部可调节式螺杆与现场基础连接，可用来调整支持绝缘子的垂直度和高度，底座上装有隔离开关与接地开关闭锁装置。详见图 6-3。

4. 导电系统

导电系统由静触头、导电闸刀和均压环组成。静触头（见图 6-4）主要由静触杆、各导电板、均压环等组成，静触杆为镀银铜管，导电板为铝板；导电闸刀（见图 6-5）采用水平伸缩式结构，由动触头（见图 6-6）、上部导电管、下部导电管及拐臂和基座组成。导电闸刀分闸时，上、下导电管及拐臂折叠在基座上方；合闸时上、下导电管以拐臂为关节屈臂水平前伸，达到钳夹静触头导电杆，完成合闸动作。静触头和导电闸刀上的均压环能有效改善电场分布。

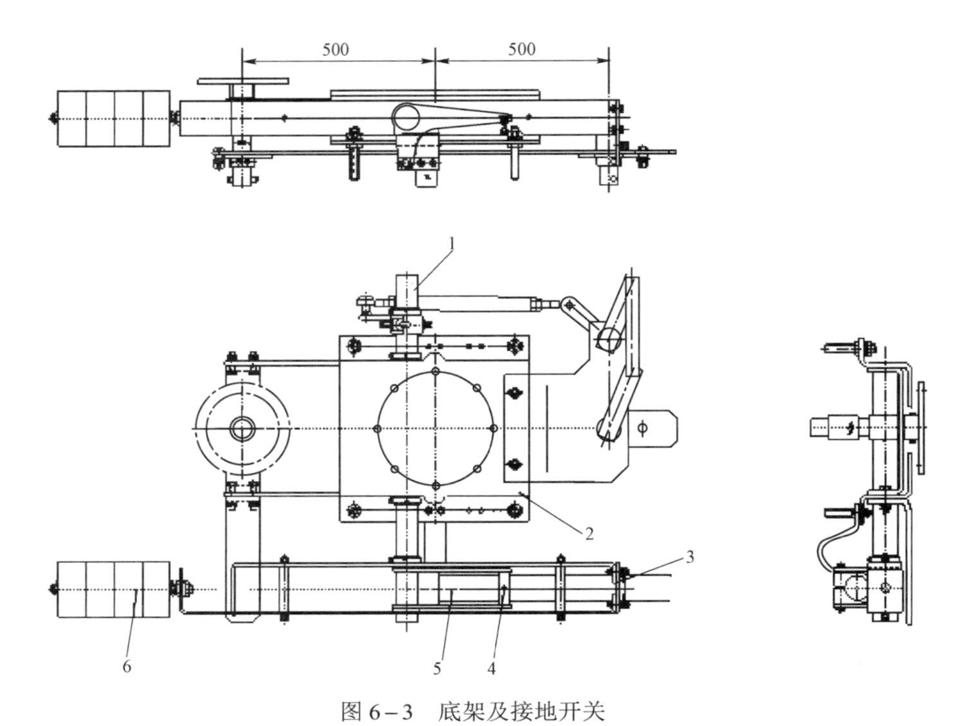

图 6－3　底架及接地开关

1—接地开关杠杆；2—底座；3—托板；4—限位螺钉；5—接地刀杆；6—平衡锤

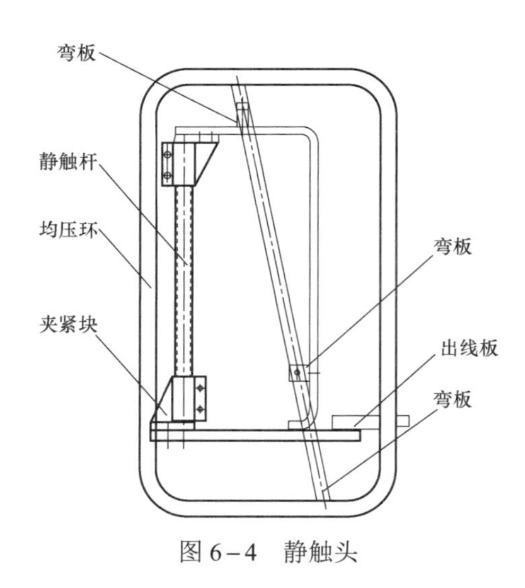

图 6－4　静触头

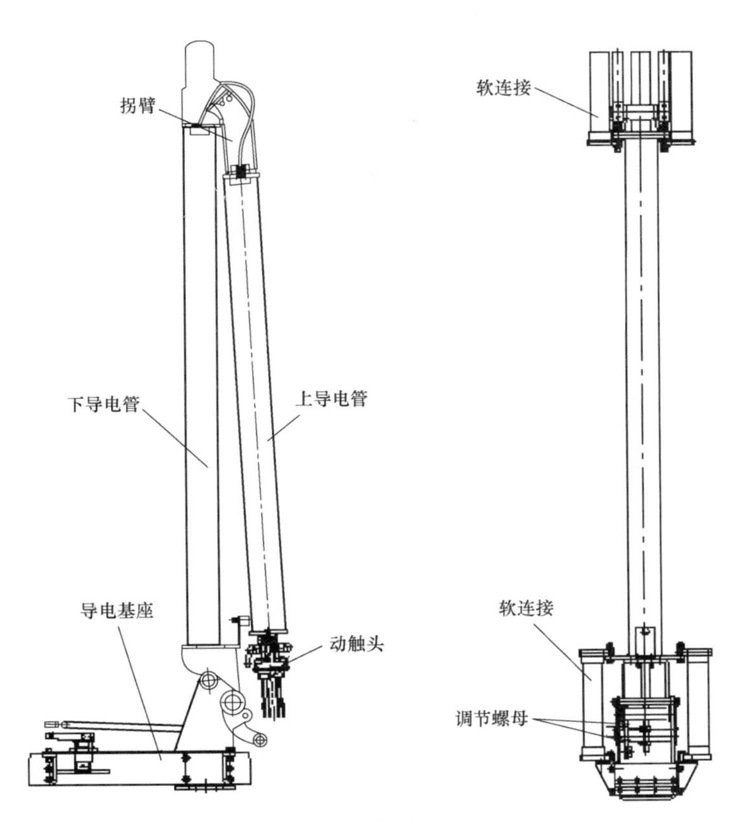

图 6–5　导电闸刀

5. 接地开关

接地开关安装在底座上（见图 6–3），接地动触头安装在导电基座弯板上，接地静触头安装在支持绝缘子上端支架上。装在底座上的机械联锁装置，能保证隔离开关和接地开关之间隔离开关合闸时，接地开关不能合闸；接地开关合闸时，隔离开关不能合闸。接地开关能承受与隔离开关相同的短时耐受电流和峰值耐受电流。

6. 带切大电流灭弧装置的接地开关

如图 6–7 所示，灭弧装置由辅助触头、电缆、绝缘支撑件、带有快分机构的户外真空负荷接地器组成。其中辅助触头由特殊的稀土铜基合金制成，具有导电率大、强度高、延伸率好等特点；辅助静触头采用扭簧结构，在动、静触头接触的过程中可始终保持与动触头的可靠接触。

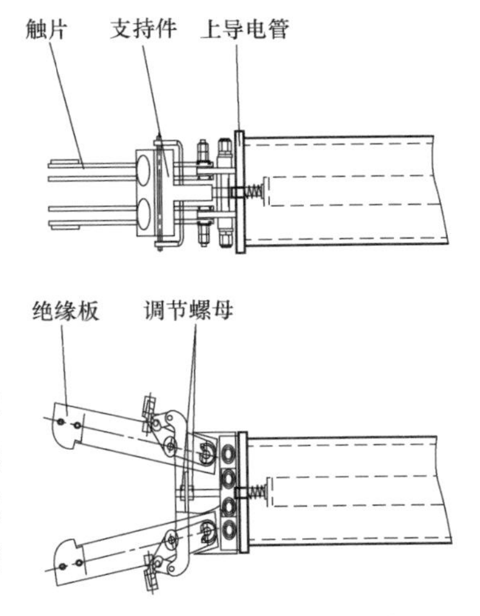

图 6–6　隔离开关动触头

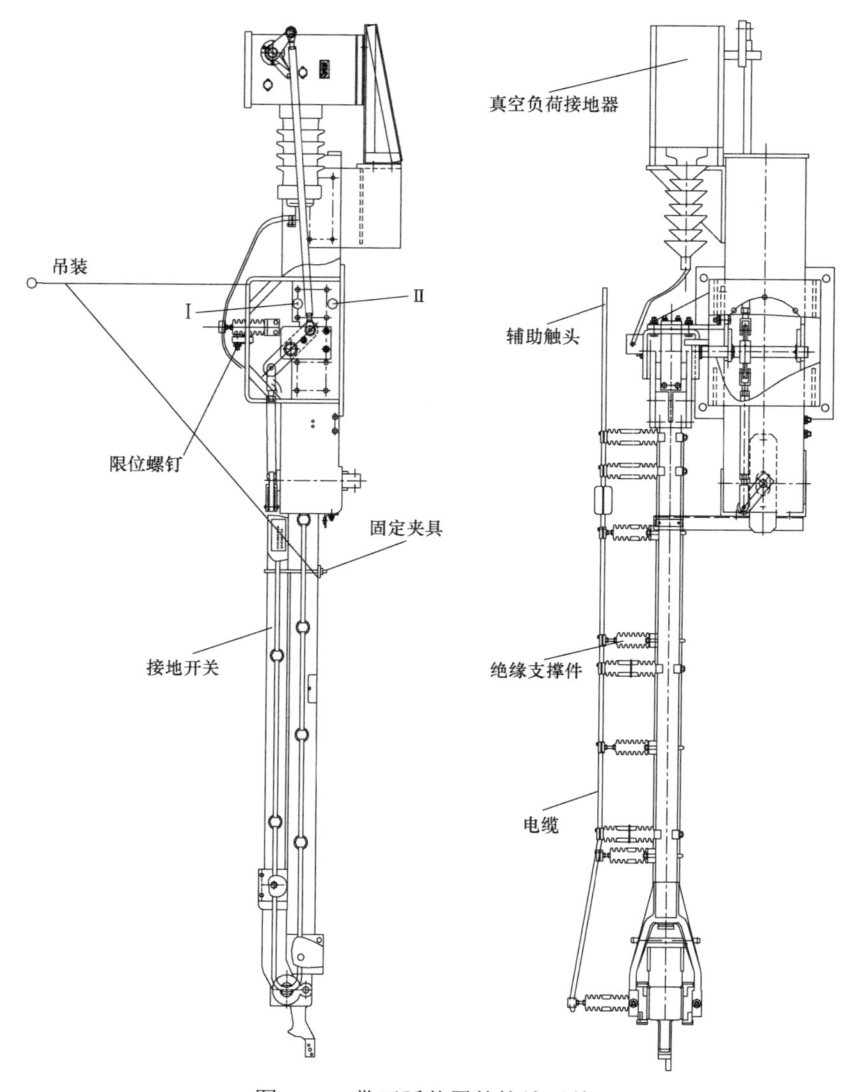

图 6-7　带灭弧装置的接地开关

7. 操动机构

CJ6A 型电动机构由电动机、机械减速系统、电气控制系统、箱体及附件等组成。详见机构安装使用说明书。

6.1.5　隔离开关的工作原理

1. 隔离开关本体的动作原理

电动机操动机构由异步电动机驱动，通过机械减速装置将力矩传递给机构主轴旋转 180°，借助连接钢管传力给隔离开关，通过操作杠杆带动旋转绝缘子旋转 180°。中间旋转绝缘子通过连杆带动固定在中间支持绝缘子上的导电闸刀，使导电闸刀实现水平伸展的动作，当导电闸刀向前伸直时，动触头上触片夹紧静触头为合闸，向后收缩为分闸。

接地开关操动机构分合时，借助传动轴及水平连杆使接地开关转轴旋转 100°，带动接地开关导杆垂直运动，完成接地开关分合闸的操作。由于隔离开关垂直操作杆和接地开关垂直操作杆之间装有机械联锁装置，故能保证两者之间的相互闭锁功能。

隔离开关和接地开关都是单极形式，可通过相间电气汇控实现联动，也可单相电动或手动操作。

2. 接地开关切大电流灭弧装置的动作原理

能切大电流的接地开关，操动机构分、合闸操作时，通过传动轴及水平连杆使接地开关转轴旋转，带动接地刀杆垂直伸缩运动，完成接地动触头分、合闸的操作。

接地开关分闸时，主触头先从静触头脱开，辅助动、静触头仍保持接触状态。当主触头分到规定的绝缘距离时，接地开关所配的电动机构带动灭弧装置中的快分机构使真空灭弧室断开，开断电弧，之后辅助触头脱开，完成分闸过程。

接地开关合闸过程与上述相反，其顺序为：辅助触头接触→真空灭弧装置合闸→主触头合闸，完成合闸过程。

6.2　西安西电 GW11A-550 型隔离开关检修导则

6.2.1　隔离开关的安装与调整

1. 安装前的检查

隔离开关安装前应进行如下方面的检查：

（1）产品按组解体包装发运，分为导电闸刀、零部件、支持绝缘子、底座、机构五大部分，在现场应按装箱单检查零部件、附件等，应与之相符，并检查零部件是否有磕碰、变形。

（2）铭牌数据与订货合同一致。

（3）产品外观无损伤，仔细检查每根支持绝缘子，不得有划伤及裂纹现象。

（4）转轴处转动灵活，底座各传动部分灵活。

（5）紧固件应牢固、无松动。

（6）用手柄操动电动机构时机构转动灵活，分合位置定位可靠，辅助开关切换正确。

2. 底座的安装

如图 6-8 所示，将三个单极隔离开关的底座固定在同一水平的基础构架上，动、静触头侧的基础也应在同一水平面上。固定前应用水平仪校平动、静触头侧支柱底座的上平面，以免造成安装后瓷柱上端倾斜。动触头侧底座装于基础上，上面装支持绝缘子及旋转绝缘子；静触头侧底座装于支架上后固定于基础上，上面装支持绝缘子。

3. 支持绝缘子的安装

如图 6-9 所示，将绝缘子按标号组装成支持柱、操作柱，并应保持支柱中心线垂直于底座平面。绝缘子吊装到底架上，可调节底架上的调节螺栓，确保三柱绝缘子上端面与导电基座的正确安装。旋转绝缘子应绕自身轴线旋转，无摆动现象。支持绝缘子组装后，应保证动触头侧两柱顶部中心距在 550±1mm 范围内。

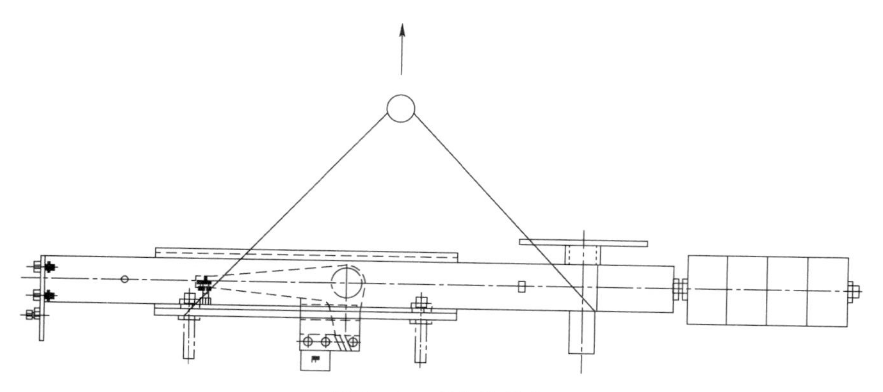

图 6-8　底座的吊装

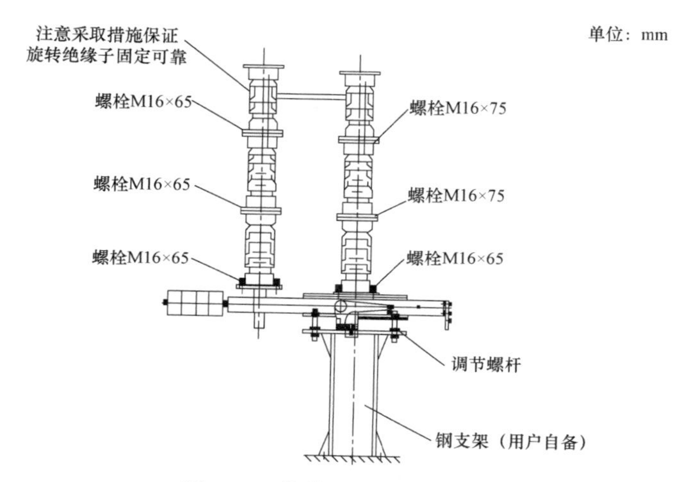

图 6-9　绝缘子与底座的安装

4. 导电闸刀的安装

（1）吊装导电闸刀，按图 6-10 所示位置放置吊索。然后检查安装位置，确保正确后在支持柱侧绝缘子法兰上放置导电基座，暂时用紧固螺栓固定。确保操作柱绝缘子的法兰上的孔与底座纵轴成 45°，使它们与导电基座上的旋转法兰上孔相配后，安装调节螺杆固定。用水平仪检查导电基座，确保其在互相垂直的两个方向保持水平，必要时可调节操作柱上的调节螺杆，或在支持柱上端加垫垫平。固定导电闸刀，最后卸掉吊索。

（2）检查导电闸刀安装、布置方式无误后安装接地静触头、均压环等。动触头侧接地静触头安装于导电基座一侧弯板上，需松开该处软连接连接螺钉后再连接接地静触头（见图 6-11）。静触头侧接地静触头安装于支持绝缘子上支架上。

5. 静触头的组装

如图 6-11 所示，将固定均压环用的连接弯板紧固在静触头的弯板上，再将产品的接线端子用螺栓紧固后即可进行安装。将组装好的静触头安装于静触头侧支持绝缘子或接地静触头安装板上。

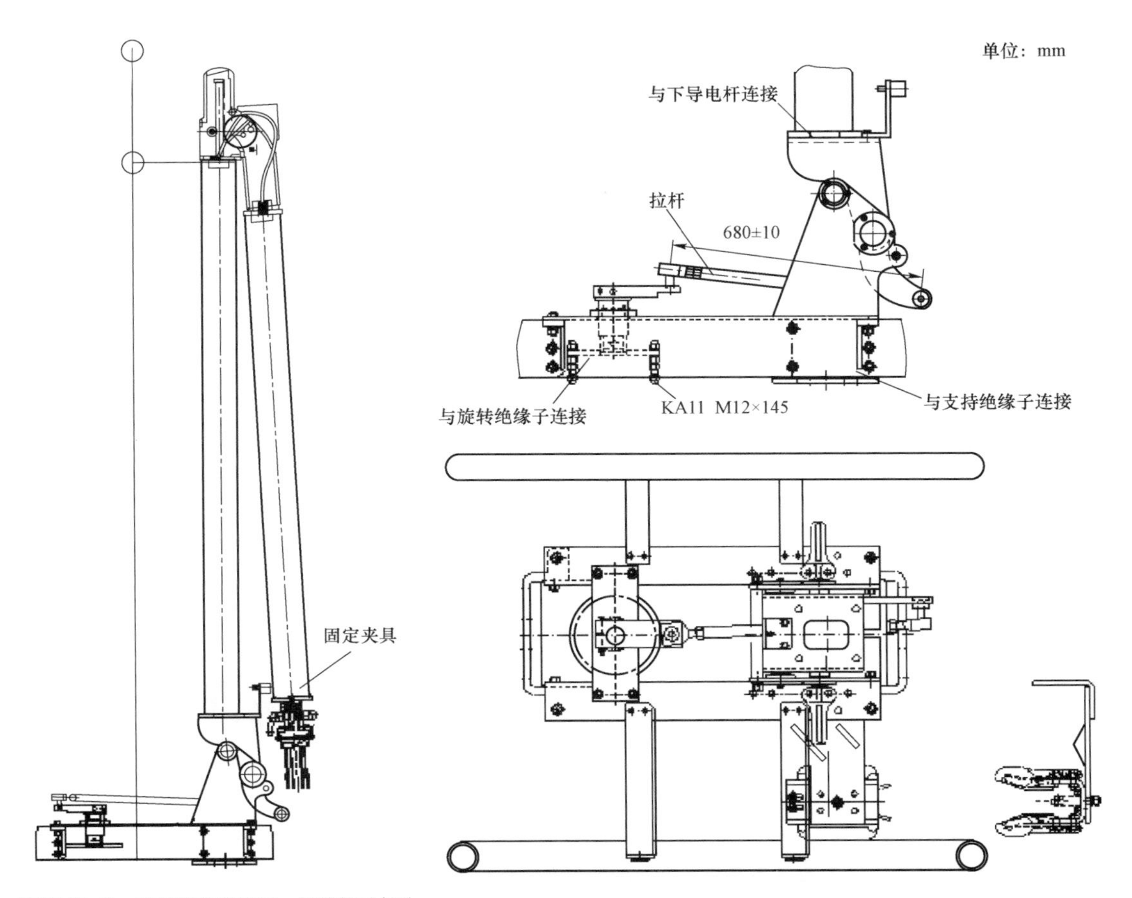

图 6-10　导电闸刀的吊装　　　图 6-11　导电基座与接地静触头、均压环安装图

6. 接地开关的安装

将接地开关的导电闸刀，用细砂布将结合面砂光，然后涂上很薄的一层防氧化导电脂，再插入底座上的夹紧块中。插入前，应将底座托板上的扭转弹簧（形状似眼睛）卸掉，使托板恰好置于导电杆上的缺口内，然后装上扭转弹簧，并使其压住导电杆，最后将导电杆放在分闸位置，装上平衡锤。接地静触头如图 6-11 所示安装在导电基座上。

注意：进行以上步骤时，凡导电接触面均应清理干净并涂抹防氧化导电脂。

7. 机构的安装

将 CJ6A 型电动机构固定于基础构架上，并置于分闸位置，然后顺时针方向手动摇回半圈至一圈，确定垂直连杆长度，用接头及垂直连杆连接机构主轴与隔离开关主轴，紧固接头上的 U 形螺栓。导电闸刀及机构调整好后，借助配钻螺钉在垂直连杆上钻孔，去掉配钻螺钉，拧紧自冲紧定螺钉。

接地开关机构箱的安装方式与隔离开关相同。

8. 隔离开关的调整

（1）隔离开关处于分闸位置时手动合闸，通过调节调整拉杆可以调整导电分合闸位置，此时连杆两端轴销中心距在 680±10mm 范围内（图 6－11 上图）。

（2）调节拉杆（图 6－11 上图），保证导电闸刀下导电杆在合闸位置±3° 范围内。

（3）调节调整螺母 1（图 6－12 左图），保证导电闸刀上导电杆在合闸位置±3° 范围内。

（4）调节调整螺母 2（图 6－12 左图）来调整分合闸操作力，使分合闸操作力基本一致。注意在分（合）过程中，操作力可能在某一点较大，所以不能以这一点为判据，而要看整个过程中操作力的情况。调整定位件，使分闸时导电闸刀对整台产品的冲击力最小。

（5）调节调整螺母 3（图 6－12 右图）之间的间隙，使动触头夹紧力不小于 800N，且导电闸刀能正常分合。

（6）静触头钳夹范围如图 6－12 右图所示，纵向范围为图中静触杆横向切面中心线±90 mm，横向范围为静触杆竖向轴中心线距动触头夹紧弹簧 0～100mm。在调整时，隔离开关静触头中心与压动触片外弹簧作用力 F 中心位置重合为最佳。

（7）若导电闸刀分合闸不到位，则松开机构与垂直连杆之间的固定螺栓，调整机构转角。

（8）隔离开关合闸时，动触头与静触头应接触良好，保证触片均与静触杆接触。当不能满足要求时，可调整静触头的位置或松开动触头的固定螺栓，稍微旋转，同时在合闸位置测量主回路电阻（两接线端子之间），在直流 100A 时，电阻值不超过 120μΩ。

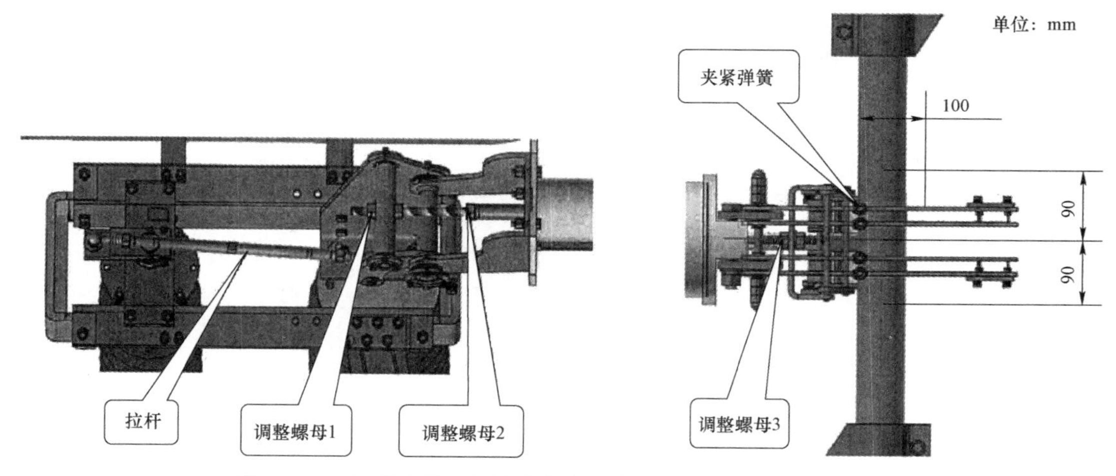

图 6－12　下导电杆下部调节螺母、上导电杆上部钳夹位置图

9. 接地开关的调整

隔离开关调整工作完成后，再调整接地开关，在调整过程中不能变动已调整的隔离开关部分，不能再调整支持绝缘子的垂直度及高度等。

（1）将导电闸刀置于分闸位置，用手摇使接地开关向合闸位置运动。接地开关在合闸位置时，若动、静触头高度不合适，可松开动触头的顶部螺栓，调整动触头插入接地开关导电杆的深度，使合闸时动触头先接触静触头的限位，然后插入静触头内。

（2）普通接地开关在合闸位置时，若动、静触头中心不吻合，可先松开固定杠杆定位件上的螺栓，调整接地开关杠杆水平移动一定距离。接地开关静触头内有限位，接地开关动触头插入静触头后，动触头与静触头内限位块之间的间隙不大于 20mm（见图 6－13）。

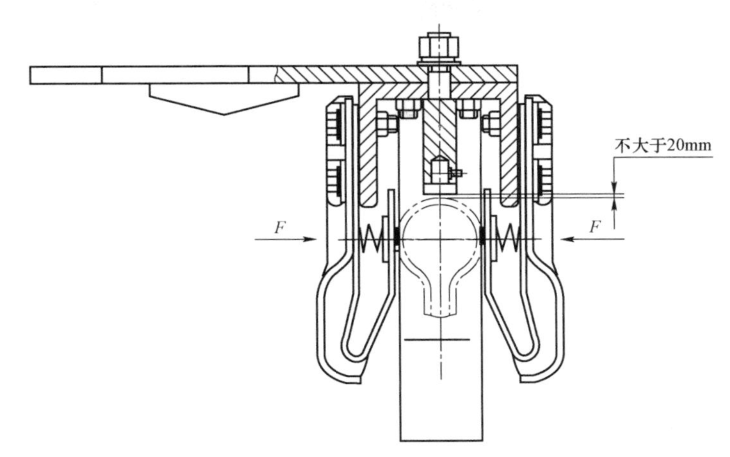

图 6－13　接地开关动、静触头合闸状态

（3）对于带灭弧装置的接地开关，当接地开关能正常分、合闸时，在分闸位置，调整杠杆上限位螺栓端部压住导电杆。

产品安装后，接地开关动触头和静触头在合闸位置应接触良好，每片均应接触，动、静触头间隙不大于 25mm（见图 6－14）。当不能满足要求时，可调整动触头。

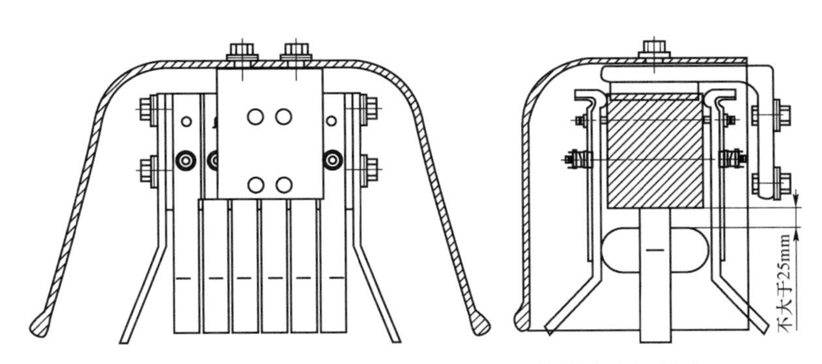

图 6－14　带灭弧装置的接地开关动、静触头合闸状态

隔离开关、接地开关分别手动操作 3～5 次，应操作平稳，分合正确，接触良好；在电动机额定电压下操作 5～10 次，在 85%和 110%电动机额定电压下分别操作 5 次，均应动作平稳，可靠分、合闸。

注意：当隔离开关和接地开关操动机构间未进行电气联锁前，使用电动操作时，一定要注意隔离开关或接地开关所处位置，以免造成误操作损坏零部件。

6.2.2　检修周期和项目

1. 检修周期

（1）小修周期。参照本书第 1 章 1.1 的规定执行。

（2）大修周期。按照设备状态评价决策进行，一般 10 年一次。

（3）临时维护检修。出现下列情况之一时，应进行临时性检修：

1）运行中的触头及导电回路经测温发现超过规定值时。

2）停役或复役操作中，发生拒分、拒合、合分不足等；传动部分或操动机构故障时；发生电气回路故障时。

3）其他影响安全运行的异常现象。

2. 检修项目

（1）大修：

1）检查绝缘子；

2）检查接线端子及引线；

3）各紧固件紧固；

4）除锈、油漆及相色清晰；

5）接线端接触面清理；

6）检查接地及接地连接端接触情况；

7）动、静触头（包括附件）清理、检查；

8）动、静触头触片更换；

9）软连接清理、检修；

10）主回路电阻测量；

11）检查各传动连杆；

12）检查分、合闸指示与实际位置的一致性；

13）动、静触头清理、检查；

14）动、静触头更换；

15）传动机构清理、检查；

16）接地软连接及接地连接清理、检查；

17）检查及维护操动机构电动机；

18）检查机械及电气闭锁装置；

19）检查机构内外各紧固件；

20）检查机构及机构箱门防水性能；

21）检查机构中的二次电气元件；

22）手动、电动分、合闸试操作各 5 次检查其动作可靠性及机械尺寸无变化。

（2）小修：

1）检查绝缘子；

2）检查接线端子及引线；

3）各紧固件紧固；

4）除锈、油漆及相色清晰；

5）检查接地及接地连接端接触情况；

6）动、静触头（包括附件）清理、检查；

7）软连接清理、检修；

8）主回路电阻测量；

9）检查各传动连杆；

10）检查分、合闸指示与实际位置的一致性；

11）动、静触头清理、检查；

12）传动机构清理、检查；

13）接地软连接及接地连接清理、检查；

14）检查及维护操动机构电动机；

15）检查机械及电气闭锁装置；

16）检查机构内外各紧固件；

17）检查机构及机构箱门防水性能；

18）检查机构中的二次电气元件；

19）手动、电动分、合闸试操作各 5 次检查其动作可靠性及机械尺寸无变化。

（3）检修前准备工作：

1）技术准备工作。

a. 收集需检修的隔离开关运行、检修记录和缺陷情况。

b. 从档案室调出需检修的隔离开关相关资料信息：现场安装作业指导书、电气原理图、出厂试验报告、设计院出具的接线图。

c. 核实隔离开关的操作次数、使用年限及运行中的缺陷，以此制订隔离开关的检修方案。

2）工器具准备。根据检修方案，准备检修所需的工器具，并运送至检修现场。

3）全体工作人员就位。安排相应的检修和配合人员，做好组织、安全和技术措施。

4）检查隔离开关检修前状态。

a. 确认隔离开关及接地开关的电动机构电源已断开。

b. 确认隔离开关两端可靠接地。

c. 记录隔离开关信息。隔离开关及接地开关出厂编号、出厂年份、额定电压、额定电流、控制电压等。隔离开关电动操动机构及接地开关电动操动机构的出厂编号、出厂年份、电动机的额定电压、电流、功率。

5）人员要求。

a. 工作负责人应具有相关工作经验、熟悉设备情况。

b. 专责监护人应具有相关工作经验、熟悉设备情况。

c. 维修工作应由专业技术人员负责完成。

d. 需要有操作资格和工作经验的特殊工种工作人员（吊车司机、升降车司机及起重指挥人员）的配合。

e. 在维修过程中配合人员应听从专业维修技术人员的安排和指挥，遇到现场问题应协商解决。

6.2.3　检修工作流程

（1）大修工作流程。大修工作流程如图 6－15 所示。

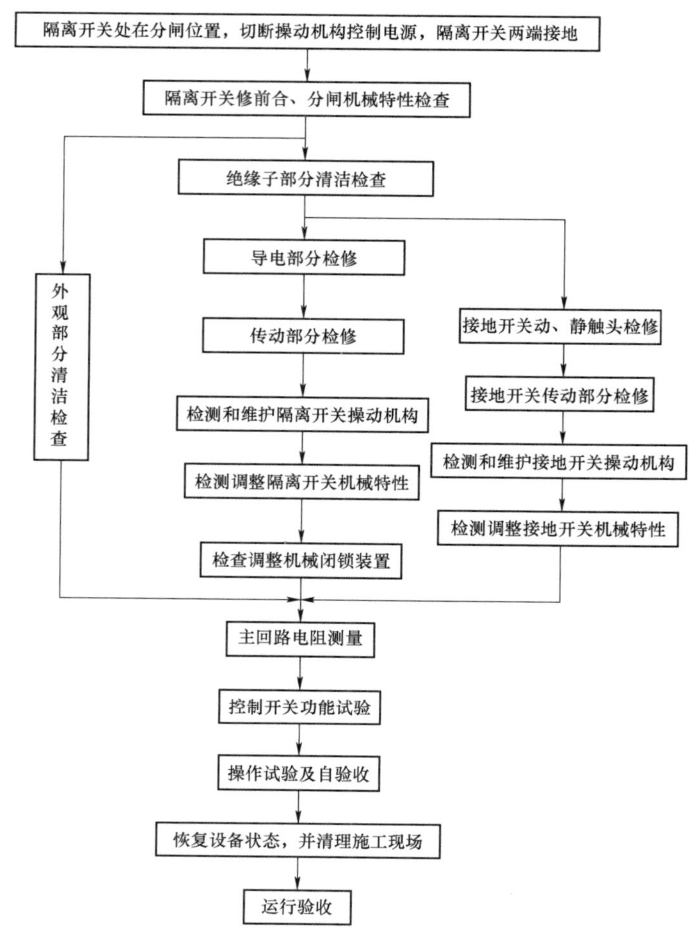

图 6-15　大修工作流程

（2）大修试验。

1）隔离开关机械特性、操作测试。

2）隔离开关主回路电阻测试。

3）接地开关机械特性。

6.2.4　检修工艺及质量标准

1. 外观检修

外观检修质量标准见表 6-6。

表 6-6　　外观检修质量标准

检修工艺	质量标准	检修类型
1. 清洁、检查绝缘子：使用登高工具，用抹布挨个擦洗绝缘子的伞群并仔细检查	目检无异常、无破损	小修

续表

检修工艺	质量标准	检修类型
2. 检查所有外部连接螺栓	认真检查各连接螺栓，并用扳手紧固外部各连接螺栓，锈蚀螺栓应更换	小修
3. 检查外观锈蚀、油漆质量	对局部锈蚀处及油漆脱落处，用百洁布打磨到看见钢材本色后，给予适当修复	小修
4. 检查主接线端接触情况	拆开接线端引线，清理接触面，涂导电脂，螺栓应紧固，锈蚀螺栓应更换； 检查两端引线，连接时不应产生由引线原因而造成对静触头过大的牵引力	小修
5. 接地连接检查	检查接地线应完好，连接端的接触面不应有腐蚀现象，连接紧固螺栓，锈蚀螺栓应更换	小修

2. 导电系统检修

导电系统检修质量标准见表 6-7。

表 6-7　　导电系统检修质量标准

检修工艺	质量标准	检修类型
1. 静触头检修 用干净白布或百洁布轻轻擦拭，用酒精清洗，导电杆表面涂薄层防氧化导电脂；紧固所有螺栓	检查静触头导电杆表面无烧伤，螺栓、螺母应紧固、无松动。若表面腐蚀不严重，则使用百洁布轻轻擦拭，保证表面光洁。若烧损或腐蚀严重，应整体更换	大修 小修
2. 动触头检修 用干净白布、酒精清理触片表面，涂薄层防氧化导电脂，弹簧表面涂润滑脂；检查动触头转动是否灵活	表面如有严重烧蚀及变形应予以更换	大修 小修

续表

检修工艺	质量标准	检修类型
3. 导电闸刀检修  检查上导电杆与下导电杆的螺栓是否紧固；导电基座接线端接触是否可靠	上、下导电杆伸缩运动灵活；动触头上动触片应能张合自如；可通过调整与导电基座连接处螺母调整动触头张合力及水平度；分闸位置时，上导电杆应与止挡紧靠；检查导电基座接线端接触可靠、无氧化	大修 小修
4. 软连接检修  清理表面及连接端锈蚀，涂防氧化导电脂并紧固螺栓	表面无锈蚀，没有断片，如变形严重应予以更换	小修/大修

3. 接地开关检修

接地开关检修见表6–8。

表6–8　　接地开关检修

检修工艺	质量标准	检修类型
1. 接地静触头检修  用干净白布、酒精清除表面氧化层，并涂薄层防氧化导电脂，紧固螺栓	检查触片应无烧损，如烧损严重需更换	
2. 接地动触头检修  用干净白布、酒精清除表面氧化层，并涂薄层防氧化导电脂，紧固螺栓	检查触头应无烧损，如烧损严重需更换	

4. 传动装置部分检修

传动装置部分检修质量标准见表6-9。

表6-9　　传动装置部分检修质量标准

检修工艺	质量标准	检修类型
1. 各传动杆及导电基座传动连接检修	机构输出轴和机构传动轴连接紧密，定位销无松动，清理传动部件上的锈蚀部位，磨损、变形比较严重的应重新更换；所有传动、转动部件应加润滑油进行润滑	小修/大修
2. 机械联闭锁装置检修 在闭锁盘的缺口内涂润滑脂	机械闭锁连板移动灵活，无卡滞现象；接地开关分闸后，导电闸刀才可顺利合闸；导电闸刀分闸后，接地开关才可合闸	小修
3. 操动机构检修 a）用手柄操动机构，检查传动系统是否灵活，行程开关、辅助开关能否正确切换，分、合闸指示是否正确； b）检查连接部分紧固件有无松动； c）辅助开关、行程开关、接触器、自动开关等，电气元件有无损坏，接触是否良好； d）箱门的密封是否可靠、牢固。 检修完毕后，按安装使用说明书进行调试	无卡滞现象，用手柄操作，限位正确。行程开关、辅助开关应正确切换。接上电源，操动机构5次，检查分、合、停动作应平稳正常	小修/大修

5. 测试回路电阻

测试回路电阻质量标准见表6-10。

表6-10　　测试回路电阻质量标准

检修项目	质量标准
测量回路电阻	每相主回路电阻值不应超过120μΩ

6. 操作试验检修

操作试验检修质量标准见表6-11。

表6-11　　操作试验检修质量标准

检修项目	质量标准
手动/电动合、分闸操作	（1）隔离开关合上时触头插入深度合格。 （2）接地开关合上时触头插入深度合格。 （3）手动操作隔离开关和接地开关合、分各5次，动作顺畅，无卡滞。 （4）额定电压下电动操作隔离开关和接地开关合、分各5次，动作顺畅，无卡滞

7. 恢复设备状态，清理施工现场

恢复设备状态，清理施工现场质量标准见表6-12。

表 6－12　　恢复设备状态，清理施工现场质量标准

检修项目	质量标准
恢复设备状态	恢复运行许可工作时的设备状态
清理施工现场	清理打扫现场，做到工完料尽场地清，检修设备上不可遗留任何物件

6.2.5　故障判断及处理

运行中，若发现输出电压异常或内部异响，可检查一次、二次末端接线是否正确，接线方式是否正确。其他可能的故障见表 6-13。

表 6－13　　故 障 分 析 与 排 除

故障现象	原因分析	排除方法
动触指与静触杆接触不良	（1）动触指的触点连线与静触杆不平行； （2）动触指变形或烧损； （3）导电闸刀合闸不到位	（1）调整动触头上部的零部件安装位置； （2）更换动触指； （3）调整合闸位置
动、静触头之间接触压力不够	滚轮行程不够	首先看滚轮是否越过齿轮盒最高点，如未越过则调整。如已越过，则调整动触头处螺母
合闸位置时上导电管不平，但下导电管已经处于水平位置	下导电管上部的齿条与连轴节中的齿轮啮合不对	调节下导电内拉杆上的螺母调节

6.3　CJ6A 型机构二次回路简介

6.3.1　CJ6A 型机构工作原理

操动机构结构简单、维护简单、方便易行，零部件具有互换性；机构内的轴承及两级蜗轮减速器都是密封式结构，采用油脂润滑，可不加油，免维护；打开正门或侧门，可方便实施维护和检查。同时，机构零部件标准化程度高，自制件少，故造价低，具有很强的实用性和经济性。

CJ6A 型机构的结构概述和动作说明如下。

1. 电动操作部分

这部分由一台交流电动机、两级蜗轮减速器和电器控制元件组成。电动机的动力通过第一级蜗轮减速器、第二级蜗轮减速器，由输出轴传递给隔离开关或接地开关，实现分闸、合闸动作。输出轴的旋转角度靠行程开关控制电动机实现，动作时间误差±1s。

2. 手动操作部分

手动操作时，把正面箱门打开，向上拉手动闭锁板把手 3～5mm，此时电磁铁通电动作，闭锁板的限位被打开，闭锁板可继续向上移动，至露出手柄插入孔，把手柄插入，通过手摇可操动机构分、合闸。当闭锁板开启至插入手柄位置的同时，压下闭锁微动开关 SP5，使就地和远方的电动操作控制回路都被切断，实现了手动和电动联锁；操作完成后，抽出手柄，闭锁板盖住了手柄插入孔，此时不能进行手动操作，同时，就地和远方的电源接通，

可以进行电动操作，仍然保持手动和电动联锁。

在闭锁板的上方有一无电源操作孔，此孔仅在无电源安装调试手动操作时使用，即通过此孔用小于ϕ2mm 的操作针杆压下闭锁限位件，使闭锁板可上提到位，手柄从插入孔插入，实现手动操作操动机构，调试好后，将不准使用此孔。

3. 行程（微动）开关及辅助开关

机构的合闸、分闸及输出转角的准确控制依靠一套行程（微动）开关来控制电动机转动时长而实现。机构采用了性能优良、动作可靠的真空辅助断路器及 F9 系列快速动作辅助开关，辅助开关轴直接和蜗轮减速器输出轴的下端相连。

4. 门闭锁开关

在内门的内侧设置有门闭锁微动开关 SP6，当内门关闭时，门板压下微动开关，此时机构的控制回路通电，可以电动操作；当内门打开时，微动开关释放复位，机构的控制回路被切断，形成闭锁。

5. “就地/远方”操作按钮

本机构设置有“就地/远方”操作按钮 SA1 和温湿度控制器，可方便操作并实现箱内的温湿度自动控制。

6. 电源插座和照明灯

为方便用户维修和工作，箱内设有“AC 220V”电源插座和照明灯。

6.3.2　CJ6A 型机构电动机回路详解

图 6-16 是 CJ6A 型机构箱的电动机回路和控制回路，该图指的是单相操作的情况。三相操作的回路图原理与之类似，此处不再多述。

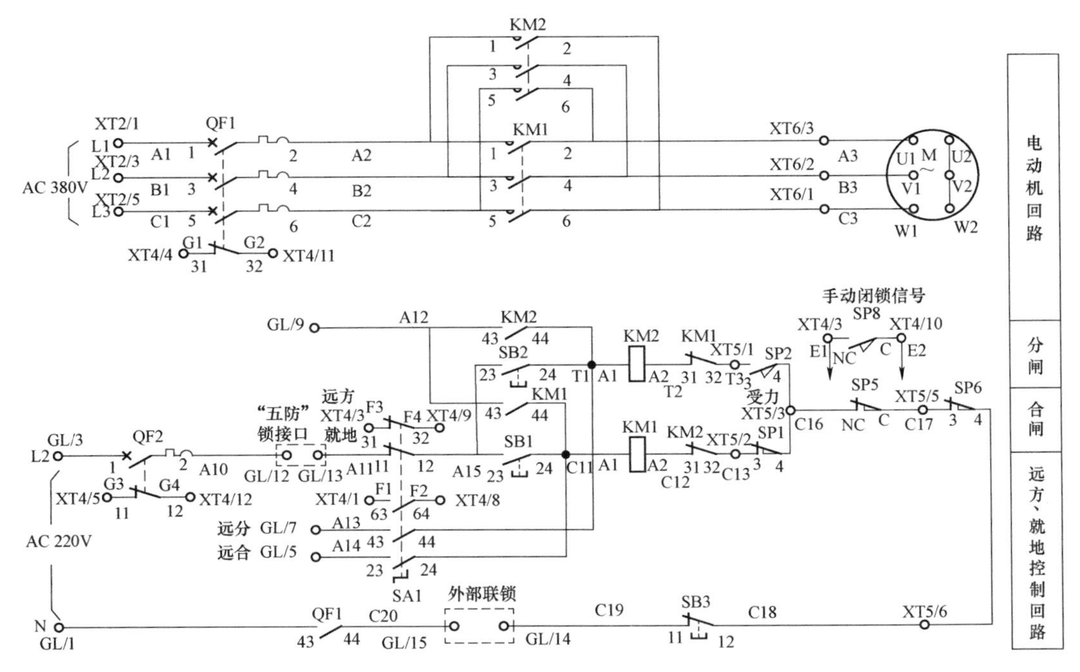

图 6-16　CJ6A 型机构箱的电动机回路和控制回路（单相）

电动机回路由三相交流操作电动机 M、控制电动机正反转的交流接触器 KM1 和 KM2、电动机主回路电源空气断路器 QF1 等元器件组成。

（1）隔离开关合闸操作。当空气断路器 QF1 处于合上位置，且 KM1 三对主触头 KM1/1－2、KM1/3－4、KM1/5－6 闭合时，隔离开关电动机 M 得电正转，隔离开关进行合闸操作。

（2）隔离开关分闸操作。当空气断路器 QF1 处于合上位置，且 KM2 三对主触头 KM2/1－2、KM2/3－4、KM2/5－6 闭合时，隔离开关电动机 M 得电反转，隔离开关进行分闸操作。

6.3.3 CJ6A 型机构控制回路详解

隔离开关的控制回路由控制电源空气断路器 QF2、远方/就地转换开关 SA1、合闸按钮 SB1、分闸按钮 SB2、急停按钮 SB3、交流接触器 KM1/KM2、限位开关 SP1/SP2、门闭锁开关 SP6、手动闭锁开关 SP5、微动开关 SP8、电动机电源空气断路器辅助触点 QF1/43－44，以及五防锁接口、外部联锁接口等元器件及端子接线组成。

（1）远方分闸操作。当隔离开关符合外部联锁条件时，GL/14－15 导通。将远方/就地切换开关 SA1 切到“远方”位置，其触点 SA1/43－44 导通。当后台发出隔离开关分闸指令后，端子 GL/7 得电，下列回路导通：

正电源→遥分触点→GL/7→A13→SA1/43－44→KM2/A1－A2→KM1/31－32→XT5/1→SP2/3－4 → SP5/NC－C → XT5/5 → SP6/3－4 → XT5/6 → SB3/11－12 → GL/14－15 → QF1/43－44→GL/1。KM2 线圈得电，电动机 M 转动，隔离开关分闸。

同时，触点 KM2/43－44 闭合，下列回路导通，实现 KM2 线圈自保持：正电源→GL/9→A12→KM2/43－44→KM2/A1－A2→KM1/31－32→XT5/1→SP2/3－4→SP5/NC－C→XT5/5→SP6/3－4→XT5/6→SB3/11－12→GL/14－15→QF1/43－44→GL/1。

隔离开关分闸到位后，SP2 受力动作，其触点 SP2/3－4 打开，KM2 线圈自保持回路断电，电动机断电停转，隔离开关远方分闸操作结束。

（2）就地分闸操作。当隔离开关符合外部联锁条件时，GL/14－15 导通。当隔离开关满足五防的要求时，五防锁接口导通，即 GL/12－13 导通。将远方/就地切换开关 SA1 切到“就地”位置，其触点 SA1/11－12 导通。当就地分闸按钮 SB2 按下之后，触点 SB2/23－24 导通，下列回路导通：

GL/3→QF2/1－2→A10→GL/12－13→SA1/11－12→A15→SB2/23－24→KM2/A1－A2→KM1/31－32→XT5/1→SP2/3－4→SP5/NC－C→XT5/5→SP6/3－4→XT5/6→SB3/12－11→GL/14－15→QF1/43－44→GL/1。KM2 线圈得电，电动机 M 转动，隔离开关分闸。

同时，触点 KM2/43－44 闭合，下列回路导通，实现 KM2 线圈自保持：正电源→GL/9→A12 → KM2/43－44 → KM2/A1－A2 → KM1/31－32 → XT5/1 → SP2/3－4 → SP5/NC－C → XT5/5→SP6/3－4→XT5/6→SB3/11－12→GL/14－15→QF1/43－44→GL/1。

隔离开关分闸到位后，SP2 受力动作，其触点 SP2/3－4 打开，KM2 线圈自保持回路断电，电动机断电停转，隔离开关就地分闸操作结束。

6.3.4 CJ6A 型机构箱简图及功能介绍

CJ6A 型机构箱简图及功能介绍见表 6－14。

表 6-14　　CJ6A 型机构箱简图及功能介绍

元器件名称	简　图	功能介绍
机构箱铭牌		介绍机构类型等重要参数
电动机电源		给电动机回路提供电源
控制电源		给控制回路提供电源
温湿度控制电源；照明电源；常热加热器电源		给加热和照明回路提供电源
远方/就地切换把手		实现隔离开关的远方和就地操作
急停按钮		可以在隔离开关操作过程中实现紧急停止

续表

元器件名称	简　图	功能介绍
分、合闸把手		在机构箱上实现就地分、合闸操作
温湿度控制器		根据环境温度控制加热器的加热功率
手动闭锁装置		在手动操作时可靠切断控制回路，防止在手动操作过程中，隔离开关电动分、合闸
电动机		通过齿轮带动隔离开关分、合闸
分闸继电器	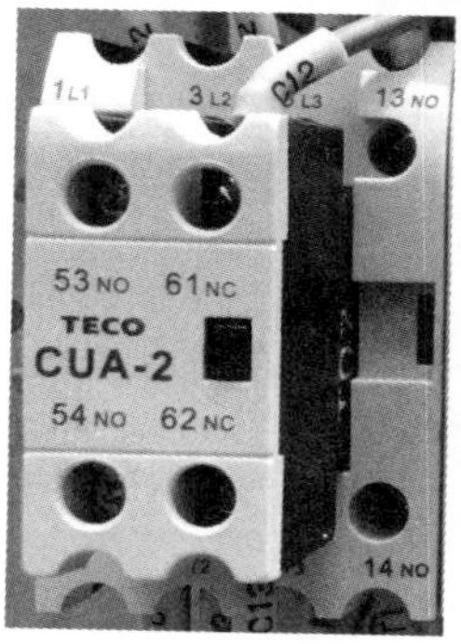	通过分闸控制回路控制分闸继电器的吸合，来导通电动机回路，从而使电动机回路正常导通，电动机运转

续表

元器件名称	简　　图	功能介绍
合闸继电器	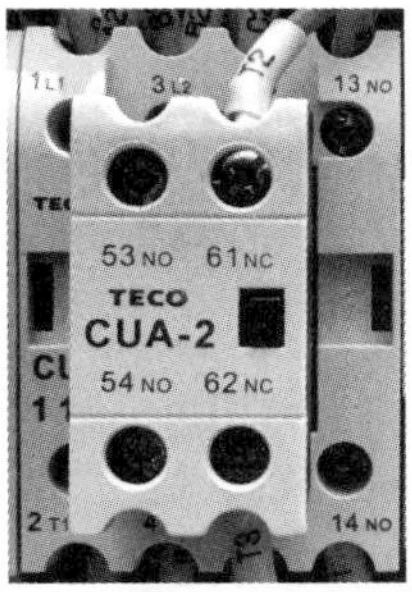	通过合闸控制回路控制合闸继电器的吸合，来导通电动机回路，从而使电动机回路正常导通，电动机运转
辅助开关		反映隔离开关的分、合闸位置，随着隔离开关位置的改变而改变

第 7 章　隔离开关无损检测技术

7.1　隔离开关红外测温技术

对输变电设备的状态进行检查，使设备维修从传统的预防性检修提高到预知性状态维修，对增加设备运行可靠性、提高电力系统经济效益及降低维修成本，都有很重要的意义。带电设备红外检测诊断技术是一门综合技术，它通过研究和应用红外检测诊断技术来获得带电设备致热效应从设备表面发出的红外辐射信息，进而判断设备缺陷的类型，随着现场检测经验的不断积累，检测仪器、设备越来越强大，分析方法、手段进一步拓展，红外检测诊断技术已经能够准确分析、判断电力设备的大部分缺陷，成为电力生产不可或缺的重要检测手段。

7.1.1　红外检测诊断技术的基本概念

1. 温升

被测设备表面温度和环境温度参照体表面温度之差。

2. 温差

不同被测设备或同一被测设备不同部位之间的温度差。

3. 相对温差

两个对应测点之间的温差与其中较热点的温升之比的百分数。相对温差 δ_t 可用下式求出：

$$\delta_t = (\tau_1 - \tau_2) / \tau_1 \times 100\% = (T_1 - T_2) / (T_1 - T_0) \times 100\%$$

式中　τ_1、T_1 ——发热点的温升和温度；

τ_2、T_2 ——正常相对应点的温升和温度；

T_0 ——被测设备区域的环境温度（即气温）。

4. 环境温度参照体

用来采集环境温度的物体。它不一定具有当时的真实环境温度，但具有与被测设备相似的物理属性，并与被测设备处于相似的环境之中。

5. 一般检测

适用于红外热像仪对电气设备进行大面积检测。

6. 精确检测

主要用于检测电压致热型和部分电流致热型设备的内部缺陷，以便对设备的故障进行精确判断。

7. 温宽

指当前使用的温度范围内的一段，另外可以认为它就是“热对比度”。

8. 电平值

电平值是温宽值的中间值，它可以认为是“热亮度”。

9. 检修决策

依据设备状态，考虑风险因素，以确定设备检修的类别、内容。

7.1.2　设备缺陷类型的确定及处理方法

电流致热型设备缺陷诊断判据见 DL/T 664—2016《带电设备红外诊断应用规范》附录 H。电压致热型设备缺陷诊断判据见 DL/T 664—2016《带电设备红外诊断应用规范》附录 I。旋转电机类设备缺陷诊断判据见 DL/T 664—2016《带电设备红外诊断应用规范》附录 E。

红外检测发现的设备热缺陷应纳入设备缺陷管理制度中，按照设备缺陷管理流程进行处理。根据过热缺陷，对电气设备运行的影响程度可分为以下三类：

（1）一般缺陷。指设备存在过热、比较温度分布有差异，但不会引发设备故障，一般仅做记录，可利用停电（或周期）检修机会，有计划地安排试验检修，消除缺陷。对于负荷率低、温升小但相对温差大的设备，如果负荷有条件或有机会改变时，可在增大负荷电流后进行复测，以确定设备缺陷的性质，否则，可视为一般缺陷，记录在案。

（2）严重缺陷。指设备存在过热或存在热像特征异常，程度较严重，应早作计划，安排处理。未消缺期间，对电流致热型设备，应有措施（如加强检测次数，清楚温度随负荷等变化的相关程度等），必要时可限负荷运行；对电压致热型设备，应加强监测并安排其他测试手段进行检测，缺陷性质确认后，安排计划消缺。

（3）危急缺陷。指电流（磁）致热型设备热点温度（或温升）超过 DL/T 664—2016《带电设备红外诊断应用规范》附录 G 规定的允许限值温度（或温升）时，应立即安排设备消缺处理，或设备带负荷限值运行；对电压致热型设备和容易判定内部缺陷性质的设备（如缺油的充油套管、未打开的冷却器阀、温度异常的高压电缆终端等），其缺陷明显严重时，应立即消缺或退出运行，必要时，可安排其他试验手段进行确诊，并处理解决。

电压致热型设备的缺陷宜纳入严重及以上缺陷处理程序管理。

7.1.3　红外检测判断方法

表面温度判断法：主要适用于电流致热型和电磁效应引起发热的设备。根据测得设备表面温度值，对照 GB/T 11022—2011《高压开关设备和控制设备标准的共用技术要求》中高压开关设备和控制设备各种部件、材料及绝缘介质的温度和温升极限的有关规定，结合环境气候条件、负荷大小进行分析判断。

同类比较判断法：根据同组三相设备、同相设备之间及同类设备之间对应部位的温差进行比较分析。对于电压致热型设备，应结合图像特征判断法进行判断；对于电流致热型设备，应结合相对温差判断法进行判断。

图像特征判断法：主要适用于电压致热型设备。根据同类设备的正常状态和异常状态的热像图，判断设备是否正常。注意应尽快排除各种干扰因素对图像的影响，必要时结合电气试验或化学分析的结果，进行综合判断。

相对温差判断法：主要适用于电流致热型设备。特别是对小负荷电流致热型设备，采用相对温差判断法可降低小负荷缺陷的漏判率。

档案分析判断法：分析同一设备不同时期的温度场分布，找出设备致热参数的变化，判断设备是否正常。

实时分析判断法：在一段时间内使用红外热像仪连续检测被测设备，观察设备温度随负载、时间等因素变化的方法[2]。

7.1.4 检测类别及要求

红外检测诊断根据检测内容及环境要求分为一般检测和精确检测。

7.1.4.1 一般检测

（1）一般检测的工作要求：

1）仪器在开机后需进行内部温度校准，待图像稳定后即可开始工作。

2）一般先远距离对所有被测设备进行全面扫描，发现有异常后，再有针对性地近距离对异常部位和重点被测设备进行准确检测。

3）仪器的色标温度量程宜设置在环境温度加 10～20K 的温升范围。

4）有伪彩色显示功能的仪器，宜选择彩色显示方式，调节图像使其具有清晰的温度层次显示，并结合数值测温手段，如热点跟踪、区域温度跟踪等手段进行检测。

5）应充分利用仪器的有关功能，如图像平均、自动跟踪等，以达到最佳检测效果。

6）环境温度发生较大变化时，应对仪器重新进行内部温度校准，校准方法按仪器的说明书进行。

7）作为一般检测，被测设备的辐射率一般取 0.9 左右。

（2）一般检测环境条件要求：

1）被检设备是带电运行设备，应尽量避开视线中的封闭遮挡物，如门和盖板等。

2）环境温度一般不低于 5℃，相对湿度一般不大于 85%；天气以阴天、多云为宜，夜间图像质量为佳；不应在雷、雨、雾、雪等气象条件下进行，检测时风速一般不大于 5m/s。

3）户外晴天要避开阳光直接照射或反射进入仪器镜头，在室内或晚上检测应避开灯光的直射，宜闭灯检测。

4）检测电流致热型设备，最好在高峰负荷下进行。否则，一般应在不低于 30%的额定负荷下进行，同时应充分考虑小负荷电流对测试结果的影响。

7.1.4.2 精确检测

（1）精确检测的工作要求：

1）检测温升所用的环境温度参照体应尽可能选择与被测设备类似的物体，且最好能在同一方向或同一视场中选择。

2）在安全距离允许的条件下，红外仪器宜尽量靠近被测设备，使被测设备（或目标）尽量充满整个仪器的视场，以提高仪器对被测设备表面细节的分辨能力及测温准确度，必要时，可使用中、长焦距镜头。线路检测一般需使用中、长焦距镜头。

3）为了准确测温或方便跟踪，应事先设定几个不同的方向和角度，确定最佳检测位置，并可做上标记，以供今后的复测用，提高互比性和工作效率。

4）正确选择被测设备的辐射率，特别要考虑金属材料表面氧化对选取辐射率的影响。

5）将大气温度、相对湿度、测量距离等补偿参数输入，进行必要的修正，并选择适当的测温范围。

6）记录被测设备的实际负荷电流、额定电流、运行电压，被测设备温度及环境参照体的温度值。

（2）精确检测环境条件要求。精确检测除满足一般检测的环境要求外，还满足以下要求：

1）风速一般不大于 0.5m/s。

2）设备通电时间不小于 6h，最好在 24h 以上。检测期间天气为阴天、夜间或晴天日落 2h 后。

3）被测设备周围应具有均衡的背景辐射，应尽量避开附近热辐射源的干扰，某些设备被检测时还应避开人体热源等的红外辐射。

4）避开强电磁场，防止强电磁场影响红外热像仪的正常工作。

7.1.5　主要红外测温仪器——Fluke 系列

1. Fluke Ti400 红外热像仪配置及功能部件说明

Fluke Ti400 主机由电容触摸屏、电池、按键、可见光相机、激光测距、调焦红外镜头、调焦旋钮、激光自动对焦扳机、热图保存扳机等部件构成，其各功能部件如图 7－1 所示。

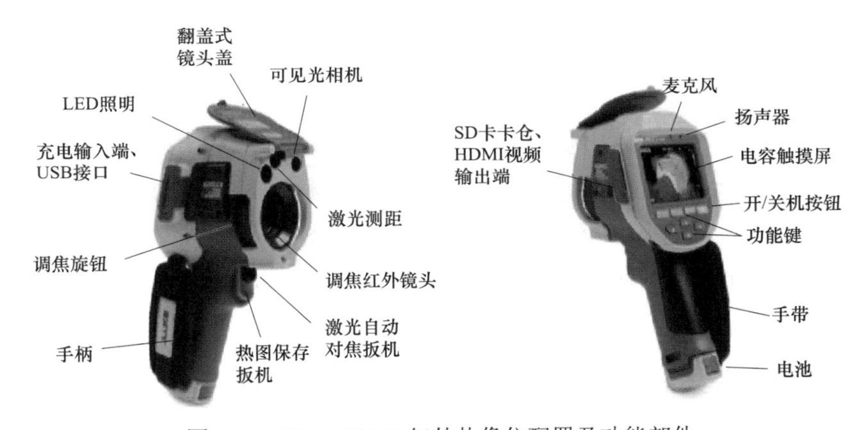

图 7－1　Fluke Ti400 红外热像仪配置及功能部件

其中，各主要部件功能如下：

（1）可见光相机。可记录热图现场的状态，为问题点判断提供位置依据。

（2）镜头。进行红外图像的拍摄，保存热图前须进行准确调焦。

（3）黑色激光自动对焦扳机。扣动黑色扳机一次进行激光自动对焦。

（4）绿色热图保存扳机。扣动绿色扳机一次进行图像冻结，以便保存热图；若需恢复采样状态，则再扣动扳机一次即可。

2. Fluke Ti400 红外热像仪操作说明

（1）充电。可使用充电座同时对两块电池进行充电，插入后绿灯闪，当绿灯长亮时表示充电已满；也可以在热像仪充电端口充电，绿灯满格即可。

（2）更换电池。按住电池两端弹簧按键，即可卸下电池；将电池标签向左插入电池仓，推入后听到“咔哒”声表明电池已安装到位。

（3）开/关机。启动或关闭热像仪，要按住圆圈内开关按钮至少 2s。开机后，操作画面如图 7－2 所示。

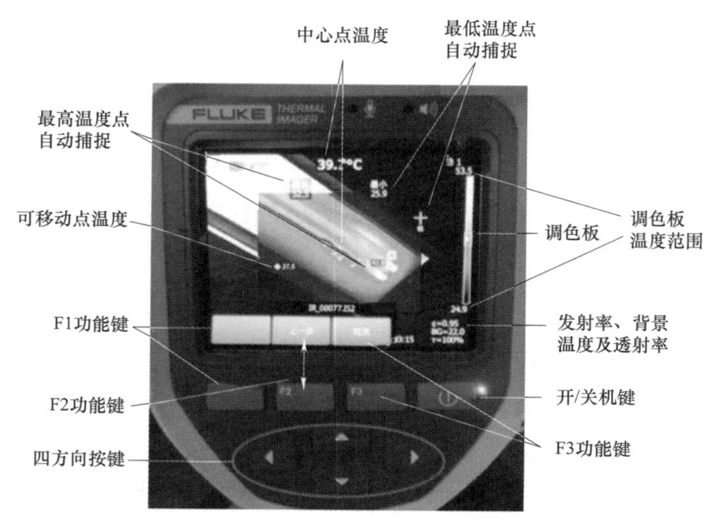

图 7－2　Fluke Ti400 红外热像仪操作画面

（4）对焦。有两种方法进行对焦，分别为：

1）LaserSharp 激光自动对焦。红外镜头对准被测物体，扣动黑色扳机，发出激光束，通过激光测距准确自动对焦。

2）手动调焦。手动旋转调焦旋钮，直至出现清晰的热像图。

两种调焦方式可以结合使用。

（5）菜单进入。按 F2 功能键或手指轻触屏幕可进入主菜单，配合 F1、F3 功能键和各方向键进行子菜单设置或轻触屏幕设置。

（6）量度调节。

1）范围调节。

操作步骤：菜单－量度－范围－（选择温度范围）。

调色板可根据热像仪采样范围内的最高、最低温度自动调整各温度区间与颜色的对应关系。

2）发射率调节。

操作步骤：菜单－量度－发射率－调整系数/选择表。

3）现场温度调节。

操作步骤：菜单－量度－现场温度－打开/关闭。

自动显示红外热图范围内最高、最低温度点的位置及温度值；高、低温自动捕捉为同时打开和关闭。

4）设置水平/跨度。

操作步骤：菜单－量度－设置水平/跨度－自动/（手动－设置水平/跨度）。

结合水平与跨度的调整，可将调色板范围设定在实际目标的温度范围上（跨度不小于 2.5℃），可获得最佳效果热图。

5）背景调节。

操作步骤：菜单－量度－背景。

在通常情况下，修正被测物体所处的环境温度值；若向天空检测（如输电线路），则需将天空的温度作为背景温度修正。

6）中心框。

操作步骤：菜单－量度－中心框－打开。

显示中心框内最高、最低及平均温度值。

7）透射率。

操作步骤：菜单－量度－透射率。

在通常情况下，透射率设置为 100%，若热像仪前有红外窗口，则需要根据红外窗口的衰减特性设置相应的透射率。

8）标记。

操作步骤：菜单－量度－标记－全部关闭/一个标识物/两个标识物/三个标识物。

可手动在红外热图范围内另外设置 0～3 个温度点。在第一个标记点设置完成后，单击“下一步”。

（7）内存调节。

操作步骤：菜单－内存－确定/删除。

浏览已保存的红外热图，并可删除热图。

（8）图像调节。

1）调色板。

a. 操作步骤：菜单－图像－调色板。

可选择不同的调色板模式。超级对比度模式与标准模式相比，在较高温度范围部分其色差更加明显，问题点显示效果更好。

b. 操作步骤：菜单－图像－调色板－饱和度颜色。

可选择不同的调色板饱和度。

c. 操作步骤：菜单－图像－调色板－设置调色板。

推荐使用高对比度及铁红模式检测，可根据不同现场情况调整调色板模式以达到最佳热图显示效果。

2）显示。

操作步骤：菜单－图像－显示。

推荐使用“显示全部”，可在显示屏上得到最多关于热图的数据；若使用“仅图像”，则可得到最多的热图画面。

3）IR－Fusion。

操作步骤：菜单－图像－IR Fusion－红外融合。

建议选择最大红外画中画（第一项）及最大红外（第四项）模式，其他融合模式辅助进行问题位置判断。

4）颜色警告。

操作步骤：菜单－图像－颜色报警－设置/关闭。

启用报警功能后，在不超过报警温度时，显示为全可见光；若超过设定温度，则超过部分用颜色标识（不同调色板的报警颜色不同）。

（9）照相机调节。

1）自动调焦。

操作步骤：菜单－设置－照相机－自动调焦。

锐智系列热像仪有激光自动对焦功能，开启此功能（系统默认开启）后，扣动黑色扳机即可自动对焦。

2）自动捕捉。

a. 操作步骤：菜单－照相机－自动捕捉－温度触发。

设定温度值，选择触发条件（超过或低于设定温度），选择触发位置（中心点、中心框、高温标记点或低温标记点）。点击“开始捕捉”，热像仪将在满足设定条件时自动拍摄图像并保存。

b. 操作步骤：菜单－照相机－自动捕捉－间隔时间/计数。

设置自动捕捉时的拍摄时间间隔和拍摄总张数。

（10）拍照操作。

a. 操作步骤：自动/手动对焦－扣动绿色扳机。

屏幕显示拍摄的热图，可直接保存/取消，或者对热图进行编辑。

b. 操作步骤：编辑－图像－设置。

可对该热图的图像进行编辑和分析。

7.1.6 典型红外测温图谱

典型红外测温图谱见表7－1～表7－5。

表7－1 隔离开关刀口过热红外测温图谱

典型图谱	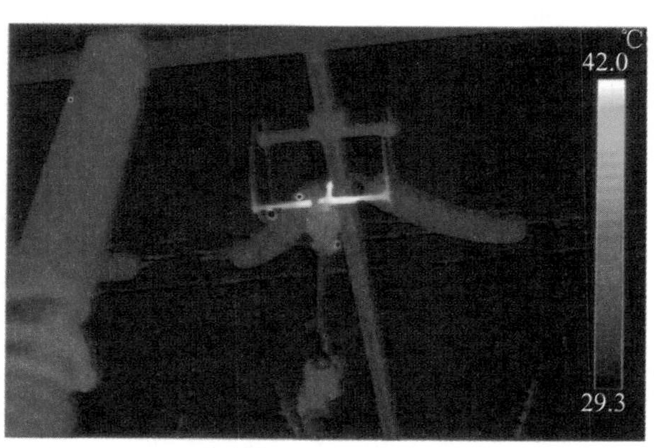 (a)

续表

典型图谱	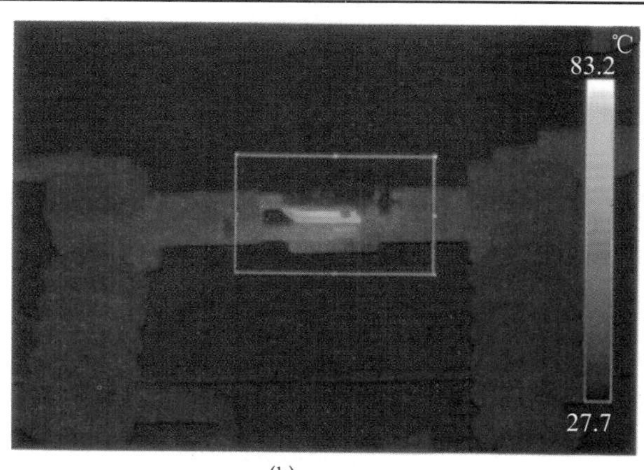 (b)
图谱说明	（a）220kV 隔离开关热像图，隔离开关刀口有明显热点； （b）35kV 隔离开关热像图，隔离开关刀口有明显热点
检测诊断要点	高负荷期间检测可达到最优效果。以隔离开关刀口为检测重点，检测时按一般检测要求进行，热点温度分布以刀口为最热点。热点温度与负荷电流大小关系明显，成正比
分析方法	表面温度判断法、图像特征判断法、同类比较判断法
缺陷类型判断	危急缺陷：热点温度大于 130℃，或温升不小于 95%
	严重缺陷：热点温度大于 90℃，或温升不小于 80%
	一般缺陷：温差不超过 15K，未达到严重缺陷的要求
缺陷类别	电流致热型
原因分析	隔离开关触指弹簧夹紧力不足、触指烧蚀或合闸机械位置不当造成接触不良
检修决策	停电检查，进行回路电阻测试，调整机械位置，打磨处理，更换触指弹簧，检修完成后应进行回路电阻复测，以达到厂家要求值

表 7－2　隔离开关转头过热红外测温图谱

典型图谱	
图谱说明	220kV 隔离开关热像图，下转头接触有明显热点

续表

检测诊断要点	高负荷期间检测可达到最优效果。以隔离开关转头（导电带）为检测重点，检测时按一般检测要求进行，热点温度分布以转头为最热点。热点温度与负荷电流大小关系明显，成正比	
分析方法	表面温度判断法、图像特征判断法、同类比较判断法	
缺陷类型判断	危急缺陷	热点温度大于 130℃，或温升不小于 95%
	严重缺陷	热点温度大于 90℃，或温升不小于 80%
	一般缺陷	温差不超过 15K，未达到严重缺陷的要求
缺陷类别	电流致热型	
原因分析	隔离开关转头接触不良或内部引流线断股、散股	
检修决策	停电检查，进行回路电阻测试，更换引流线，进行紧固处理	

表 7－3　隔离开关接线板过热红外测温图谱

典型图谱	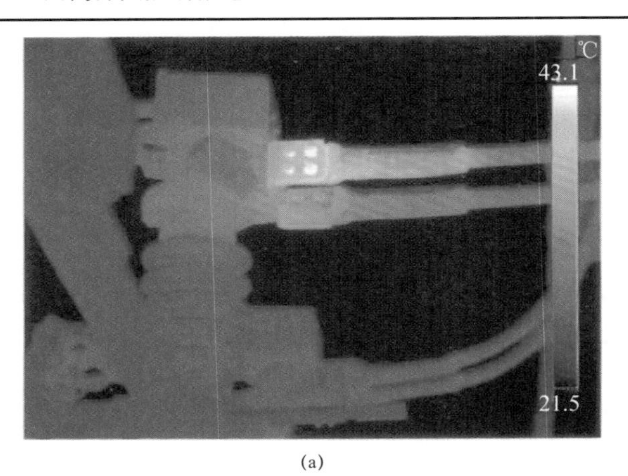 (a)
	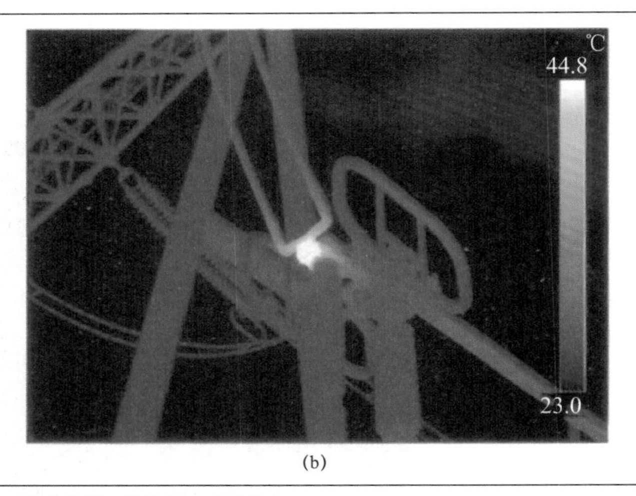 (b)
图谱说明	(a) 35kV 隔离开关热像图，接线板有明显热点； (b) 500kV 隔离开关热像图，接线板有明显热点
检测诊断要点	高负荷期间检测可达到最优效果。以隔离开关接线板为检测重点，检测时按一般检测要求进行，热点温度分布以接线板为最热点。热点温度与负荷电流大小关系明显，成正比

续表

分析方法	表面温度判断法、同类比较判断法	
缺陷类型判断	危急缺陷	热点温度大于 130℃，或温升不小于 95%
	严重缺陷	热点温度大于 90℃，或温升不小于 80%
	一般缺陷	温差不超过 15K，未达到严重缺陷的要求
缺陷类别	电流致热型	
原因分析	隔离开关接线板接触不良	
检修决策	停电检查，进行回路电阻测试。确认缺陷后进行打磨、紧固处理	

表 7-4　支持绝缘子增爬裙温度异常红外测温图谱

典型图谱	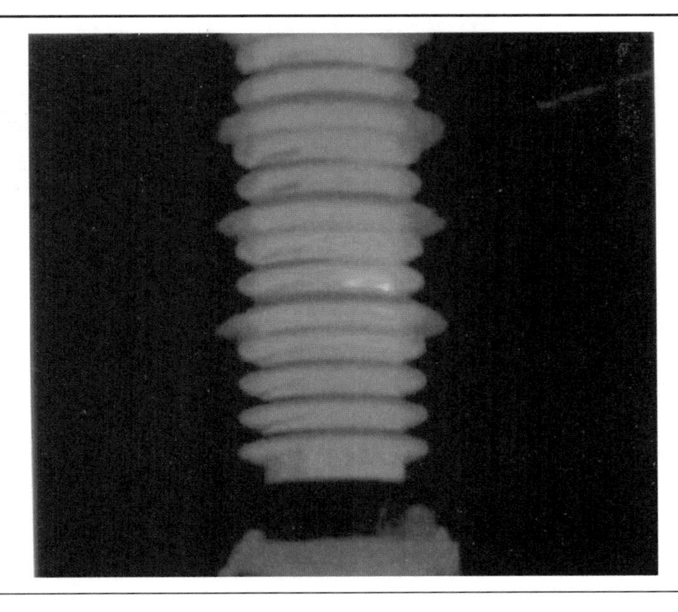	
图谱说明	110kV 热像图，增爬裙与瓷套结合部有点状热点	
检测诊断要点	干燥季节后小雨（雾）初期进行检测可达到最优效果。检测时按精确检测要求进行，调节电平下限为支持绝缘子本体温度，温宽范围为 3～8K，分析时注意排除均压表面污秽引起发热的原因	
分析方法	同类比较判断法	
缺陷类型判断	危急缺陷	
	严重缺陷	热点数大于增爬裙数的 1/3
	一般缺陷	
缺陷类别	电压致热型	
原因分析	增爬裙黏接处黏接工艺不良，在表面形成放电，在电压作用下发热	
检修决策	停电检查，确定缺陷原因后进行重新黏接	

表 7-5　　支持绝缘子表面温度异常红外测温图谱

<table>
<tr><td>典型图谱</td><td colspan="2">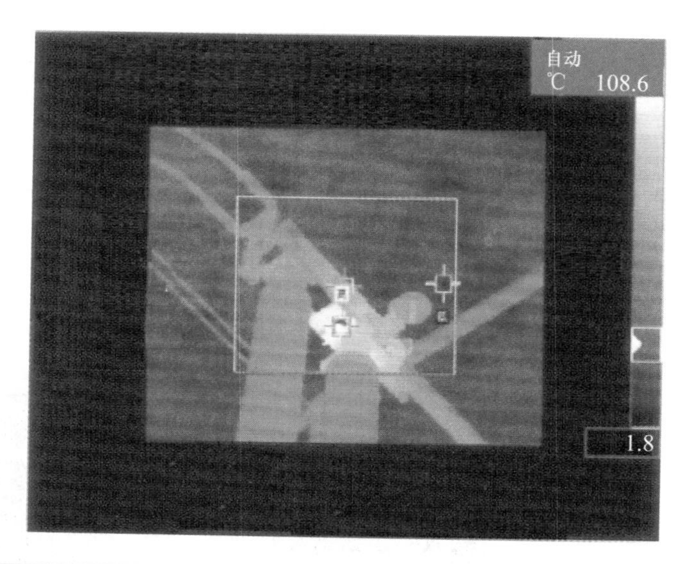
</td></tr>
<tr><td>图谱说明</td><td colspan="2">220kV 隔离开关调节连杆发热</td></tr>
<tr><td>检测诊断要点</td><td colspan="2">高负荷期间检测可达到最优效果。以导电接线座处调节连杆、软连接及其螺栓为检测重点，检测时按一般检测要求进行，热点温度与负荷电流大小关系明显，成正比</td></tr>
<tr><td>分析方法</td><td colspan="2">表面温度判断法、图像特征判断法、同类比较判断法</td></tr>
<tr><td rowspan="3">缺陷类型判断</td><td>危急缺陷</td><td>热点温度大于 130℃，或温升不小于 95%</td></tr>
<tr><td>严重缺陷</td><td>热点温度大于 90℃，或温升不小于 80%</td></tr>
<tr><td>一般缺陷</td><td>温差不超过 15K，未达到严重缺陷的要求</td></tr>
<tr><td>缺陷类别</td><td colspan="2">电流致热型</td></tr>
<tr><td>原因分析</td><td colspan="2">下导臂软连接与下导臂及导电接线座的接触面氧化，或固定螺栓松动，造成负荷电流经导电臂的调节连杆分流使其发热</td></tr>
<tr><td>检修决策</td><td colspan="2">调节连杆为钢构件，长期通流过热时将使其强度发生改变，在隔离开关分合受力的过程中可能断裂。结合停电处理软连接接触面、更换调节连杆，同时对导电带等螺栓紧固力矩进行校验。加强运行设备红外测温工作可尽早发现发热类缺陷</td></tr>
</table>

7.2　隔离开关回路测试技术

电力设备的回路电阻是表征导电回路的连接是否良好的重要参数，其值的大小直接影响正常工作时的载流能力和短路电流的切断能力。回路电阻有规定的取值范围，当超出规定取值范围时，可能是导电回路中存在接触不良。在大电流运行时，若连接处接触不良会导致局部温升增高，严重时甚至引起恶性循环造成氧化烧损。回路电阻测试仪在测量时，由高频开关电源输出 100A 或更大的电流，施加于被测电阻的两个端钮之间，通过采样电路采集电流流过被测电阻所产生压降，再通过欧姆定律即可测得被测物体阻值。

7.2.1　回路电阻测试技术的基本概念

（1）回路电阻测试仪。用于测量开关、断路器、变压器等设备的接触电阻、回路电阻的专用测试设备，其测试电流为 100A 或更大的直流电流，也被称为接触电阻测试仪。

（2）四线制。通过输出一个直流电流，施加于被测体的两个端钮之间，并通过另外两个端钮测量电流流过被测体所产生的压降，然后通过电压和电流之比得出被测体的直流电阻值。

（3）准确度等级。回路电阻测试仪的准确度等级根据与测试仪电阻示值有关的系数 a 大小来划分，共分为 0.2 级、0.5 级、1.0 级、2.0 级四个级别。

（4）绝对误差、相对误差。绝对误差是测量结果与真值之差，绝对误差 = 测量值 − 真值；相对误差为绝对误差与被测量值之比，常用绝对误差与仪表示值比表示。其中：

绝对误差为 Δ ——用绝对误差的形式表示的最大允许误差：

$$\Delta=\pm(a\%R_{\mathrm{x}}+b\%R_{\mathrm{m}})$$

相对误差为 r ——用相对误差的形式表示的最大允许误差：

$$r=\pm\left(a\%+b\%\frac{R_{\mathrm{m}}}{R_{\mathrm{x}}}\right)$$

式中　R_{x} ——测试仪电阻示值；

R_{m} ——测试仪满量程值；

a ——与测试仪电阻示值有关的系数；

b ——与测试仪满量程值有关的系数。

（5）分辨力。电阻仪能有效辨别地显示示值间的最小差值。与对应的量程相适应，小于准确度等级的 1/10。

（6）工作电流。回路电阻测试仪的最小额定工作电流应大于或等于 100A。

（7）额定工作电流的维持时间。回路电阻测试仪在测量范围内，在规定的参比条件下，额定工作电流为 100A 时，电流的维持时间不应低于 1min。额定工作电流大于 100A 时，维持时间可以相对减少，按照等功率的原则，时间为

$$t\geqslant\frac{100\mathrm{A}}{I}\times60\mathrm{s}$$

7.2.2　隔离开关回路电阻测试标准

隔离开关回路电阻测试标准如下：

（1）测试结果不应大于出厂值的 1.2 倍。

（2）采用电流不小于 100A 的直流压降法。

（3）应对含接线端子的导电回路进行测量。

（4）如果主回路很长（＞126kV）的隔离开关的回路电阻与试验前相比增加了不止 10%，则需要补充进行触头和可动连接上的电阻测量。隔离开关这些部件的任何一个电阻增加不应大于 20%。

7.2.3 回路电阻检测方法

隔离开关的回路电阻检测方法主要依据 DL/T 596—2005《电力设备预防性试验规程》、JJG 1052—2009《回路电阻测试仪、直阻仪检定规程》和 DL/T 845.4—2004《电阻测量装置通用技术条件　第 4 部分：回路电阻测试仪》进行测定。

回路电阻测试仪采用典型的四线测量法，如图 7–3 所示。通过恒流源输出一个直流电流，施加于被测体的端钮之间，测量电流流过被测体所产生的压降，然后通过采集到的电压与恒流源输出电流之比得出被测体的直流电阻值。

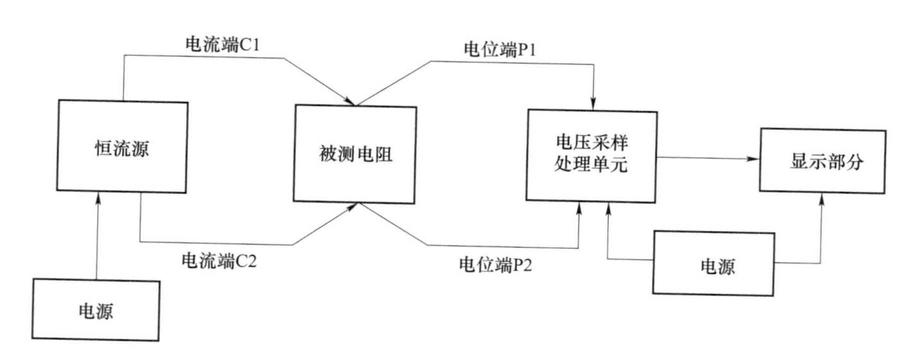

图 7–3　四线测量法

测量时，由高频开关电源输出 100A 或更大的电流，施加于被测电阻的两个端钮之间，通过采样电路采集电流流过被测电阻所产生压降的模拟信号，经前置放大器放大后，由 A/D 转换器将模拟信号转换成数字信号，再经微处理器对数据进行滤波、运算、处理，根据串联电路电流处处相等的原理，通过欧姆定律 $R=U/I$，由负载两端的压降 U 和回路中的电流 I 之比得出被测体的直流电阻值。

四线测量法的局限：

（1）所测得的回路电阻为整个隔离开关的电阻，包含了线夹、导电臂、触指触头等多个部分，并不是触指接触部分的接触电阻，不能精确反应每个触指的接触电阻变化。

（2）隔离开关的几对触指中只要有一对接触良好，回路电阻仍可能合格，无法及时发现夹紧力不足的缺陷。试验证明，4 对触指的触头，当其中 2 对触头夹紧力为 0 时，其回路电阻与正常时相比仅差 7μΩ，因此仅靠回路电阻测量无法证明触指的夹紧力是否良好。

（3）无法发现触指虽接触但弹簧提供的压力已处于临界值的情况。

7.2.4 检测类别及要求

根据 DL/T 845.4—2004《电阻测量装置通用技术条件　第 4 部分：回路电阻测试仪》的规定，回路电阻测试仪使用环境条件如下：

（1）供电电源：AC 220×（1±10%）V；50×（1±5%）Hz；

（2）使用温度：0～40℃；

（3）使用湿度：不大于 90%。

7.2.5　主要回路电阻测试仪器——HLC 系列

1. HLC 系列回路电阻测试器部件说明

图 7–4、图 7–5 为 HLC5501、HLC5501A 、HLC5502 前面板、侧面板示意图，图 7–6 为 HLC5506 前面板示意图。

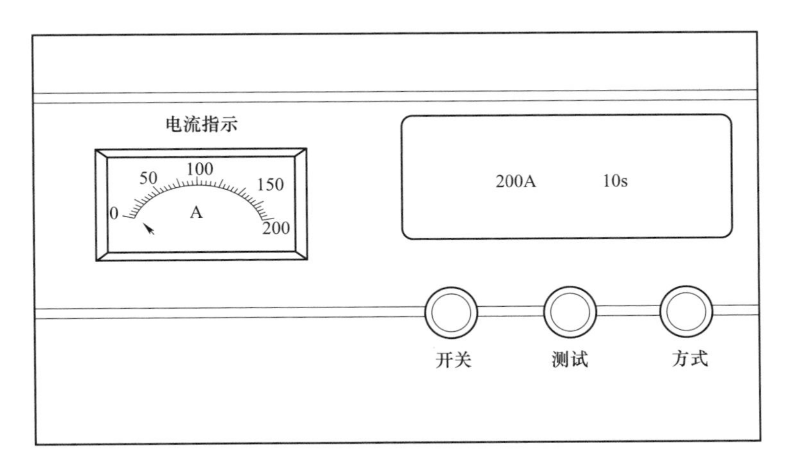

图 7–4　HLC5501、HLC5501A、HLC5502 前面板示意图

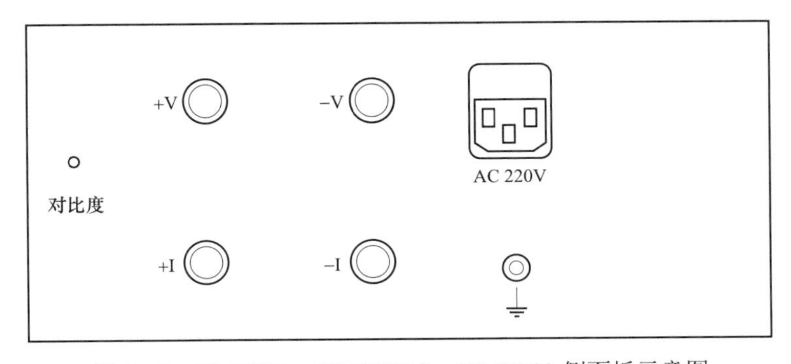

图 7–5　HLC5501、HLC5501A、HLC5502 侧面板示意图

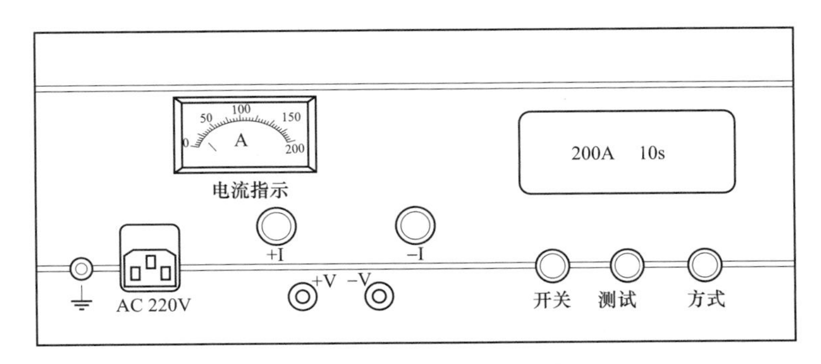

图 7–6　HLC5506 前面板示意图

液晶屏：工作状态及测试值指示。

电流指示：测试电流指示。

开关：电源开关。

测试：测试开始/测试结束键。

方式：选择测试方式。

AC　220V：外接 AC 220V 电源插座（内含熔断器管）。

±：仪器接地端。

+V　– V：电流端子。

+V　– V：电压端子。

对比度：调节液晶屏显示对比度。

2. 技术指标

HLC 系列技术指标见表 7–6。

表 7–6　　HLC 系列技术指标

型号	HLC5501、HLC5501A	HLC5502	HLC5506
测试电流	100A	100A、200A	100A、200A、400A、600A
测试范围	100A：0～20mΩ	100A：0～20mΩ 200A：0～10mΩ	100A：0～20mΩ 200A：0～10mΩ 400A：0～2mΩ 600A：0～2mΩ
测试时间	10s、60s		
准确度	±（0.5% × R + 2μΩ）		
最小分辨率	0.1μΩ		
外形尺寸	300mm × 170mm × 320mm		440mm × 400mm × 188mm
质量	7kg		18kg

3. 使用条件

环境温度：0～40℃。

环境相对湿度：≤80%。

工作电源：AC 198～242V。

电源频率：50±1Hz。

4. 使用说明

（1）接电源线仪器接地端可靠接地。按图 7–7 所示的四线法测量原理接线，用随机配套测试线连接试品及仪器，测试线钳口端接试品，插片端接仪器 +I 、 –I 、 +V 、 –V 接线柱。其中，电流端子 +I 、 –I 为粗线，电位端子 +V 、 –V 为细线。在个别感应电特别强烈的场合，建议在接测试线前先将试品一端可靠接地。

（2）电源开关置开，仪器进入测试电流及测试时间选择状态。开机后的默认状态 HLC5501、HLC5501A 为测试电流 100A，测试时间 10s；HLC5502 为测试电流 200A，测试时间 10s；HLC5506 为测试电流 600A，测试时间 10s。

（3）按方式键，液晶屏循环显示界面如图 7－8 所示。

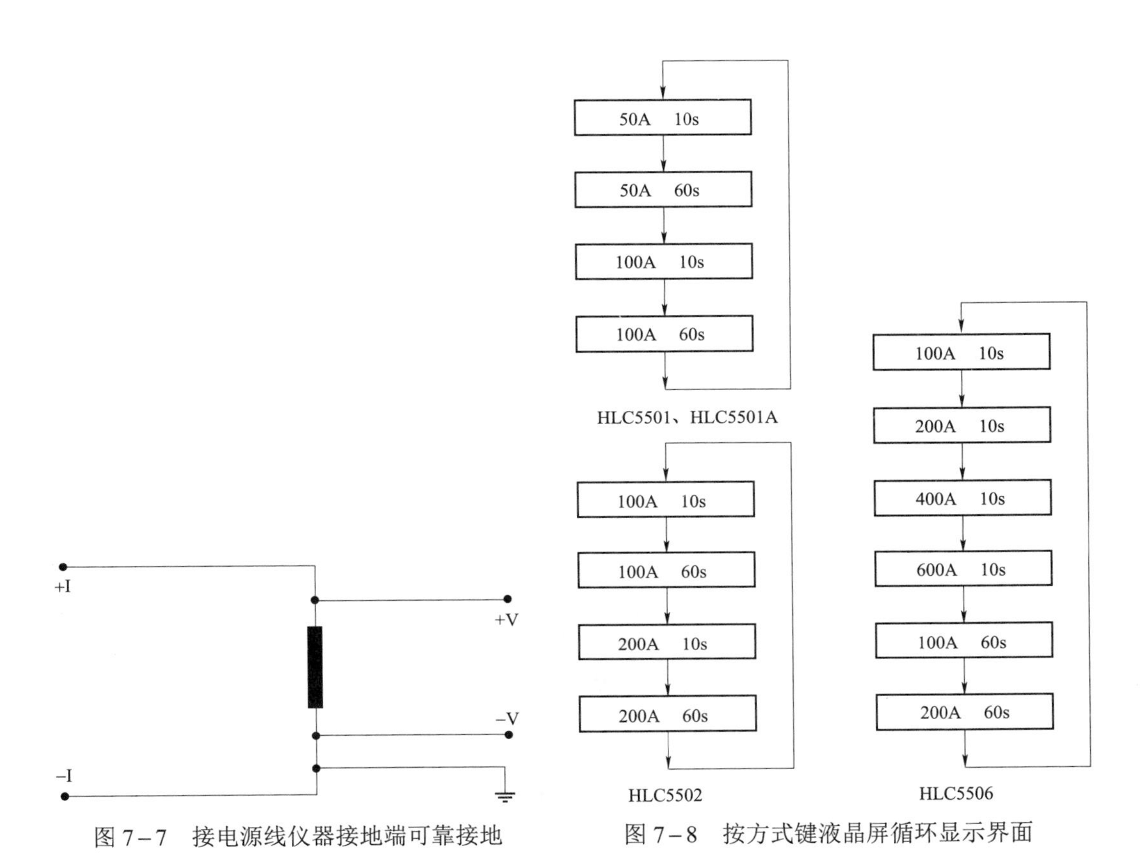

图 7－7　接电源线仪器接地端可靠接地　　　图 7－8　按方式键液晶屏循环显示界面

按方式键可选择测试电流及测试时间，上述方框内前面代表测试电流，后面代表测试时间。

（4）按测试键测试开始，液晶屏显示界面如图 7－9 所示。

正在测试 1s

图 7－9　按测试键测试开始液晶屏显示界面

上框右下标代表测试计时，电流表指示测试电流，随后液晶屏显示试品阻值，当测试时间达到 10s 或 60s 后测试完成，仪器自动关闭测试电源，液晶屏闪烁显示试品阻值。测出数据后，测试时间未达到 10s 或 60s，按测试键可中断仪器测试。

（5）液晶屏闪烁显示一段时间后，仪器重新进入工作方式选择状态。在液晶屏闪烁显示阻值期间，方式及测试按键无效。

（6）测试完毕后电源开关置关，拆除电源线及测试线。

5. 常见故障及处理办法

（1）按测试键后断熔断器：恒流电源故障。

（2）仪器显示：故障一。

处理办法：

1）电流回路不通，检查测试线及钳口；

2）试品电阻过大或测试线太细造成测试电流达不到选定的测试电流值；

3）恒流电源故障；

4）仪器工作时间过长，内部电源热保护，请关机一段时间。

（3）仪器显示：故障二。

处理办法：

1）+V 、-V 线未接好；

2）试品超量程；

3）液晶显示不清晰或无显示内容，请调节对比度电位器。

7.2.6 典型回路电阻测试过大案例

典型回路电阻测试过大案例见表 7-7～表 7-9。

表 7-7　隔离开关错误涂抹导电膏

典型图片	 （a）  （b）
图片说明	（a）隔离开关静触头涂抹导电膏方式不正确； （b）隔离开关静触头附着黄色的熔渣
回路电阻测试结果	隔离开关整组回路测试达 15mΩ，远超说明书规定要求

续表

原因分析	导电膏在动、静触头涂抹过多，干结后在触头间形成污垢层，由于导电膏含有油脂成分，运行一段时间在其表面迅速积尘，随着导电膏干枯，在导电接触面上形成污垢，导致隔离开关动、静触头不能有效接触
检修决策	（1）停电处理，触头打磨，规范导电膏使用； （2）对烧蚀严重的触头进行更换； （3）加强触头测温工作

表 7－8　　隔离开关导电杆抱夹尘土腐蚀

典型图片	 （a） 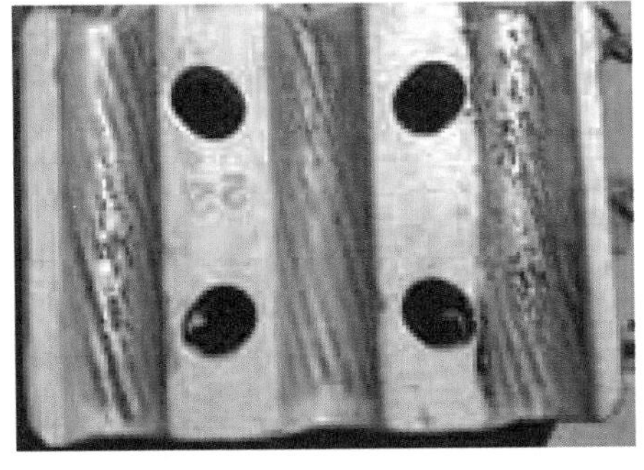 （b）
图片说明	（a）隔离开关静触杆抱夹钢芯铝绞线内积存大量泥土； （b）隔离开关静触头抱夹表面积存大量泥土
回路电阻测试结果	隔离开关整组回路测试达 894μΩ，远超说明书规定要求
原因分析	尘土进入铝绞线与静触杆抱箍接触面，对接触表面造成腐蚀。原因为尘土中含有水溶性盐，其溶液构成电解液从而导致金属腐蚀。腐蚀机理为： （1）尘土水溶性成分含有大量 K^+、Na^+、Ca^{2+}、Mg^{2+}、Cl^-、HCO_3^- 等离子，酸根离子的存在造成接触表面腐蚀； （2）尘土具有吸附作用，会吸附空气中的水及有害气体，相当于起着“加速腐蚀”的作用； （3）尘土腐蚀与大气腐蚀协同作用破坏接触表面
检修决策	（1）停电处理，触头打磨，必要时在抱箍导线凹槽涂抹一薄层导电膏起密封作用； （2）对腐蚀严重的触头进行更换； （3）加强触头测温工作

表 7-9　　隔离开关铝接线板腐蚀

典型图片	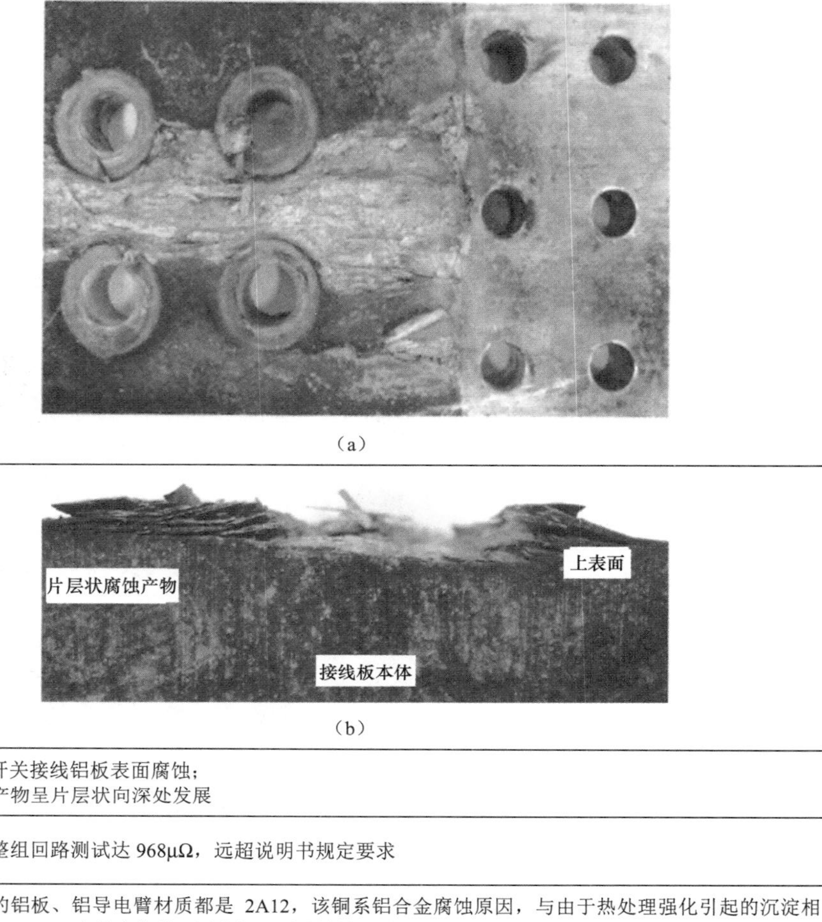 （a） （b）
图片说明	（a）隔离开关接线铝板表面腐蚀； （b）腐蚀产物呈片层状向深处发展
回路电阻测试结果	隔离开关整组回路测试达 968μΩ，远超说明书规定要求
原因分析	发生腐蚀的铝板、铝导电臂材质都是 2A12，该铜系铝合金腐蚀原因，与由于热处理强化引起的沉淀相 $CuAl_2$ 析出、Al-Cu 电极电位差、压力加工后晶粒的层片状取向有关。接线板表面污垢中的 Cl^-、S^{2-}等酸性腐蚀离子，加速了铝板表面防护层细微裂纹等薄弱处的破坏并渗入基体，在有 $CuAl_2$ 沉淀相析出的晶界部位形成电化学腐蚀，造成低电极电位的贫铜晶界腐蚀，腐蚀产物由于组织疏松，体积膨胀后将表面拱起胀裂，失去表层防护的基体由于腐蚀介质的大量渗入，最终造成金属大面积的破坏和大量的层片状剥落
检修决策	（1）更换，将此类设备材质更换为耐腐蚀性能更优的 Al-Mg 系或 Al-Mg-Si 系铝合金； （2）短期内不易更换的轻微腐蚀材质可全涂二硫化钼以进行密封； （3）加强接线板处测温工作

7.3　隔离开关镀锌层测厚技术

根据变电站建设中的节能、环保、抗震、标准化的要求，钢结构作为一种新型建筑材料凭借其在使用功能、材料性能、受力特点、设计、施工工艺和工期、环保节能以及综合经济等方面的优越特性，逐步取代了钢筋混凝土结构，成为变电站建筑发展的一个新方向，其中隔离开关支柱现在也大部分采用钢结构。但是钢材耐腐蚀性较差，钢结构的腐蚀带来巨大的安全隐患，目前隔离开关支柱钢结构基体通常采用热镀锌的方法来达到防腐目的。

对热镀锌层的厚度检测主要有取点检测法和微观金相法两种，现场验收检查大部分都采用取点检测法。使用取点检测法的大多数仪器都具有磁感应法测厚和电涡流法测厚两种功能。磁感应法测厚即根据测厚仪中的霍尔效应发生器或磁控电阻器检测磁铁磁通量的变化来测定涂层的厚度；涡流检测技术则通过涡流原理检测线圈阻抗的大小变化，再将这种变化转换成电流值或电压值的大小来进行显示，最后对其进行厚度标定就可以测量材料的涂层厚度。

7.3.1　覆层测厚的基本概念

（1）涂层厚度。附着在本体结构的镀层的厚度，是衡量电镀层品质的重要指标之一。它直接影响镀件的耐蚀性、装配性、导电性甚至产品的可靠性。

（2）微观金相法。通过对经侵蚀后金属或合金微观组织的观察和分析（即金相分析技术）来预测和判断金属的性能，此过程即微观金相法。

（3）钢结构。由钢制材料组成的结构，已成为变电站内做支撑承载的主要结构。

（4）重腐蚀环境。符合 GB/T 19292.1《金属和合金的腐蚀　大气腐蚀性　第 1 部分：分类、测定和评估》规定的大气腐蚀性等级为 C4、C5 的环境。

（5）晶间腐蚀。沿着金属的晶粒边界发生的局部选择性腐蚀。

（6）无损检测。在不损伤构件性能和完整性的前提下，检测设备及部件的某些物理性能和组织状态，以及查明其表面和内部各种缺陷的技术。

7.3.2　隔离开关镀锌层厚度标准

隔离开关碳钢部件宜采用热浸镀锌，镀锌层厚度应符合表 7-10 的规定。

防护罩、设备壳体、箱体等外部设备宜采用热浸镀锌钢、铝合金、不锈钢或其他耐蚀材料，热浸镀锌厚度应符合表 7-10 的规定，铝合金表面宜做阳极氧化并封闭处理，对腐蚀等级高于 C5 且有特殊要求的外部设备，宜选用 18-8 不锈钢，且应做钝化处理，或选用耐蚀铝合金。

紧固件表面镀层宜与被连接部位的镀层相同。腐蚀等级为 C1、C2、C3 时，紧固件表面宜进行电镀锌等表面处理工艺，电镀层的厚度不应小于 5μm，并应做铬酸盐钝化处理。腐蚀等级为 C4、C5 时，宜使用热浸镀锌紧固件，厚度应满足表 7-10 的要求。

表 7-10　　不同腐蚀等级下的镀锌层厚度

部件类别	尺寸规格	腐蚀等级	最小平均厚度μm
一般结构件	厚度≥5mm	C1、C2、C3	86
		C4、C5	120
	2mm≤厚度<5mm	C1、C2、C3	65
		C4、C5	86
	厚度<2mm	C1、C2、C3	55
		C4、C5	65
绝缘子金属附件	—	C1、C2、C3	90
		C4、C5	100

续表

部件类别	尺寸规格	腐蚀等级	最小平均厚度μm
受装配精度限制的传动件和连接件	—	C1、C2、C3	55
		C4、C5	65
螺栓紧固件	直径≥20mm	C1、C2、C3	55
		C4、C5	60
	6mm≤直径<20mm	C1、C2、C3	45
		C4、C5	55
	直径<6mm	C1、C2、C3	25
		C4、C5	45

7.3.3 覆层厚度检测方法

隔离开关的镀锌层检测方法主要依据GB/T 13912—2002《金属覆盖层　钢铁制件热浸镀锌层技术要求及试验方法》、DL/T 646—2012《输变电钢管结构制造技术条件》。

1. 磁性法

以探头对磁性基体磁通量或互感电流为基准，利用其表面的非磁性覆盖层（如Al、Zn或化学保护层）的厚度不同，对探头磁通量或互感电流的线性变化值来测定覆盖层的厚度。

根据所使用探测头的不同，磁性法测厚可分为磁吸力测厚和磁感应测厚。磁吸力测厚就是测量永磁铁探测头与导磁基体之间的吸力大小，从而获得两者之间的距离（覆盖层厚度）；磁感应测厚就是利用探测头（绕有感应线圈）经过非铁磁覆盖层而流入导磁基体的磁通大小来测定覆盖层厚度，覆盖层越厚，磁通越小。

适用范围：磁性法适用于磁性金属基体上非磁性覆盖层或化学保护层的厚度测量，此测量方法已有诸多标准可借鉴。该方法的主要测量对象为磁性金属基体上的油漆、搪瓷防护层、各种防腐涂层、涂料、粉末喷涂、塑料、橡胶、合成材料、磷化层和各种有色金属电镀层等。由于磁性法较为简便，磁性测厚仪较为简单，因此，对磁性金属基体上非磁性覆盖层或化学保护层的厚度测量大多采用此法。

方法局限：

（1）基体金属本身某些因素的影响，如厚度、磁性、曲率、表面粗糙度、机械加工方向和剩磁等。

（2）覆盖层本身某些因素的影响，如厚度、导电率、表面粗糙度等。

（3）外来因素的影响，如周围磁场和外来附着物等。

（4）测量技巧的影响，如探头压力、探头取向和边缘效应等。

2. 涡流法

在高频交流电的作用下，探头内高频电流线圈将产生一个电磁场，当探头靠近导电的金属体时，在金属体内会形成涡流，此涡流产生的磁场又反作用于探头内线圈，令其阻抗变化。随基体表面覆盖层厚度（探头与基体金属表面的间距）的改变，反作用于探头线圈的阻抗也发生相应改变。由此，测出探头线圈的阻抗值就可间接反映出覆盖层的厚度。

涡流法测厚与磁性法测厚的电原理基本相同，其主要区别在于：

（1）使用的测量探头不同；

（2）测试电流的频率大小不同；

（3）所测信号大小、标度关系不同；

（4）适用测量对象不同。

适用范围：涡流法主要适用于非磁性金属基体上非金属覆盖层的厚度测量，现已制定了多项技术标准。采用电涡流原理的测厚仪，原则上可用于所有导电体上的非导电体覆盖层厚度的测量。

方法局限：

（1）测量厚度有限。当覆盖层厚度大于 25μm 时，其误差与覆盖层厚度近似成正比。

（2）基体金属最小厚度。基体金属必须有一个给定的最小厚度，使探头的电磁场能完全包容在基体金属中，最小厚度与测量仪的性能及金属基体的性质有关。

（3）基体电导率。基体金属的电导率对测量有影响，它与基体金属材料成分及热处理方法有关。

（4）边界间距。如果探头于被测体边界、空眼、空腔和其他截面变化处的间距小于规定的边界间距时，由于涡流载体截面不够将导致测量误差。

（5）基体表面曲率。受检物件表面曲率与对比试样表面曲率的差异。

（6）表面粗糙度。不论是基体或是覆盖层，表面越粗糙或表面杂质越多，测量值就越不可靠。

（7）外界恒磁场、电磁场和基体剩磁。测量时，有干扰作用的外界恒磁场、电磁场和基体剩磁或多或少会导致测量误差。

（8）覆盖层材料中的铁磁成分和导电成分。覆盖层存在某些铁磁成分和导电成分时，也会对测量值产生影响。

3. 微观金相法

通过对经侵蚀后金属或合金微观组织的观察和分析（即金相分析技术）来预测和判断金属的性能。

磁性法和涡流法涂层测厚测得的数据只是随机测量的一些数值，对于把握其镀锌层的厚度变化趋势以及变化范围无能为力；而从微观金相法所得的照片中，可以清晰地分辨出镀层与基体的界限，能够非常直观地显示出镀层厚度的变化过程以及两侧边界线的走向，能够得到连续变化的镀锌层厚度值；微观金相法可以实现一定长度范围内的镀锌层厚度的精确测量，这对镀锌层厚度不均匀程度的描述具有很大的帮助。

7.3.4　主要镀锌层测厚仪器——FMP 型

FMP 型测厚仪主要有三种型号：DELTASCOPE FMP10（电磁感应原理测厚）、ISOSCOPE FMP10（涡流原理测厚）、DUALSCOPE FMP20（电磁感应原理、涡流原理测厚）。

1. FMP 型测厚仪配置及功能部件说明

FMP 型测厚仪主要由仪器和探头组成，探头包括主探头及其后数据线，结构比较简单。

仪器部分包括 LCD 显示屏、功能及开关键、探头连接口、橡胶垫、支架、电池仓等，其各功能部件如图 7－10 所示。

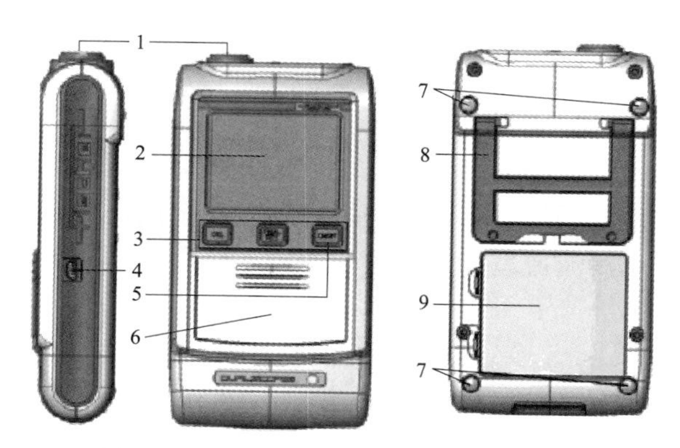

图 7－10　FMP 型测厚仪配置及功能部件

1—探头连接口；2—LCD 显示屏；3—直接检索功能键；4—连接计算机的 USB 端口；5—开启或关闭仪器的开关键；6—按键保护盖；7—防滑橡胶垫；8—可折叠仪器支架；9—电池仓

开机后，其 LCD 屏显示界面如图 7－11 所示。

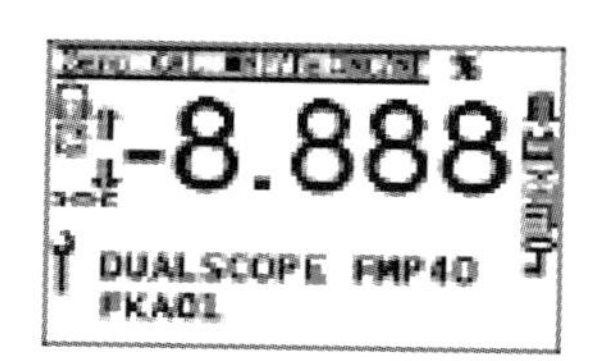

图 7－11　FMP 型测厚仪开机界面

其中，各图标含义见表 7－11。

表 7－11　　各 图 标 含 义

图标	含　义
Zero	进行归零化
CAL	进行校准
■NF/Fe	正在用磁感应法测量
□NC/NF	正在用电涡流法测量
	选用限制操作模式
	选用“连续”显示模式
-8.8.8.8	测量数据、错误提示、警告

续表

图标	含　义
MS/m μm % mils mm FN	显示数值的测量单位
	需更换电池或充电
	正在处理数据
...SCOPE ... FKA..	仪器型号

按键功能见表 7–12。

表 7–12　　按　键　功　能

按键	功　能
DEL	删除/返回/取消
FINAL–RES	统计整个应用程式
ON/OFF	电源开关
ZERO	归零
CAL	校准
∧	转换　在调校过程中，连续按住 3s，快速增加数值
∨	转换　打开“连续测量”模式，在调校过程中，连续按住 3s，快速减小数值
SEND	输出
ENTER	确认键　连续按 5 次，打开配置程序，屏幕显示“157”，按∧至“159”，按 ENTER 进入

2. FMP 型测厚仪操作

（1）安装电池。

（2）安装探头。安装探头前务必关机，安装探头时不要装上或取下电池，避免电压突变。探头连接部有暗槽，将它与主机探头接口对准，插入后旋转不锈钢螺母，旋紧即可。

（3）开关机。按 ON/OFF 键开机，屏幕显示全符号。稍后进入测量界面，测量界面中各符号及含义见表 7–13。

表 7–13　　测量界面中各符号及含义

符号	含　义
[μm] 或 [mm] 或 [mils]	当前使用的测量单位
[Appl]	当前打开的应用程式序号
[Thickn]	说明该仪器的用途是测量镀锌层厚度

续表

符号	含　　义
[Blck]	数据组序号
[n=]	当前数据组内的测量数据个数
[■NF/Fe]	正在用磁感应法测量
[□NC/NF]	正在用电涡流法测量
[NF/Fe NC/NF]	机型为两用模式（即可以在磁感应法也可以在电涡流法下工作）
[■NF/Fe NC/NF]	机型为两用模式，现在在磁感应法测量下工作
[NF/Fe □NC/NF]	机型为两用模式，现在在电涡流法测量下工作

默认情况下，机器打开后，5min 内没有任何操作，仪器会自动关机以节省电力。

（4）设置仪器和探头。当仪器开机后，会遇到下面数种情况：当仪器和连接探头仪器识别，并有可用的应用程式时，屏幕上显示测量界面，在屏幕上方的测量方法标记没有闪烁，在这种情况下，可以开始进行测量；当仪器不能识别探头时，屏幕会出现“W006 探头更改!”，这时需要指派新的探头。

1）指派新探头。

a. 关闭电源。

b. 接上新探头。

c. 开机，若探头第一次和主机连接，则屏幕显示见表 7-14。

表 7-14　　液晶显示屏信息介绍

按键操作	液晶显示屏信息	介　　绍
	W 006 Probe changed !	开机后，如果当前探头不是仪器上一次使用时的探头，就会跳出这条警告信息。然后，在测量界面上方的测量标记闪烁
	Assign new probe? FD10 Yes:DEL No:ENTER	‘指派新的探头？’ “FD10”：连接着的探头型号 如按 DEL 键：开始指派新的探头 如按 ENTER：不指派新探头，在测量界面上方的测量标记闪烁
DEL	Delete measure ? Yes:DEL No:ENTER	‘删除测量数据？’ 如按 DEL 键：所有测量数据被删除，当前所有应用程式都会被指派为新探头。 如按 ENTER：不指派新探头，放弃并回到测量界面，在界面上方的测量标记闪烁
	ZERO CAL μm 0.00 s= 0.00 n= 0 Base material (Fe)	测量底材，做归零化或者调校。 如果只有‘ZERO’出现，则只进行归零化即可。 按 ENTER：跳过归零化，只进行调校。 按 DEL 两次：现存的调校被删除。 按 CAL 键：取消所有归零化和调校操作

2）归零。归零是为应用程式建立一个测量零位，它会存储在主机内。测量中当用相同材质和形状的加工前工件作底材，形状或材质改变后需要重新归零/校准！当按下 ZERO 键时，开始做归零，屏幕会显示表 7－15 所示内容。

表 7－15　　　　归零操作时液晶显示屏信息

按键操作	液晶显示屏信息	介　　绍
ZERO	Zero µm 0.00 s= 0.00 n= 0 Base material (NF)	按 ZERO 键开始打开程式的归零化。ZERO 在归零化过程中始终在显示屏上出现。[S]：标准偏差；[n]：测量次数；[Base material（Fe/NF）]：测量底材是钢铁等磁性金属还是非铁金属。 按 ENTER 取消归零化
	Zero µm 0.72 s= 0.53 n= 5 Base material (NF)	在未镀镀层样品（基材）上进行测量。测量次数以说明书推荐次数为准。 所有读数平均值将显示。 一次 DEL 键：删除上一次测量； 两次 DEL 键：删除所有测量
ENTER	Normalization finished successfully! Continue: ENTER	‘归零化成功完成’ 确认完成归零化，点击 ENTER 确认。 PRINT：如打印机连接并开启则归零以打印格式输出
ENTER	µm Thickn. n= 0	新的计算曲线将自动完成并存储。仪器准备好进行测量

3）校准。校准是使用标准片和底材对仪器进行调校，使测量结果准确的方法，见表 7－16。

表 7－16　　　　校准操作时液晶显示屏信息介绍

按键操作	液晶显示屏信息	介　　绍
CAL	CAL µm 0.00 s= 0.00 n= 0 Base material (NF)	按 CAL 键开始打开程式校准。CAL 在归零化过程中始终在显示屏上出现。 [S]：标准偏差； [n]：测量次数； [Base material（Fe/NF）]：测量底材是钢铁等磁性金属还是非铁金属。 按 ENTER 键：取消归零化（先前保存的归零保持不变）。 按 CAL 键：取消校准（先前保存的校准保持不变）。 按 ZERO 键：开始‘镀层上的校准’功能

续表

按键操作	液晶显示屏信息	介　绍
	CAL μm -0.15 s= 0.16 n= 5 Base material (NF)	在未镀镀层样品（基材）上进行测量（归零）。测量次数以说明书推荐次数为准。 所有读数平均值将显示。 一次 DEL 键：删除上一次测量； 两次 DEL 键：删除所有测量； ENTER 键结束并保存归零结果
ENTER	CAL μm 0.00 s= 0.00 n= 0 CAL-rat.1:23.70 Entry: ∧∨	[Entry：∧∨]：用方向键设定标准片上的标称值。如果在测量完标准片后按∧或∨键可更快地输入标称值。 [CAL－rat.1：23.70]：输入标准片上的标称值。 点击 ENTER 键跳过校准操作
	CAL μm 23.4 s= 0.41 n= 4 CAL-rat.1:23.70 (NF)	在底材上放置标准片 1→进行几次测量，测量次数以说明书中规定次数为准
∧或∨		按∧，∨设置标准片的标称值厚度（一直按住数字会快速跳动）。 按 ENTER 结束并保存校准
ENTER		如有两片标准片，第二片标准片的使用方法与第一片相同。没有则按 ENTER 键结束校准。新的计算曲线将自动计算并保存
ENTER	Corrective cal. finished successfully! Continue: ENTER	确认校准程序已成功完成。 按 ENTER 键确认该信息。 PRINT：如打印机连接并开启则校准以打印格式输出

4）参考测量。使用参考测量来确认归零化或校准的有效性，即程式的准确性。在参考测量中，读数是从参照样品中获得的。如果这些读数的偏差超过了设定的容许值，使用该参照样品的归零化或校准操作应重新进行。

参照测量需要参照样品（与实际被测样品有相同的基材材料、镀层材料和形状）。

参照样品在接触测量过程中容易磨损。参照样品必须定期检验，如果磨损过大必须用新的参照样品替代。

5）测量统计。

a. 删除全部读数。

FINAL－RES－DEL－DEL。

b. 连续测量模式。连续测量模式下，读数将不会自动储存，但按 ENTER 键可以储存。

开启/关闭连续测量模式。

按∨键可开启/关闭连续测量模式。

连续测量模式开启后，屏幕上会有标志。

6）服务菜单。打开电源后，连续按 5 次 ENTER 键，进入密码输入界面，按∧键将“157”修改为“159”，ENTER 键进入高级服务配置界面，见表 7－17。

表 7－17　　高级服务配置界面

按键操作	液晶显示屏信息	介　绍
ON/OFF 5 × ENTER 键	157	ON/OFF 键开启仪器。在连续按 5 次 ENTER 键后，显示屏上出现标示号“157”
2 × ∧	159	按∧两次输入标识码 159。 按 ENTER 键确认进入
ENTER	System USB Device Mode Measurement Units Storage mode Master Calibration About...	显示服务设定菜单。 按方向键选择所需设定功能
DEL		按 DEL 键退出服务菜单设定。 仪器可以开始测量

可以调节仪器的各项设置，设置菜单见表 7－18（每款仪器可能略有不同）。

表 7－18　　设置菜单

服务菜单项	功能选项
系统	语言 对比 n s 后 自动关机 初始化
USB	空闲时发送
仪器模式	限制模式 模拟显示

7.3.5　镀锌层典型问题

镀锌层典型问题见表 7－19 和表 7－20。

表 7-19　　隔离开关构支架整体镀锌层厚度偏低

典型问题图片	
图片说明	隔离开关构支架整体镀锌层厚度偏低
问题说明	构支架镀锌层整体厚度为 56～63μm，不符合 GB/T 13912—2002《金属覆盖层　钢铁制件热浸镀锌层技术要求及试验方法》
检修决策	更换

表 7-20　　水平连杆镀锌层厚度偏低

典型问题图片	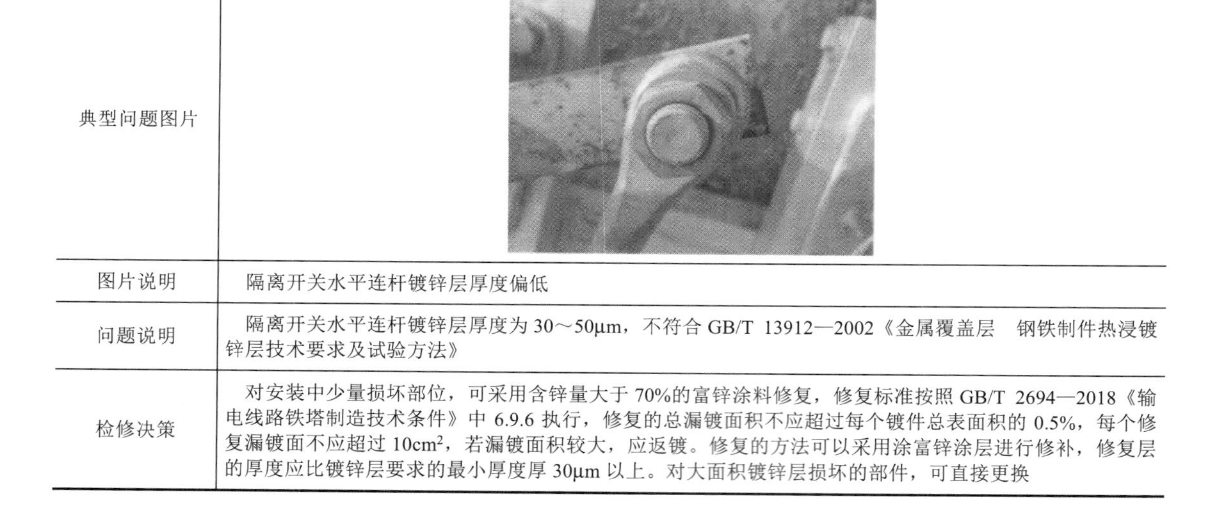
图片说明	隔离开关水平连杆镀锌层厚度偏低
问题说明	隔离开关水平连杆镀锌层厚度为 30～50μm，不符合 GB/T 13912—2002《金属覆盖层　钢铁制件热浸镀锌层技术要求及试验方法》
检修决策	对安装中少量损坏部位，可采用含锌量大于 70%的富锌涂料修复，修复标准按照 GB/T 2694—2018《输电线路铁塔制造技术条件》中 6.9.6 执行，修复的总漏镀面积不应超过每个镀件总表面积的 0.5%，每个修复漏镀面不应超过 10cm²，若漏镀面积较大，应返镀。修复的方法可以采用涂富锌涂层进行修补，修复层的厚度应比镀锌层要求的最小厚度厚 30μm 以上。对大面积镀锌层损坏的部件，可直接更换

7.4　隔离开关镀银层测厚技术

利用电镀、化学镀、渗镀、热浸镀、热喷涂、包镀等方法为金属基体赋予一层新的镀层，既可提高基体的硬度、耐磨性、耐腐蚀性，也可赋予材料表面某种特殊的功能特性如导电、导热、高反光性等，同时还具有美观装饰作用，因此镀层在当前工业生产实践中应用十分广泛。若镀层太薄，可能满足不了零部件表面性能的要求，达不到表面处理的目的；若镀层太厚，不仅造成材料的浪费，还会造成镀层内应力过大，降低了镀层的结合强度。因此，对镀层的测厚就显得尤为重要。目前，我国高压隔离开关制造厂家的铜触指表面采用的是电镀纯银技术，采用表面镀纯银是为了提高电导率，防止触头表面氧化，要求表面镀银层与基体结合力要强，保证一定的硬度与厚度。而对镀银层的测厚，现场一般采用 X 射线荧光测厚仪，它利用能量色散方法进行镀银层成分和厚度的检测。

7.4.1 镀银层测厚的基本概念

（1）能量色散光谱分析。利用不同元素的 X 射线光子特征能量不同进行成分分析。

（2）基体。在金属材料中，指主要相或主要聚集体，即复相合金的主要组分。在热喷涂工艺中，用来沉积热喷涂层的物体称为基体。按基体的功能，种类可分为纯元素、合金元素、其他（如陶瓷、ABS 等）。

（3）覆层。用各种方法制成的金属覆层的通称。

（4）测量时间。测量不确定度取决于时间，应选取足够时间以产生一个低的、可接受的不确定度。

（5）测量次数。测量不确定度部分决定于测量次数，增加测量次数可降低测量不确定度。假如测量次数增加 n 倍，则测量不确定度将降低$1/\sqrt{n}$。

7.4.2 隔离开关镀银层测试标准

DL/T 1424—2015《电网金属技术监督规程》中 5.2.1 规定镀银层：

（1）导电回路的动接触部位和母线静接触部位应镀银。

（2）镀银层应为银白色，呈无光泽或半光泽，不应为高光亮镀层，镀层应结晶细致、平滑、均匀、连续；表面无裂纹、起泡、脱落、缺边、掉角、毛刺、针孔、色斑、腐蚀锈斑和划伤、碰伤等缺陷。

（3）镀银层厚度、硬度、附着性等应满足设计要求，不宜采用钎焊银片的方式替代镀银。

（4）室内导电回路动接触部位镀银厚度不宜小于 8μm；室外导电回路动接触部位镀银厚度不宜小于 20μm，且硬度应大于 120HV；母线静接触部位镀银厚度不宜小于 8μm。

7.4.3 镀银层检测方法

镀银层厚度的测量方法较多，根据在测量过程中基体材料有无损坏分为有损检测法与无损检测法两大类。其中有损检测法有金相显微法、电解法、化学溶解法（点滴法、液流法、称量法）等多种，其中金相显微法是最直观、有效的检测方法，无损检测法有 β 射线法和 X 射线荧光法等。

（1）X 射线荧光测厚法。X 射线荧光测厚仪是一种基于能量色散方法的非破坏性定量分析仪器，其测量原理是由 X 射线管产生初级 X 射线照射在被分析的样品上，样品受激发而辐射出的二次 X 射线（X 荧光）被探测器接收，此二次辐射具有该样品材料的波长和能量特征，同时镀层厚度和二次辐射强度也有一定的关系，经多道分析及能谱分析处理后，计算被测样品的镀层厚度。该 X 射线荧光测厚仪测量速度快、精度高、对样品无破坏性，依据 JJF 1306—2011《X 射线荧光镀层测厚仪校准规范》进行校准。

（2）电解测厚法。根据镀层/基体类型选用适当的电解液，阳极溶解精确限定面积的表面镀层，通过电解池电压的变化测定镀层的完全溶解，镀层的厚度值通过电解所需时间及所消耗的电量计算得到。

（3）金相显微镜分析法。利用光学成像原理观察金相样品的形貌并照相，配合一定的图像分析软件可以用于测量金相样品中镀层或氧化层的局部厚度。

（4）扫描电子显微镜分析法。利用电子束扫描样品，通过电子束与样品的相互作用产生各种效应（主要是样品的二次电子和背散射电子发射），通过对二次电子或背散射电子信号的成像来观察样品的表面形态。将镀层样品制成金相样或利用一定的方法直接获得镀层的断面，即可利用扫描电子显微镜测量镀层厚度。

7.4.4 主要镀银层测厚仪器——X-MET8000

1. X-MET8000 便携式合金分析仪配置及功能部件说明

X-MET8000 便携式合金分析仪配置及功能部件说明如图 7-12 所示。

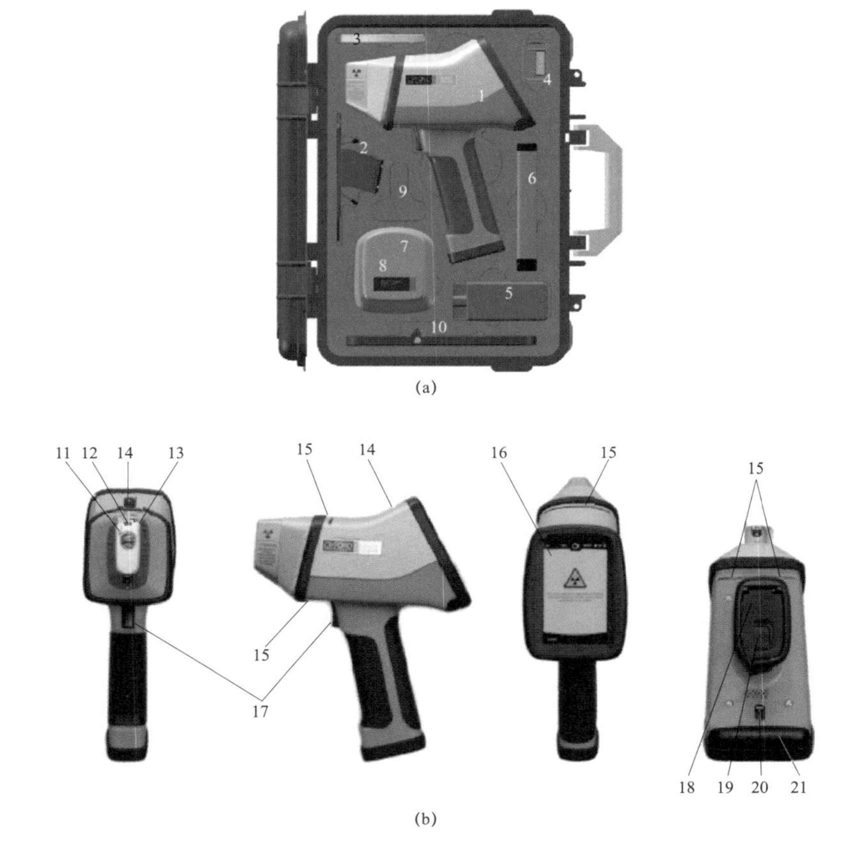

图 7-12　X-MET8000 便携式合金分析仪

（a）X-MET8000 合金分析仪及其附属组件；（b）X-MET8000 合金分析仪各侧视图

1—X-MET8000 系列分析仪；2—可选轻便辐射罩狭槽；3—可选背景板狭槽；4—电池充电器；5—电源和适配器；6—电池（2 块）；7—U 盘熔断器开关、控样和可选辐射罩；8—USB 缆线；9—系绳狭槽；10—灯架；11—测量窗口；12—接触窗口；13—表面热保护；14—电源开/关和主界面按钮；15—接触指示灯和指成 X 射线指示灯；16—触摸屏显示器；17—触发键；18—电池盖、电池盖内部标签；19—电池盖开关；20—系绳环；21—接口盖

2. X－MET8000 的基本操作

可以使用电源开/关、主界面按钮和触摸屏显示器来操作 X－MET8000 系列。触摸屏显示器包括可键入文本和数字的虚拟键盘。可以通过“菜单”屏幕和状态栏访问主功能和设置，并且可以显示“工具”菜单。

（1）电源开关和主界面按钮如图 7－13 所示。

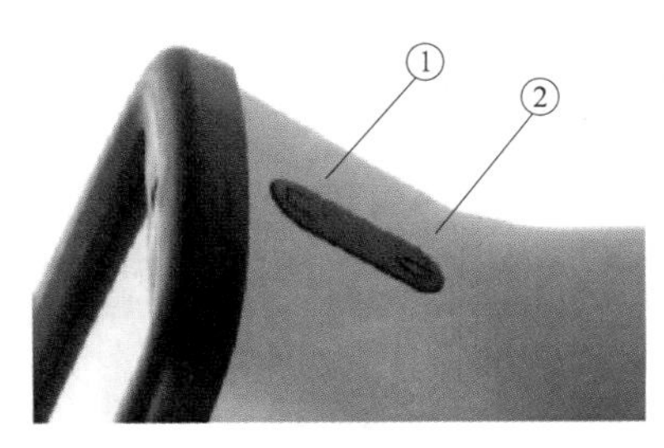

图 7－13　电源开关和主界面按钮

① 为主界面按钮，按主界面按钮，可立即退出当前屏幕并取消操作。X－MET8000 系列启动时，主界面按钮上的符号为亮白色。

② 为电源按钮，按住电源按钮 5s 可打开或关闭 X－MET8000 系列。X－MET8000 系列启动时，电源按钮上的符号为亮白色。

（2）触摸屏。可以通过点触、滑动、轻触来分别实现选中激活、向上或向下滚动列表、显示上一个或下一个屏幕。

（3）虚拟键盘。使用虚拟键盘将文本键入到文本框。点触“文本框”任意侧的箭头，可向左或向右移动指针。

（4）“菜单”屏幕。点触屏幕右下角的“菜单”，即会显示“菜单”屏幕。可以从这里使用 X－MET8000 系列的主要功能，如“主界面”“时间”“设置”“样品名称”“历史记录”“方法”等。

（5）“状态栏”。点触屏幕顶部状态栏后，将显示状态栏屏幕。此屏幕包括设置信息，并提供这些设置的快速访问。状态栏始终可用。这些设置包括“方法名称”“测量时间”“接触指示灯”“时间”“用户级别”“蓝牙和 Wifi”“电池级别”。

（6）“工具菜单”。可用时，“工具”会出现在屏幕底部中间。并不是每个屏幕都需要“工具”菜单。点触“工具”，即出现“工具”菜单。“工具”菜单的功能因其支持屏幕而异。

3. X－MET8000 的测量操作

（1）开机并登录。

（2）添加样品名称。点触“菜单”，然后点触“样品名称”，此时将显示“样品信息”屏幕，点触“设置样品名称”，键入样品名称，然后点触“完成”。

（3）使用正确的应用。要选择应用，请点触“菜单”，再点触“方法”，此时将显示“选择应用”屏幕，点触应用，即可选定，点触“完成”。

（4）执行测量。

1）小心握持 X－MET 8000 合金分析仪，以便设备与样品接触，并覆盖接触窗口和测量窗口。请勿将 X－MET8000 按到样品中。这时，主机上的接触指示灯亮起橙色且屏幕上的接触指示标变为橙色（见图 7－14）。

2）扣动并紧紧按住触发键，X 射线指示灯闪烁红色（见图 7－15）。

3）测量期间，保持仪器垂直平稳。使用双手握住仪器，然后将其撤离样品。“结果”屏幕大约每 2s 刷新一次（见图 7－16）。

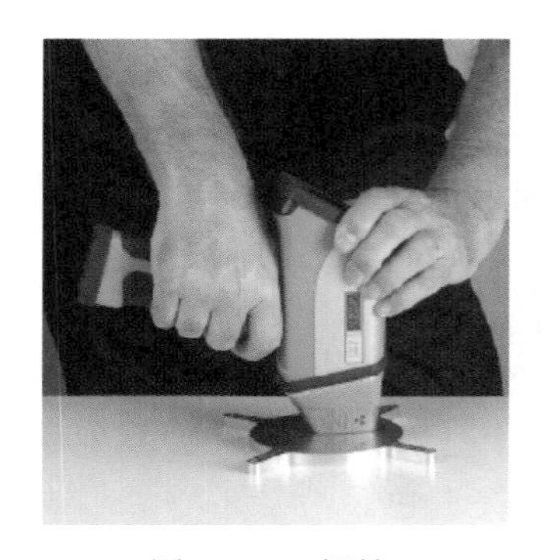

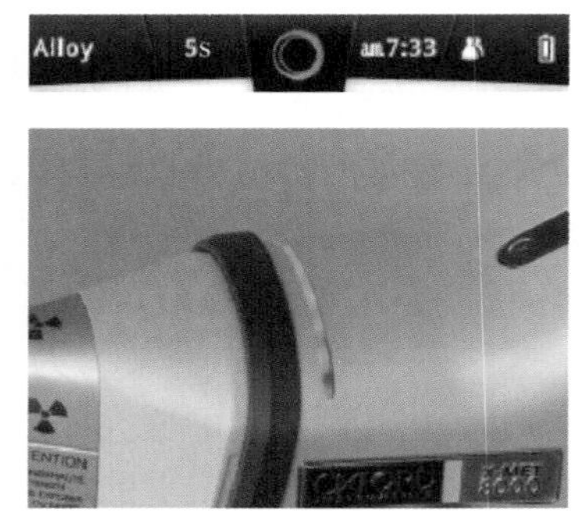

图 7－14　握持 X－MET 8000 与样品接触至橙灯亮起

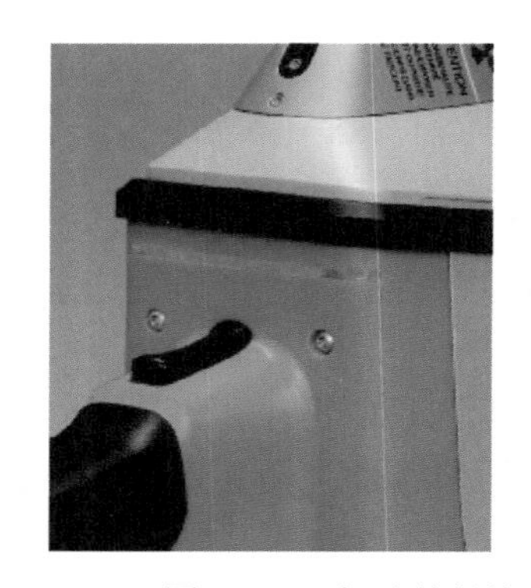

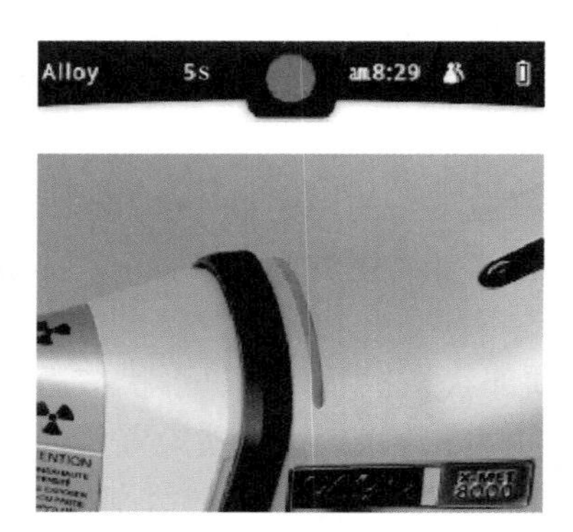

图 7－15　扣动并紧按 X－MET 8000 触发键至红灯闪烁

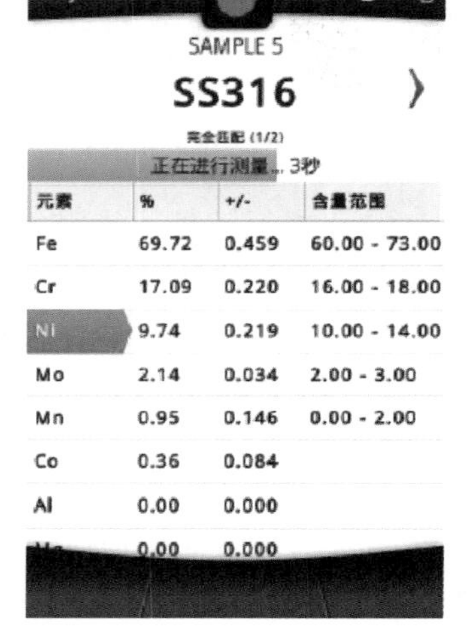

图 7－16　使用 X－MET 8000 测试样品结果示例

4）测量时间结束后，仪器会发出提示音。松开触发键，停止测量，显示结果。设备发出提示音之前也可松开触发键，停止测量。再次按照这些步骤进行下一次测量。向左或向右翻阅屏幕可访问其他结果。

（5）结果调读。“结果”屏幕包括图 7－17 所示信息。

其中，名称具体意义如下所示：

样品名称：定义即前面“添加样品名称”操作所添加的名称。

类别牌号：样品的牌号或商标名称。点触类别牌号左侧或右侧的箭头可显示下一个或上一个可能匹配。

匹配级别：“完全匹配”或“可能匹配”。

潜在匹配数：样品可以有多个匹配。始终首先显示最佳匹配。

列头：点触任意列头，以按该参数对结果排序。

元素：化学符号，如果元素背景为红色，则表示它超出该牌号要求的限制。

%或 ppm：测量单位，例如%（百分比）或 ppm（百万分率），可通过元素或含量进行排序。

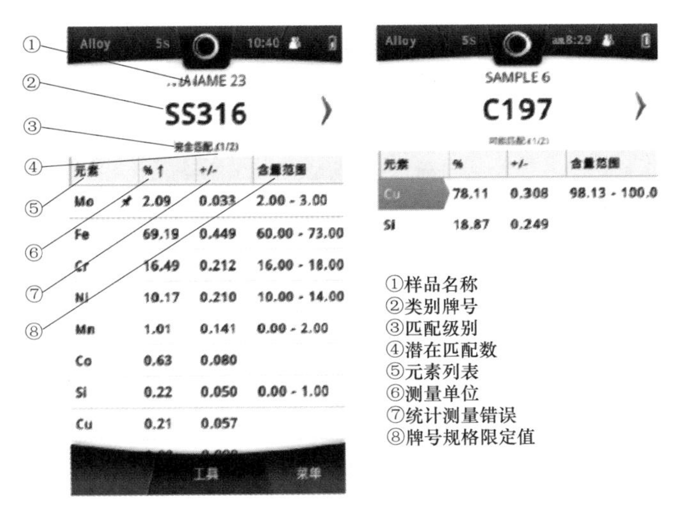

图 7－17 “结果”屏幕

+/－：这指示测量精度（2 西格玛）。+/－值越低，精度越高。

含量范围：牌号要求的限制。

可在标准结果屏幕上查看“固定”元素。“固定”元素显示在已测量元素后面，并使用分隔线和文本“固定元素”隔开。如果一个元素在“固定”元素和“标准”测量同时存在，则仅在“固定”元素列表中显示。如果结果显示为“PPM”格式，则“固定”元素也会进行转换并显示为“PPM”格式。

（6）删除不理想的测试值。日常使用中，偶尔会出现不理想的测量值。原因可能是未正确放置样品或测量时间过短。出现结果后，点触“工具”，此时将显示“结果”屏幕的“工具”菜单。点触“删除测量值”，此时将显示“警告”对话框，点触“确定”，删除测量值，如图 7－18 所示。

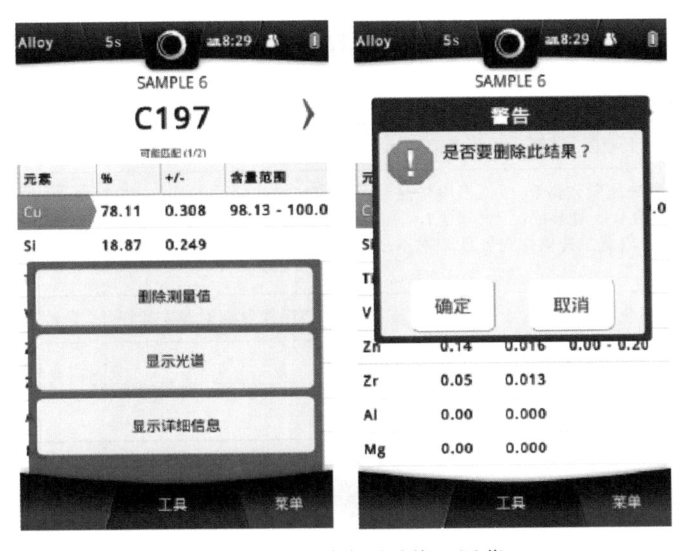

图 7－18 “删除测量值”屏幕

（7）镀银层测厚操作。

1）选择界面菜单“Ag on Cu”铜镀银功能项，并加载。

2）对准样品并测量，按动扳机，等待约10s，显示结果。

3）读取并记录结果。

（8）成分分析测量操作。

1）选择界面菜单成分分析功能项，并加载。

2）对准样品并测量，按动扳机，等待约10s，显示结果。

3）读取并记录结果。

在现场隔离开关镀银层测厚操作中可先进行成分分析，如果成分分析中只有锡和铜，说明该触头为镀锡代替镀银，直接判为不合格；如果成分分析中有铜和银，这时再进行厚度检测。一般要求被测试样待测面积不得小于8mm×8mm，圆弧面试样的曲率半径不小于15mm。

4. X－MET8000的安全使用须知

X－MET8000的安全使用须知见表7－21。

表7－21　　X－MET8000的安全使用须知

正确做法	错误做法
如果X－MET8000仪器未在使用中，手朝下握持，或将其放入皮套	将X－MET8000仪器指向其他人
测量样品时，始终将样品放置在平坦的表面上。确保样品盖住分析仪的测量窗口和接触窗口	拿起或握持样品进行测量
使用双手握住X－MET8000仪器，然后将其撤离样品	测量过程中，手和身体的其他部分太靠近样品
确保分析仪在测量期间处于直立位置，并确保分析仪的前端与样品完全接触	倾斜使用分析仪
确保保护膜窗口完好无损，并且应小心测量尖锐物体，特别是金属切屑。因为它们可能会刺穿保护膜窗口	在保护膜窗口已损坏的情况下使用X－MET8000；将X－MET8000仪器按压到尖锐物体中
确保样品已覆盖接触窗口	使手指、布带或除样品之外的其他物品覆盖接触传感器窗口
确保样品清洁，并清除任何灰尘、铁锈、漆渍或镀膜	测量沾有灰尘、已生锈、镀膜或有漆渍的样品
使用背景板和轻便辐射罩来测量较薄和/或低密度样品（例如木材、石膏板、塑料、轻合金、袋装的泥土和矿物、橡胶、纸和陶瓷等）。确保仪器垂直放置，并确保将轻便辐射罩按压在样品上	在没有背景板和轻便辐射罩的情况下，直接在桌面上测量较薄或低密度样品，导致结果出错并且可能产生分散的辐射
在测量较小的样品时，始终使用灯架和安全罩（或台式支架）	使用轻便辐射罩支撑样品，导致部分原辐射穿过轻便辐射罩
在测量较大的低密度样品（例如墙壁、木板、大块岩石、地面上的泥土或矿物、大块塑料、铝合金或轻合金板等）时，始终使用轻便辐射罩	在没有轻便辐射罩的情况下，测量较大的低密度样品

7.4.5　镀银层典型问题

镀银层典型问题见表7－22～表7－25。

表 7－22　　未进行镀银

典型问题图片	
图片说明	室内隔离开关触头未镀银
问题说明	违反 DL/T 1424—2015《电网金属技术监督规程》中 5.2.1：室内导电回路动接触部位镀银厚度不宜小于 8μm
检修决策	更换

表 7－23　　镀银层厚度偏低

典型问题图片	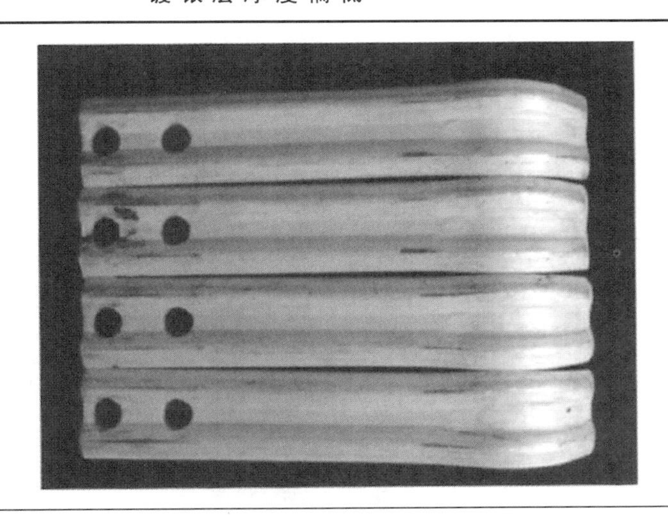
图片说明	镀银层厚度偏低
问题说明	违反 DL/T 1424—2015《电网金属技术监督规程》中 5.2.1：室内导电回路动接触部位镀银厚度不宜小于 8μm；室外导电回路动接触部位镀银厚度不宜小于 20μm
检修决策	更换

表 7－24　镀锡代替镀银

<table>
<tr><td rowspan="2">典型问题图片</td><td>
（a）</td></tr>
<tr><td>
（b）</td></tr>
<tr><td>图片说明</td><td>镀锡代替镀银</td></tr>
<tr><td>问题说明</td><td>违反 DL/T 1424—2015《电网金属技术监督规程》中 5.2.1：导电回路的动接触部位和母线静接触部位应镀银</td></tr>
<tr><td>检修决策</td><td>更换</td></tr>
</table>

表 7－25　正常隔离开关

<table>
<tr><td>典型问题图片</td><td>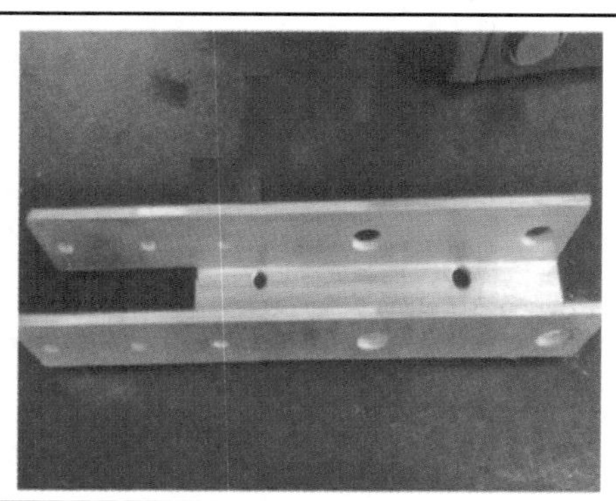</td></tr>
<tr><td>图片说明</td><td>镀银层合格的隔离开关动触头</td></tr>
<tr><td>问题说明</td><td>无</td></tr>
<tr><td>检修决策</td><td>无</td></tr>
</table>

7.5　隔离开关绝缘子探伤技术

近年来，国家电网系统高压支持瓷绝缘子事故接连发生，给电力系统的正常运行和人身安全带来了严重危害，总结支持瓷绝缘子断裂事故，有如下特点：产品质量、安装、检修、操作是断裂的主要原因；集中在 110kV 及以上电压等级；北方多于南方：普通瓷、低强度断裂的多，高强瓷、高强度断裂的少。高压支持绝缘子一旦发生断裂事故，其危害绝不亚于其他设备，它可以造成变电站、输电线路部分或全部停电，造成人员的伤亡、设备的损坏、电量的损失等。超声波探伤是利用超声波的指向性和传播规律来检查工件中存在的缺陷情况。超声波在传输过程中，从一种介质进入另一种介质时，在两介质的交界面会发生反射、折射。基于这一原理，在瓷支持绝缘子表面利用超声波发生器发射始脉冲，超声波进入绝缘子内部后，若绝缘子内部存在缺陷，则会产生反射波，根据反射波的幅值和出现的位置即可判断绝缘子的缺陷情况。

7.5.1　绝缘子探伤的几个基本概念

（1）纵波法。使用纵波进行检测的方法称为纵波法。

（2）横波法。将纵波通过倾斜入射至工件检测面，利用波型转换在工件内产生折射横波进行检测的方法称为横波法，由于横波声束与检测面成一定角度，所以又称为斜射法。

（3）爬波法。当纵波入射角位于第一临界角附近时在工件中产生的表面下纵波称为爬波，利用爬波进行检测的方法即爬波法。

（4）耦合剂。为了提高耦合效果而加在探头和检测面之间的液体薄层。

（5）扫描速度。仪器示波屏上时基扫描线的水平刻度值与实际声程的比例关系称为扫描速度或时基扫描线比例。

（6）检测灵敏度。检测灵敏度是指在确定的声程范围内发现规定大小缺陷的能力，一般根据产品技术要求或有关标准确定。

（7）端点 6dB（端点半波高度法）。发现缺陷后，沿缺陷方向左右移动探头，找到缺陷两端的最大波高，分别以这两个端点最大波高为基准，继续向左右移动探头，当端点最大波高降低一半时，探头中心线之间的距离为缺陷的指示长度。

7.5.2　绝缘子探伤测试标准

DL/T 303—2014《电网在役支柱瓷绝缘子及瓷套超声波检测》规定缺陷标准：

（1）凡是判定为裂纹的缺陷为不合格。

（2）爬波法检测结果符合下列条件之一的评定为不合格：

1）凡反射波幅超过距离——波幅曲线高度的缺陷；

2）反射波幅等于或低于距离——波幅曲线高度，且指示长度不小于 10mm 的缺陷。

（3）小角度纵波和双晶横波检测结果符合下列条件之一的评定为不合格：

1）单个缺陷波大于或等于ϕ1mm 横通孔当量的缺陷；

2）单个缺陷波小于ϕ1mm 横通孔当量，且指示长度不小于 10mm 的缺；

3）单个缺陷波小于ϕ1mm 横通孔当量，呈现多个（不小于 3 个）反射波或林状反射波的缺陷。

7.5.3 绝缘子探伤方法

支持瓷绝缘子及瓷套的超声波检测采用下述三种方法，当用一种方法探伤时如发现缺陷，可选用另一种方法验证，也可用参考试块作比对试验，以提高检测结果的准确性，检测方法选择如下：

（1）纵波法。在相同介质中，纵波的传播速度最大，穿透能力强，对晶界反射或散射的敏感性不高，因此纵波法可检测的工件厚度是所有波型中最大的，且可用于粗晶材料的检测。根据入射角度不同，纵波法又可分为纵波直探头法和纵波斜探头法两种。支持瓷绝缘子内部和对称侧表面或近表面缺陷的检测采用小角度纵波斜入射法。

纵波直探头法：如图 7–19 所示，使用纵波直探头，超声波垂直入射至工件检测面，以不变波形和方向透入工件。这种方法对于与检测面平行的缺陷检测效果最佳。纵波直探头法有单晶直探头脉冲反射法、双晶直探头脉冲反射法和穿透法三种，常用的是单晶和双晶直探头脉冲反射法。对于单晶直探头，由于盲区和分辨力限制，只能发现工件内部离检测面一定距离以外的缺陷，而双晶直探头采用两个晶片一发一收，在很大程度上克服了盲区的影响，因此，适用于检测近表面缺陷和薄壁工件。

纵波斜探头法：将纵波倾斜入射至工件检测面，利用折射纵波进行检测的方法。纵波斜探头的入射角小于第一临界角α_1，通常比横波斜探头的入射角小得多，因此也称为小角度纵波斜探头。电网支持瓷绝缘子检测中主要采用该方法。

（2）横波法。横波法主要用于管材、焊接接头的检测，对于其他工件，则作为一种有效的辅助手段，用以发现与检测面成一定角度的缺陷，如图 7–20 所示。瓷套内部和内壁缺陷的检测采用双晶斜探头横波法。

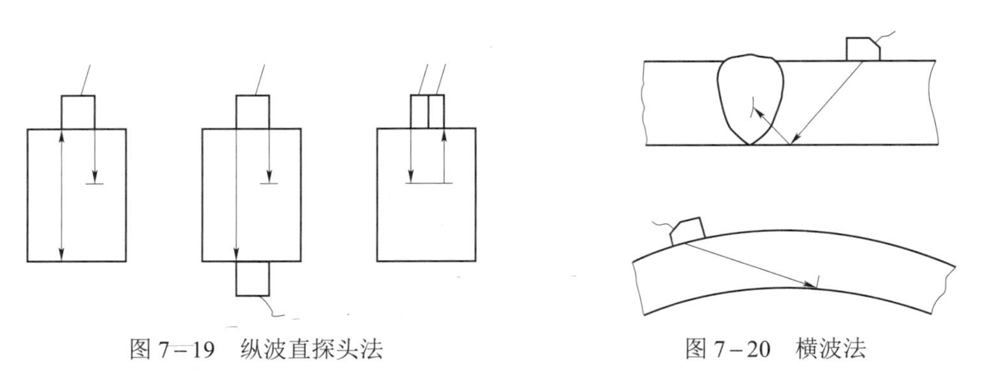

图 7–19　纵波直探头法　　　　图 7–20　横波法

（3）表面波法。由于表面波仅沿表面传播，而且衰减较大，因此表面波法主要用于表面光滑的工件表面缺陷的检测。

（4）爬波法。这种方法对于检测表面比较粗糙的工件的表面缺陷具有比表面波法更高的灵敏度和分辨力。支持瓷绝缘子及瓷套法兰胶装区表面和近表面缺陷的检测采用爬波法[3]。

7.5.4　主要绝缘子探伤仪器——EPOCH 600

1. EPOCH 600 绝缘子探伤仪配置及功能部件说明

EPOCH 600 绝缘子探伤仪配置及功能部件说明如图 7－21 和图 7－22 所示。

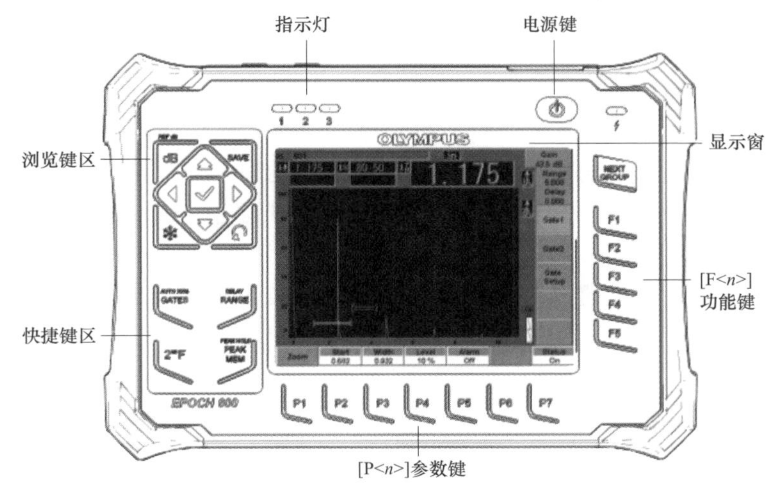

图 7－21　EPOCH600 浏览键区配置

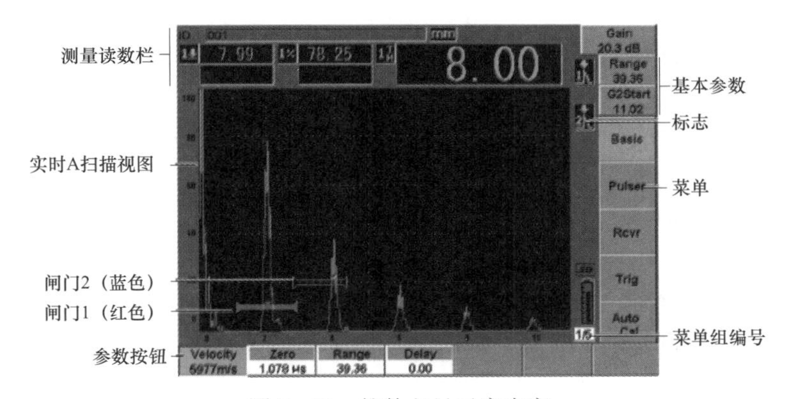

图 7－22　软件主显示窗内容

2. EPOCH 600 的基本操作

（1）用户界面设置。通过使用 EPOCH 600 仪器的快捷键和软件菜单，用户可对仪器实行全面操控。借助快捷键区，用户可对检测中常用的功能进行即时操控。借助软件菜单，用户可访问仪器的大多数功能，如脉冲发生器/接收器设置、自动校准、测量设置、软件特性、数据记录功能等。借助 EPOCH 600 仪器的浏览键区或调节飞梭旋钮，用户可调整所选参数的数值。

1）菜单和参数。使用软件用户界面中横向和纵向排列的按钮，可访问、调节 EPOCH 600 仪器中的大多数功能。位于显示屏右侧、纵向排列的按钮被称为菜单；位于显示屏底部、横向排列的按钮被称为参数、功能或子菜单。按下仪器键盘上相应的［F<n>］键或［P<n>］

键，可选择菜单或参数加以调整。

仪器中共有五组菜单。每个菜单组使用编号（1/5、2/5、3/5、4/5 和 5/5）标识。要在各个菜单组之间进行切换，可使用［NEXT GROUP］键。

2）参数调整——浏览键区配置。选择了一个参数后，可使用浏览键区中的箭头键对其进行更改，可以粗略或细微调整方式对大多数参数进行调整。向上和向下箭头键用于粗略调整；向左和向右箭头键用于细微调整。

3）快捷键。EPOCH 600 仪器有一组快捷键，便于用户对常用参数进行快速调整。按下这些键后，软件界面将会直接转到相关的参数，或激活相关的功能。按下［RANGE］（范围）、（DELAY）（延迟）、［dB］（增益）或 （REF dB）（参考增益）这些快捷键后，常用的预设参数值便会出现在［P<n>］参数键的上方。要选择预设值，请按相应的［P<n>］参数键。

4）特殊功能。使用快捷键调整了参数后，可按［ESCAPE］（退出）键或［NEXT GROUP］（下一组）键返回到先前的菜单组。

在屏幕显示菜单组时，按下［ESCAPE］（退出）键后，仪器会回到 Basic（基本）菜单，也就是启动时的默认菜单。

按下［LOCK］（锁定）键（仅出现在飞梭旋钮配置中）后，所有参数的调整将被自动锁定，以防用户意外触碰旋钮时更改参数。

按下［2NDF］，（AUTO XX%）（第二功能，自动 XX%）键会激活自动 XX%功能，从而使仪器自动调整增益，将闸门内回波的波幅调整到 XX% 满屏高（默认值为 80%）。

5）子菜单。在选择了某个参数时，如 Display Setup（显示设置），可使用［NEXT GROUP］（下一组）键在子菜单内的行中切换，调节飞梭旋钮或浏览键区中的箭头键则用于调节所选的值，而［ESCAPE］（退出）键用于返回到实时 A 扫描视图。

（2）脉冲发生器和接收器设置。通过 Pulser（脉冲发生器）和 Rcvr（接收器）菜单，用户可访问 EPOCH 600 仪器的大部分脉冲发生器和接收器设置。还可用快捷键控制系统的灵敏度（增益）和参考增益。

1）灵敏度。使用［dB］（增益）快捷键可调整系统的灵敏度（增益）。

按［dB］（增益）键→调整数值（使用浏览键区中的箭头键或飞梭旋钮，进行粗略或细微调节。也可按某个［P<n>］参数键，选择相应的预设值）。

增益还可通过自动 XX% 功能自动调整。

2）参考增益。用户可按［2NDF］（REF dB）（第二功能，参考增益）键，定义参考增益，见图 7–23。这个操作会将当前增益设定为参考增益，并激活一个扫查增益，用于进一步调整。

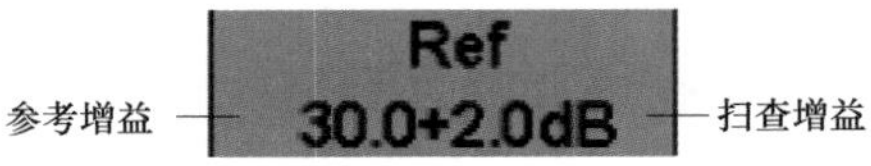

设定完参考增益后，按［P<n>］参数键可以访问以下功能：

参考增益　Ref 30.0+2.0dB　扫查增益

图 7－23　参考增益

Add（增加）：将当前扫查增益与当前参考增益相加，所得数值被设为新的参考增益。

Scan dB（扫查增益）：在当前扫查增益值与 0.0dB 的扫查增益值之间切换。

Off（关闭）：关闭参考增益功能 （扫查增益丢失）。

+6dB：在扫查增益值上增加 6dB。

−6dB：在扫查增益值上减少 6dB。

3）选择 Pulser（脉冲发生器）菜单，可访问 EPOCH 600 仪器的主要脉冲发生器功能。参数键的上方显示每个脉冲发生器的参数，按下相应的［P<n>］参数键可对这些参数进行调整。

以下脉冲发生器功能可在 Pulser（脉冲发生器）菜单中得到实时调整：

PRF Mode（PRF 模式）：用于选择自动或手动脉冲重复频率调整模式。Auto（自动）调整模式可基于屏幕范围更改 PRF 设置，在 Manual（手动）调整模式下，用户可以 10Hz 的增量手动调节 PRF 值。

PRF（脉冲重复频率）：脉冲重复频率（PRF）值范围：10～2000Hz，增量为 10Hz。

Energy（能量）：可用的脉冲电压值：0、100、200、300、400V。

Damp（阻尼）：可用的脉冲阻尼值：50、100、200、400Ω。

Mode（模式）：可用的脉冲模式：P/E（脉冲回波）、Dual（双晶）、Thru（穿透）。

Pulser（脉冲发生器）：可用的脉冲发生器波形：Spike（尖波）或 Square（可调方波）。

Freq（频率）：脉冲频率（方波脉冲宽度）的范围为 0.1～20.00MHz。

4）接收器。选择 Rcvr（接收器）菜单，可访问 EPOCH 600 仪器的标准接收器功能。每个接收器参数显示在参数键的上方，按下相应的［P<n>］参数键可对这些参数进行调整。

以下接收器参数可在 Rcvr（接收器）菜单中得到实时调整：

Filter（滤波器）：接收器滤波器设置。

Rect（检波）：波形检波包含 Full（全波）、Half+（正半波）、Half−（负半波）、RF（无检波）。

Reject（抑制）：百分比抑制（0%～80%）。

（3）闸门。EPOCH 600 仪器有两个标准、独立的测量闸门：闸门 1 和闸门 2。闸门 1 显示为一条红色实心水平线。闸门 2 显示为一条蓝色中空水平线。这两个闸门可分别定义数字式测量区域，以获得波幅、渡越时间以及其他特定的读数测量值。每个闸门都带有报警和放大功能。

1）快速调整基本闸门参数。按下［GATES］（闸门）快捷键，可马上对闸门起始、宽度和水平进行调整，而无须进入和闸门有关的菜单。这是调节闸门最常用的方法。按下［GATES］（闸门）键后，第一个菜单上方的框中便显示闸门 1 的起始位置。

重复按［GATES］（闸门）键，仪器将在每个激活闸门的起始、宽度和水平设置间切换。按下［ESCAPE］（退出）键或［NEXT GROUP］（下一组）键后，仪器将返回到闸门调整之前所使用的菜单组，这样便保证了在有效调节闸门的同时，检测进程受到最少的干扰。

若要进行更全面的闸门设置和调整，可以使用 3 个用于管理闸门设置的菜单：Gate1（闸门 1）、Gate2（闸门 2）和 Gate Setup（闸门设置）。

2）闸门 1 和闸门 2。Gate 1（闸门 1）和 Gate 2（闸门 2）菜单都包含了特定闸门定位和报警的功能。选择其中任何一个菜单，［P<n>］参数键上方都会出现以下参数。

Zoom（放大）：将所选闸门的起始位置设为显示范围的起点，将所选闸门的终止位置设定为显示范围的终点（闸门起始+闸门宽度）。

Start（起始）：调节所选闸门的起始位置。

Width（宽度）：调节所选闸门的宽度。

Level（水平）：调节所选闸门在屏幕上的高度（3%～95%）。

Alarm（报警）：设定所选闸门的报警状态：Off（关闭）、Positive（正）、Negative （负）、Min Depth（最小深度）。

Min Depth（最小深度）：只有在 Alarm（报警）参数被设为 Min Depth（最小深度）时才会出现。用于以渡越时间为单位，调整触发最小深度报警条件的阈值。

Status（状态）：开启或关闭闸门（这项操作会影响测量、报警以及闸门在显示屏上的可见性）。

3）闸门设置。通过 Gate Setup（闸门设置）菜单，用户可访问更多高级设置，以在检测前对每个闸门进行调整。这些设置出现在［P<n>］参数键的上方。Gate Setup 菜单中包含以下闸门设置：

G1 Mode（闸门 1 模式）：设定闸门 1 的测量触发点模式：Peak（波峰）、1stPeak （第一波峰）、Edge （边沿）。

G1 RF（闸门 1 射频）：当仪器处于射频检波模式下，设定闸门 1 的极性：Dual （双晶）、Positive（正）、Negative（负）。

G1%Amp（闸门 1 波幅）：仅在 Edge（边沿）模式中使用。在 Edge（边沿）探测模式下，设定闸门 1 的百分比波幅数字测量的触发点模式：HighPeak （最高波峰）或 1stPeak（第一波峰）。

G2 Mode/G2 RF/G2%Amp（闸门 2 模式，闸门 2 射频，闸门 2 波幅）：与上述闸门 1 的设置相同，但仅用于闸门 2。

G2 Tracks（闸门 2 跟踪）：切换闸门 2 跟踪闸门 1 功能的开启和关闭状态。当跟踪被设为 On（开启）时，仪器使用真实回波到回波测量模式。

通过使用 G1 Mode（闸门 1 模式）或 G2 Mode（闸门 2 模式）所选的闸门测量模式决定使用哪个闸门内的回波或回波参数触发数字测量操作。

Peak （波峰）：基于闸门内的最高波峰采集测量读数（波峰无须穿出闸门阈值）。

1stPeak（第一波峰）：基于第一个穿出闸门阈值的波峰采集测量读数。

Edge（边沿）：基于闸门内信号的第一个穿出点位置采集测量读数。

4）报警指示器。当任何一个测量闸门上的报警被触发时，仪器都会使用两种方式提醒用户：仪器发出报警声、仪器前面板上的两个报警指示灯一个会变亮。

（4）校准。可轻松地校准 EPOCH 600 仪器的零位偏移和声速，以对缺陷指示进行精确的厚度（声程）测量。EPOCH 600 仪器使用自动校准系统，仅需简单两步操作便可完成校准。

1）测量校准。精确数字测量的校准一般需要使用带有两个已知厚度的代表性材料试块。步骤如下：

a. 将探头耦合到试块的薄阶梯上。

b. 在屏幕上定位闸门 1，使缺陷指示处于闸门中。

c. 使用（AUTO XX%）（自动 XX%）键，使缺陷指示达到 80%满屏高。

d. 选择 Auto Cal（自动校准）菜单。

e. 使用模式参数选择合适的校准模式：为垂直声束校准时，选择 Thickness（厚度）；为角度声束校准时，选择 Soundpath（声程）。

f. 按 Cal－Zero（校准零位）

g. 使用飞梭旋钮或箭头键，将显示的数值调整为正确的厚度。

h. 按 Continue（继续），确认所调整的数值，然后使用另一个厚度阶梯进行校准。

i. 将探头耦合到材料的厚阶梯上。

j. 在屏幕上定位闸门 1，使缺陷指示处于闸门中。

k. 使用（AUTO XX%）（自动 XX%）键，使缺陷指示达到 80%满屏高。

l. 按［ESCAPE］（退出）键，回到 Auto Cal（自动校准）菜单。

m. 按 Cal－Vel（校准声速）键。

n. 使用飞梭旋钮或箭头键，将显示的数值调整为正确的厚度。

o. 按 Done（完成），确认所调整的数值，并完成校准操作。

p. 按［RANGE］（范围）键，然后将屏幕范围调整为所需的设置。

2）角度声束校准。角度声束校准一般需要执行 4 个步骤：

a. 核查声束出射点（B.I.P）。

b. 核查楔块的折射角度。

c. 完成上步距离校准。根据反射体类型，Calibration（校准）模式可被设为 SoundPath（声程）或 Depth（深度）

d. 通过在闸门 1 中采集灵敏度孔或刻槽的信号设置灵敏度，使用（AUTO XX%）（自动 XX%）键将信号指示调整到 80%满屏高，然后按［2NDF］，（REF dB）（第二功能，参考增益）键设置参考增益。

此外，仪器还有数据记录仪等操作功能，此不赘述。

7.5.5 绝缘子探伤步骤

1. 仪器的选择

目前国内外检测仪器种类繁多，性能各异，检测前应根据工件、检测要求及现场条件选择仪器。一般根据以下情况选择：

（1）对于定位要求高的情况，应选择水平线性误差小的仪器；

（2）对于定量要求高的情况，应选择垂直线性好、衰减器精度高的仪器；

（3）对于大型零件或材质衰减大的工件的检测，应选择灵敏度余量高、信噪比高、功率大的仪器；

（4）为了有效地发现近表面缺陷和区分相邻缺陷，应选择盲区小、分辨力好的仪器；

（5）对于室外现场检测，应选择质量轻、荧光屏亮度高、抗干扰能力强的便携式仪器。

此外要求选择性能稳定、重复性好和可靠性好的仪器。

2. 探头的选择

超声波检测时，超声波的发射和接收都是通过探头来实现的。探头的种类很多，结构形式也不一样。检测前应根据被检工件的结构尺寸、声学特性和检测要求来选择探头。探头的选择包括探头形式、频率、晶片尺寸和斜探头 K 值的选择等。

（1）探头形式的选择。常用的探头形式有纵波直探头、横波斜探头、双晶探头、表面波探头、爬波探头等。一般根据工件形状和可能出现的缺陷的部位、方向等条件来选择探头，使声束轴线尽量与缺陷垂直。

纵波直探头声束轴线垂直于检测面，主要用于检测与检测面平行或近似平行的缺陷。

横波斜探头声束轴线与检测面成一定角度，不垂直于检测面，主要用于检测与检测面垂直或成一定角度的缺陷。

表面波探头和爬波探头主要用于检测表面缺陷，双晶探头用于检测近表面缺陷。

（2）探头频率的选择。超声波检测频率一般在 0.5～10MHz 之间，选择频率时通常应考虑以下因素：

1）由于波的绕射，超声波检测能发现的最小缺陷尺寸约为 $\lambda/2$，因此提高频率有利于发现更小缺陷；

2）频率高，脉冲宽度小，分辨力高，有利于区分相邻缺陷；

3）由 $\theta_0=\arcsin 1.22\dfrac{\lambda}{D}$ 可知，频率高，波长短，则半扩散角小，声束指向性好，能量集中，有利于发现缺陷和对缺陷精确定位；

4）由 $N=\dfrac{D^2}{4\lambda}$ 可知，频率高，波长短，近场区长度大，对检测不利；

5）由 $a_3=C^2Fd^3f^4$ 可知，频率增大，衰减急剧增加，对检测不利。

由以上分析可见，频率的高低对检测有很大影响。频率高，灵敏度和分辨力高，指向性好，对检测有利。但另一方面，频率高，近场区长度大，衰减大，又对检测不利。在实际检测中应综合考虑各方面因素，合理选择频率。通常在保证检测灵敏度的前提下尽可能选择较低频率。

对于晶粒较细的工件，由于衰减较小，可选用较高频率，常用 2.5～5MHz。而对于晶粒较粗的工件，由于晶界对声波的散射，若频率过高，则衰减严重，产生林状回波，信噪比下降，严重时甚至无法检测，因此应选择较低频率，常用 0.5～2.5MHz。

（3）探头晶片尺寸的选择。探头晶片面积一般不大于 500mm^2，圆晶片直径尺寸一般不大于 25mm。晶片大小对检测也有一定影响，主要表现在以下几方面：

1）由 $\theta_0=\arcsin 1.22\dfrac{\lambda}{D}$ 可知，晶片尺寸增大，半扩散角小，声束指向性好，能量集中，有利于发现缺陷和对缺陷精确定位；

2）由 $N=\dfrac{D^2}{4\lambda}$ 可知，晶片尺寸增大，近场区长度增大，对检测不利；

3）晶片尺寸大，辐射的超声波能量大，声束未扩散区长，发现远距离缺陷的能力强。

以上分析说明，晶片大小影响声束指向性、近场区长度和远距离缺陷检出能力。实际检测中，检测面积范围大的工件时，为了提高检测效率，宜选用晶片尺寸较大的探头。检测厚度大的工件时，为了有效发现远距离缺陷，也应选用晶片尺寸较大的探头。而对于小型工件，为了减小近场区长度，增大有效检测范围，应选用晶片尺寸较小的探头。对于检测面不太平整、曲率较大的工件，为了保证探头与工件良好接触、减小耦合损失，也应选用晶片尺寸较小的探头。

（4）横波斜探头 K 值（折射角度）的选择。在横波检测中，探头的 K 值决定了声束轴线方向，并影响一次波声程（入射点至底面反射点的距离），在实际检测中应综合考虑以下因素选择合适的探头 K 值。

1）应考虑到可能存在的缺陷的方位，尽量使声束轴线垂直于缺陷，还要保证主声束能扫查到整个欲检测的截面。

2）当工件厚度较小时，应选用较大的 K 值，以便增加一次波声程，避免近场区检测。而当工件厚度较大时，应选用较小的 K 值，以减少声程过大引起的衰减，便于发现深度较大处的缺陷。

3）对于单面焊焊缝根部未焊透的检测，还应考虑端角反射问题，应选择 K 值在 0.7～1.5 之间的探头，以避免因端角反射率过低而造成漏检。

3. 耦合与补偿

（1）影响声耦合的主要因素。影响耦合的主要因素有耦合层的厚度、耦合剂的声阻抗、工件表面粗糙度和工件表面形状。

（2）表面耦合损耗差的补偿。超声波透过耦合层进入工件时总是会产生一定的能量损失，称为表面耦合损耗。在实际检测中，常采用试块来调节仪器的检测灵敏度。当试块与工件的表面粗糙度、曲率半径不同时，其表面耦合损耗也不同，即存在表面耦合损耗差。

通常，工件的表面耦合损耗大于试块，因此为了保证足够的检测灵敏度及缺陷定量的准确性，必须增大仪器的输出来对表面耦合损耗差进行补偿，具体补偿量应根据相关标准的规定，通过实测确定。

4. 探伤仪的调节

在实际检测中，为了在确定的探测范围内发现规定大小的缺陷，并准确对缺陷定位和定量，必须在检测前正确调节仪器。仪器的调节通常包括扫描速度的调节和检测灵敏度的调节。

（1）扫描速度的调节。对于数字式探伤仪，缺陷位置参数是根据超声波传播时间、材料声速、探头折射角由仪器计算并显示出来的，仪器调节主要是零位调节、声速调节和探头折射角调节。

通常利用已知声程的参考反射体的回波来调节仪器。首先根据参考反射体的声程选择合适的扫描范围，一般选择为 100mm（即示波屏满刻度代表声程 100mm），并大致设定声速，然后利用具有不同声程的两个参考反射体回波，反复调节仪器的声速和零位，使两个回波的前沿分别位于示波屏上与其声程相对应的水平刻度处，最后根据实测结果设定探头折射角，并根据实际检测范围调整合适的扫描范围。必须指出的是，对于数字式探伤仪，扫描范围（时基扫描线比例）只是影响示波屏的显示范围，在检测中可以根据需要任意调节，并不影响缺陷位置参数的正确显示。

纵波检测一般利用具有不同厚度的试块的底面反射来调节仪器；表面波检测采用不同声程的端角反射来调节；爬波检测常采用表面加工有线切割槽的试块进行调节；而横波检

测则通常利用校准试块上不同半径的圆弧面反射来调节，如图 7－24 所示。

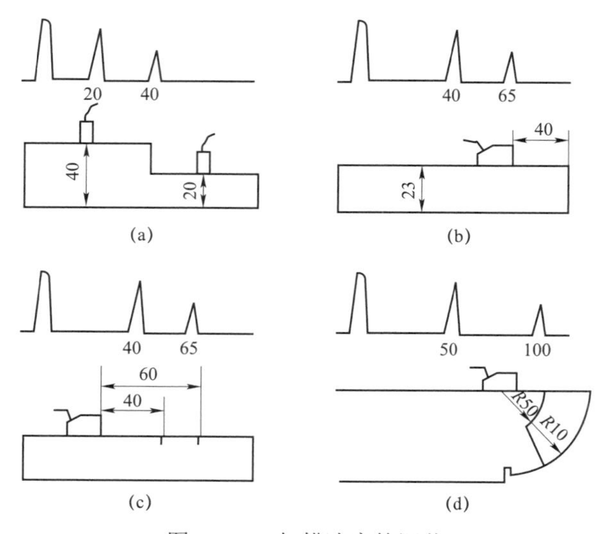

图 7－24　扫描速度的调节

（a）纵波检测；（b）表面波检测；（c）爬波检测；（d）横波检测

（2）检测灵敏度的调节。检测灵敏度是指在确定的声程范围内发现规定大小缺陷的能力，一般根据产品技术要求或有关标准确定。

调整检测灵敏度的目的在于发现工件中规定大小的缺陷，并对缺陷定量。检测灵敏度太高或太低都对检测不利。灵敏度太高，示波屏上杂波多，判断困难。灵敏度太低，容易引起漏检。

实际检测中，在粗探时为了提高扫查速度而又不致引起漏检，常将检测灵敏度适当提高，这种在检测灵敏度的基础上适当提高后的灵敏度叫作搜索灵敏度或扫查灵敏度。

调整检测灵敏度的常用方法有试块调整法和工件底波调整法两种。

1）试块调整法。根据工件对灵敏度的要求选择相应的试块，将探头对准试块上的人工缺陷，调整仪器上的有关灵敏度旋钮，使示波屏上人工缺陷的最高反射回波达基准高，这时灵敏度就调好了。

利用试块调整灵敏度，操作简单方便，适用于各种检测方法和检测对象。但需要加工有不同声程、不同当量尺寸人工缺陷的试块，成本高，携带不便，同时还要考虑对工件与试块因耦合和衰减不同而引起的声能传输损耗差进行补偿。

2）工件底波调整法。超声波检测灵敏度通常以规则反射体的回波高度表示，对于具有平行底面或圆柱曲底面的工件的纵波检测，当声程不低于 3N 时，由于底面回波高度与规则反射体的回波高度存在一定关系，因此可以利用工件底波来调整检测灵敏度。

例如，对于具有平行底面的工件的纵波检测，要求检测灵敏度不低于最大检测距离处平底孔当量直径ϕ，由于底面与平底孔回波幅度的分贝差为

$$\varDelta = 20\lg\frac{2\lambda_x}{\pi\phi^2}$$

因此利用工件底波调整检测灵敏度的方法为，将工件底波高度调整为基准高，再增益ΔdB即可。

利用工件底波调整检测灵敏度不需要加工任何试块，也不需要进行补偿。但该方法一般只用于纵波检测，而且要求工件厚度不低于3N并具有平行底面或圆柱曲底面，底面应光洁、干净。若底面粗糙或有水、油时，由于底面反射率降低，这样调整的灵敏度将会偏高。

5. 缺陷位置的确定

超声波检测中，缺陷位置的确定是指确定缺陷在工件中的位置，简称定位，一般根据发现缺陷时探头位置及仪器显示的缺陷位置参数（声程、深度和水平距离）来进行缺陷定位。

（1）纵波（直探头）检测时缺陷定位。纵波直探头检测时，若探头波束轴线无偏离，则发现缺陷时缺陷位于中心轴线上，可根据缺陷反射波最高时探头位置及仪器显示的缺陷反射波声程x_f，按图7－25所示确定缺陷位置。

（2）表面波及爬波检测时缺陷定位。表面波及爬波检测时缺陷定位方法与纵波检测基本相同，只是缺陷位于工件表面，并正对探头中心轴线，如图7－25所示。

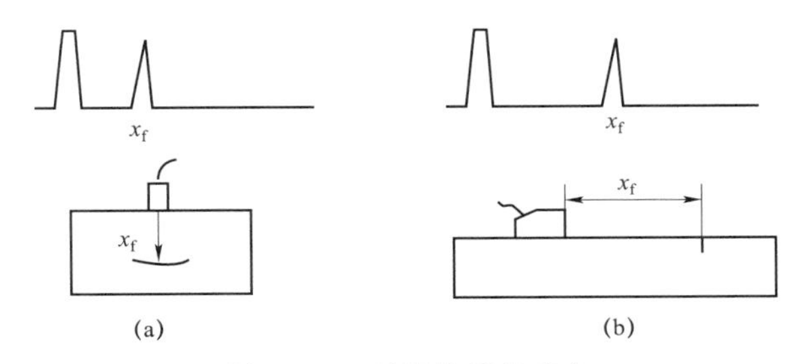

图7－25　缺陷位置的确定

（a）纵波检测缺陷定位；（b）表面波及爬波检测缺陷定位

（3）横波检测平面工件时缺陷定位。横波斜探头检测平面时，缺陷的位置一般根据发现缺陷时探头位置、缺陷与入射点的水平距离l_f（简称水平距离）及缺陷埋藏深度d_f（即缺陷至检测面的距离）确定，如图7－26所示。

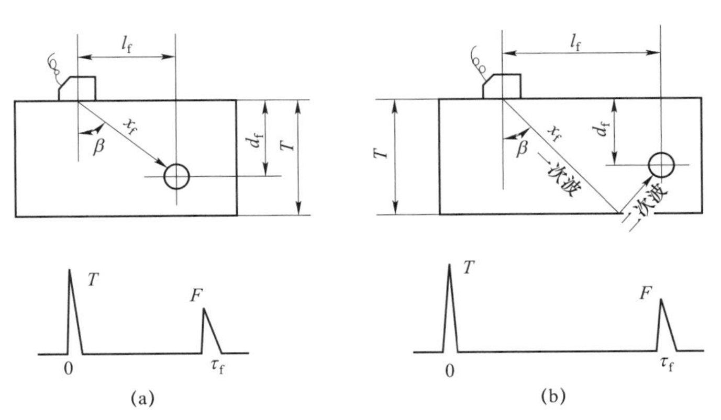

图7－26　横波检测平面工件时缺陷定位

（a）一次波；（b）二次波

对于数字式超声波探伤仪，仪器可同时显示缺陷反射波的声程 x_f、水平距离 l_f 和深度 h_f 三个参数。仪器显示的水平距离即缺陷与入射点的水平距离，缺陷埋藏深度与仪器显示的缺陷反射波深度关系如下：

$$\begin{cases} d_f = h_f（一次波检测） \\ d_f = 2T - h_f（二次波检测） \end{cases}$$

对于模拟式探伤仪，由于从仪器示波屏水平刻度只能读出一个参数，必须根据以下关系计算出其他参数，再按上述方法进行缺陷定位。

$$\begin{cases} h_f = x_f \sin\beta \\ l_f = x_f \cos\beta \\ h_f = l_f \tan\beta \end{cases}$$

6. 缺陷大小的测定

缺陷定量包括确定缺陷的大小和数量，而缺陷的大小指缺陷的面积和长度。目前，在工业超声波检测中，对缺陷定量的方法很多，但均有一定的局限性。常用的定量方法有当量法、底波高度和测长法三种。对于缺陷尺寸小于声束截面，采用当量法和底波高度法，缺陷尺寸大于声束截面则采用测长法。

（1）当量法。采用当量法确定的缺陷尺寸是缺陷的当量尺寸。常用的当量法有当量试块比较法、当量计算法和当量 AVG 曲线法。

1）当量试块比较法。当量试块比较法是将工件中的自然缺陷回波与试块上的人工缺陷回波进行比较来对缺陷定量的方法。当量试块比较法是超声波检测中应用最早的一种当量方法，其优点是直观易懂，当量概念明确，当量比较稳妥可靠。但这种方法需要制作大量试块，成本高。同时操作也比较烦琐，现场检测要携带很多试块，很不方便。因此当量试块比较法应用不多，仅在 $x < 3N$ 的情况下或特别重要零件的精确定量时应用。

2）当量计算法。当 $x \geqslant 3N$ 时，规则反射体的回波声压变化规律基本符合理论回波声压公式。当量计算法就是根据检测中测得的缺陷波波高的分贝值，利用各种规则反射体的理论回波声压公式进行计算来确定缺陷当量尺寸的定量方法。应用当量计算法对缺陷定量不需要任何试块，是目前比较常用的一种定量方法。

3）当量 AVG 曲线法。当量 AVG 曲线法是利用通用 AVG 或实用 AVG 曲线来确定工件中缺陷的当量尺寸。

（2）测长法。当工件中缺陷尺寸大于声束截面时，一般采用测长法来确定缺陷的长度。

测长法是根据缺陷波高与探头移动距离来确定缺陷的尺寸。按规定的方法测定的缺陷长度称为缺陷的指示长度。由于实际工件中缺陷的取向、性质、表面状态都会影响缺陷回波高，因此缺陷的指示长度总是小于或等于缺陷的实际长度。

根据测定缺陷长度时的灵敏度基准不同将测长法分为相对灵敏度测长法、绝对灵敏度测长法和端点峰值法。

1）相对灵敏度测长法。相对灵敏度测长法是以缺陷最高回波为相对基准、沿缺陷的长度方向移动探头，降低一定的分贝值来测定缺陷的长度。常用的是 6dB 法和端点 6dB 法，见图 7-27 所示。

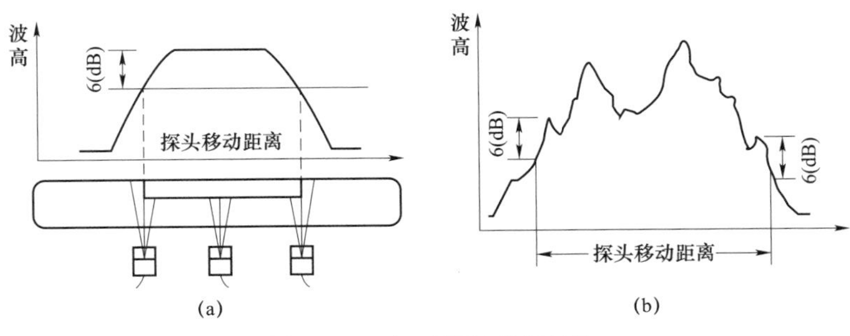

图 7－27　相对灵敏度测长法

（a）6dB 法；（b）端点 6dB 法

6dB 法（半波高度法）：由于波高降低 6dB 后正好为原来的一半，因此 6dB 法又称为半波高度法。

当缺陷反射波只有一个高点时，用 6dB 法测量缺陷的指示长度。具体做法是：移动探头找到缺陷最大波高，然后沿缺陷方向左右移动探头，当缺陷波高降低一半时，探头中心线之间的距离就是缺陷的指示长度。

端点 6dB 法（端点半波高度法）：当缺陷各部分反射波高有很大变化时，测长采用端点 6dB 法。

当缺陷反射波有多个高点时，用端点 6dB 法测量缺陷的指示长度。具体做法是：发现缺陷后，沿缺陷方向左右移动探头，找到缺陷两端的最大波高，分别以这两个端点最大波高为基准，继续向左右移动探头，当端点最大波高降低一半时，探头中心线之间的距离为缺陷的指示长度。

2）绝对灵敏度测长法。绝对灵敏度测长法是在仪器灵敏度一定的条件下，探头沿缺陷长度方向平行移动，当缺陷波高降到规定位置时，探头移动的距离，即为缺陷的指示长度。

绝对灵敏度测长法测得的缺陷指示长度与测长灵敏度有关。测长灵敏度高，缺陷长度大。在自动检测中常用绝对灵敏度法测长，如图 7－28 所示。

3）端点峰值法。探头在测长扫查过程中，如发现缺陷反射波峰值起伏变化，有多个高点时，则以缺陷两端最大反射波之间的探头移动距离来确定为缺陷指示长度，见图 7－29。端点峰值法是另一类测长方法，它比端点 6dB 法测得的指示长度要小些。

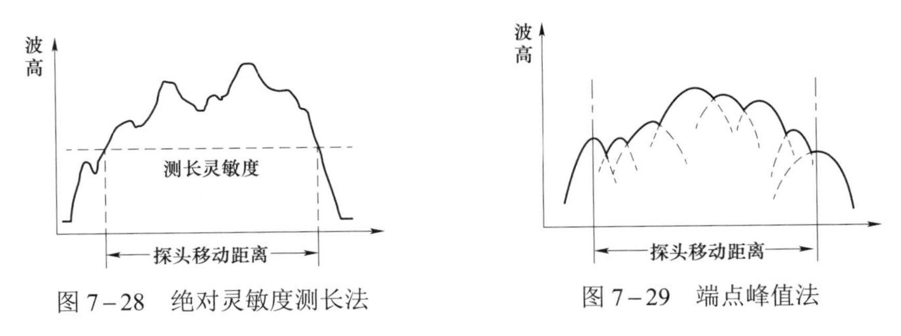

图 7－28　绝对灵敏度测长法　　图 7－29　端点峰值法

（3）底波高度法。底波高度法是利用缺陷波与底波的相对波高来衡量缺陷的相对大小的。

1）F/BF 法。F/BF 法是在一定的灵敏度条件下，以缺陷波高 F 与缺陷处底波高 BF 之比来衡量缺陷的相对大小。

2）F/BG 法。F/BG 法是在一定的灵敏度条件下，以缺陷波高 F 与无缺陷处底波高 BG 之比来衡量缺陷的相对大小。

3）BG/BF 法。BG/BF 法是在一定的灵敏度条件下，以无缺陷处底波 BG 与缺陷处底波 GF 之比来衡量缺陷的相对大小。

底波高度法不用试块，可以直接利用底波调节灵敏度和比较缺陷的相对大小，操作方便。但不能给出缺陷的当量尺寸，同样大小的缺陷会因所处探测面的距离不同而不同。此外底波高度法只适用于具有平行底面的工件。

对于较小的缺陷底波 B1 往往饱和；对于密集缺陷往往缺陷波不明显，这时上述底波高度法就不合适了，但这时可借助于底波的次数来判定缺陷的相对大小和缺陷的密集程度。底波次数少，缺陷尺寸大或密集程度严重。

底波高度法可用于测定缺陷的相对大小、密集程度、材质晶粒和石墨化程度等。

7. 缺陷自身高度的测定

设备的安全可靠性除与缺陷长度有关外，还与缺陷自身高度有关。在断裂力学中，缺陷的自身高度比缺陷的长度更为重要。然而，测量缺陷自身高度比测量缺陷长度困难更大。下面简略介绍几种常用测量缺陷自身高度的方法。

（1）表面波波高法。对于上表面开口缺陷，且缺陷深度较小时，表面反射法波的波高随缺陷深度的增加而升高。实际探测中，常加工一些具有不同深度的人工缺陷试块，利用试块比较法来确定缺陷的深度。

（2）表面波时延法。对于上表面开口缺陷，且缺陷开口较大并具有一定深度时，可利用表面波在缺陷表面端点以及缺陷尖端两个反射回波的声程差来确定缺陷深度。

（3）端部回波峰值法。对于表面开口缺陷，且缺陷具有一定深度时，若用横波斜探头进行探测时，当横波主声束打到缺陷端部时，产生一个较强的回波，利用简单的三角函数关系来确定缺陷高度。另外此法还可测定埋藏在工件内部的非开口性缺陷，测定缺陷上、下端点的位置参数，利用三角关系确定缺陷高度。

（4）横波端角反射法。当横波入射到下表面开口缺陷时，产生端角反射，其回波高度与缺陷深度 h 与波长 λ 之比有关，缺陷深度在 2mm 以内时，波高随 h/λ 的变化不是单调的，而是起伏变化。特别是探头折射角较大时，这种起伏变化更大。因此实测中常用参考试块来测定缺陷的深度。但当缺陷深度较大时（常用大于 4mm 左右），反射回波便处于饱和，而不再随缺陷深度的变化而变化。

此外，还经常使用的缺陷高度检测方法有横波串列式双探头法、相对灵敏度 10dB 法、衍射波时差法（TOFD）。

8. 影响缺陷定位、定量的主要因素

（1）影响缺陷定位的主要因素。

1）仪器的影响。

a. 仪器水平线性：仪器的水平线性的好坏直接影响缺陷定位是否准确。

b. 仪器水平刻度精度：仪器时基线比例是根据示波屏上水平刻度来调节的，当仪器水平刻度不准时，缺陷定位便会出现误差。

2）探头的影响。

a. 声束偏离：无论是垂直入射还是倾斜入射检测，都假定波束轴线与探头晶片几何中心重合，而实际上这两者往往难以重合。当实际声束与探头晶片中心几何轴线偏离较大时，缺陷定位精度定会下降。

b. 探头双峰：一般探头发射的声场只有一个主声束，远场区轴线上的声压最高。但有些探头性能不佳，存在两个主声束，发现缺陷时，不能判定是哪个主声束发现的，因此也就难以确定缺陷的实际位置。

c. 斜锲磨损：横波探头在检测过程中，斜楔将会磨损。当操作者用力不均匀时，探头的前、后、左、右都可能产生磨损，造成探头折射角、入射点以及主声束方向变化，从而影响精确定位。

探头指向性：探头半扩散角小，指向性好，缺陷定位误差小，反之定位误差大。

3）工件的影响。

a. 工件表面粗糙度：工件表面粗糙，不仅耦合不良，而且会出现表面凸凹不平现象，使声波进入工件的时间产生差异，进而还会造成主声束分叉或偏斜，影响定位准确性。

b. 工件材质：工件材质对缺陷定位的影响可从声速和内应力两个方面来讨论。当工件的声速变化时，就会使探头的 K 值发生变化。另外，工件存在内应力时，会导致声速和波的传播方向发生变化，影响定位精度。

c. 工件表面形状：探测曲面工件时，探头与工件接触有两种情况。一种是平面与曲面接触，这时为点或线接触，握持不当，探头折射角容易发生变化。另一种是将探头斜楔磨成曲面，探头与工件曲面接触，这时折射角和声束形状将发生变化，影响缺陷定位。

d. 工件边界：当缺陷靠近工件边界时，由于侧壁反射波与直接入射波在缺陷处发生干涉，使声场声压分布发生变化，声束轴线发生偏离使缺陷定位误差增加。

e. 工件温度：探头的 K 值一般在室温下测定的。当探测工件的温度变化时，会造成声速发生变化，从而产生折射角变化，影响缺陷定位。

f. 工件中缺陷情况：工件内缺陷方向也会影响缺陷定位。缺陷倾斜时，扩散声束入射至缺陷时的回波较高，而定位时误认为缺陷在轴线上，从而导致定位不准。

4）操作人员的影响。

a. 仪器时基比例：仪器时基线比例一般在试块上调节，当工件与试块的声速不同时，仪器的时基线比例发生变化，影响缺陷定位精度。另外，调节比例时，回波前沿没有对准相应水平刻度或读数不准，使缺陷定位误差增加。

b. 入射点、K 值：横波检测时，探头入射点、K 值误差较大时，也会影响缺陷定位。

定位方法不当：横波周向探测圆柱筒形工件时，缺陷定位与平板不同，若仍按平板工件处理，那么定位误差将会增加。

（2）影响缺陷定量的因素。

1）仪器及探头性能的影响。

a. 频率的影响：超声波频率 f 对于大平底与平底孔回波高度的分贝差有直接影响，因此，在实际检测中，频率 f 偏差不仅影响利用底波调节灵敏度，而且影响用当量法对缺陷定量。

b. 衰减器精度和垂直线性的影响：A 型脉冲反射式超声波探伤仪是根据相对波高来对缺陷定量的。而相对波高常常用衰减器来度量。因此衰减器精度直接影响缺陷定量。

c. 探头形式和晶片尺寸的影响：不同部位不同方向的缺陷，应采用不同形式的探头，否则会增加缺陷定量误差。晶片尺寸影响近场区长度和波束指向性，因此对定量也有一定的影响。

d. 探头 K 值的影响：超声波倾斜入射时，声压往复透射率与入射角有关，因此 K 值的偏差也会影响缺陷定量。

2）耦合与衰减的影响。

a. 耦合的影响：超声波检测中，耦合剂的声阻抗和耦合层厚度对回波高度有较大的影响，因此，实际检测中耦合剂的声阻抗，对探头施加的压力大小都会影响缺陷回波高度，进而影响缺陷定量。

b. 衰减的影响：实际工件是存在介质衰减的，衰减系数较大或距离较远时，引起的衰减也较大。这时仍不考虑介质衰减的影响，那么定量精度势必会受到影响。

3）工件几何形状和尺寸的影响。

试件底面形状不同，回波高度不同；试件底面与探测面的平行度以及底面粗糙度、干净程度等都会对缺陷定量有较大的影响。

试件尺寸的大小对定量也有一定的影响。当试件尺寸较小，缺陷位于 3N 以内时，利用底波调灵敏度并定量，将会使定量误差增加。

4）缺陷的影响。

a. 缺陷形状的影响：试件中实际缺陷的形状是多种多样的，它的具体形状与工件、材料的制造工艺和运行状况有关。缺陷的形状对其回波波高有很大的影响。同样尺寸的缺陷，由于形状的不同，其波高会有很大差别。如平底孔、球孔、长横孔和短横孔的回波声压均有很大差异。

b. 缺陷方位的影响：理论研究中常常假定超声波入射方向与缺陷表面是垂直的，但实际缺陷表面相对于超声波入射方向往往不垂直。因此对缺陷尺寸估计偏小的可能性很大。

c. 缺陷波的指向性：缺陷波高与缺陷波的指向性有关，缺陷波的指向性与缺陷的大小有关，而且差别较大。

d. 缺陷表面粗糙度的影响：缺陷表面的光滑程度，用波长衡量。如果表面的凹凸不平的高度差小于 $\lambda/3$ 波长，就认为该表面是平滑的。这样的表面反射声束类似镜子反射光束。否则就是粗糙表面。对于表面粗糙的缺陷，当声波垂直入射时，声波被乱反射，同时各部分反射波由于有相位差而产生干涉，使缺陷回波波高随粗糙度的增加而下降。当声波倾斜入射时，缺陷回波波高随着凹凸程度与波长的比例增大而增高。当凹凸程度接近波长时，即使入射角度再大，也能接到回波。

e. 缺陷性质的影响：缺陷回波波高受缺陷性质的影响。声波在界面的反射率是由界面两边介质的声阻抗以及介质层厚度决定的。因此的缺陷内是气体或是非金属夹杂物或是金属夹杂物其回波波高有较大差异。

f. 缺陷位置的影响：缺陷波高还与缺陷位置有关。缺陷位于近场区时，同样大小的缺陷随位置起伏变化，定量误差大。

9. 常见非缺陷回波

超声波检测中，示波屏上常常除了始波、底波和缺陷波外，还会出现一引起其他的信号波，如迟到波、三角反射波、61° 反射波以及其他原因引起的非缺陷回波，影响对缺陷波的正确判别。因此，分析了解常见非缺陷回波产生的原因和特点是十分必要的。

（1）迟到波。当纵波直探头置于细长（或扁长）工件或试块端面时，扩散纵波波束在侧壁产生波型转换，转换为横波，此横波在另一侧面又转换为纵波，最后经底面回到探头，从而在示波屏上出现一个回波。由于转换的横波声程长，波速小，传播时间较直接从底面反射的纵波长，因此，转换后的波总是出现在第一次底波之后，故称为迟到波。迟到波常常出现数个，每个迟到波之间的纵波声程差是特定的。

（2）61° 反射。当纵波以 61° 入射至钢/空气界时，会产生一个很强的横波反射波，且横波反射角与纵波入射角之和为 90° 。

（3）三角反射。当纵波直探头径向探测实心圆柱体时，由于探头平面与柱面接触面积很小，使波束扩散角增加，这样扩散波束就会在圆柱面上形成三角反射路径，从而在示波屏上出现三角反射回波，人们把这种反射称为三角反射。

纵波扩散束在圆柱面上不发生波型转换，形成等边三角形反射。若发生波型转换，即 L—S—L，形成等腰三角形反射。

（4）侧壁干涉。纵波检测时，探头若靠近侧壁，则经侧壁反射的纵波或横波与直接传播的纵波相遇产生干涉，对检测带来不利影响。对于靠近侧壁的缺陷，探头靠近侧壁对缺陷检测，缺陷回波低，探头远离侧壁检测反而缺陷回波高。当缺陷的位置给定时，存在一个最佳的探头位置，使缺陷回波最高，这个最佳探头位置总是偏离缺陷。这说明由于侧壁干涉的影响，改变了探头的指向性，缺陷最高的回波不在探头轴线上，这样不仅会影响缺陷定量，还会影响缺陷定位。

在脉冲反射法检测中，一般脉冲持续的时间所对应的声程不大于 4λ。因此，只要侧壁反射波束与直接传播的波束声程差大于 4λ 就可以避免侧壁干涉。

（5）其他非缺陷回波。实际检测中，还可能产生其他一些非缺陷回波。如探头杂波、工件轮廓回波、耦合剂反射波以及其他一些波等。

1）探头杂波。当探头吸收块不良或当斜探头楔块设计不合理时，会在始波后的一定范围内出现一些杂波。

2）工件轮廓回波。当超声波射达工件的台阶、螺纹等轮廓时，在示波屏上将引起一些轮廓回波。

3）耦合剂反射波。表面波检测时，工件表面的耦合剂，如油滴或水滴都会引起回波，影响对缺陷的判断。

4）幻象波。手动检测中，提高重复频率可提高单位时间内扫描次数，增强示波屏亮度。但当重复频率过高时，第一个同步脉冲回波未来得及完整出现第二个同步脉冲又重新扫描。这样在示波屏上产生幻象波，影响缺陷的判别。降低重复频率，幻象波消失。

5）草状回波（林状回波）。超声波检测中，当选用较高的频率检测晶粒粗大的工件时，声波在粗大晶粒之间的界面上产生散乱反射，在示波屏上形成草状回波（又称林状回波），影响对缺陷波的判别。降低探头频率，草状回波降低，信噪比提高。

6）其他变形波。横波检测时可能出现由于变形纵波引起的回波或表面波检测时可能出现变形横波引起的回波等。

7.5.6 绝缘子典型问题

绝缘子典型问题见表 7－26～表 7－30。

表 7－26 开　裂

典型问题图片	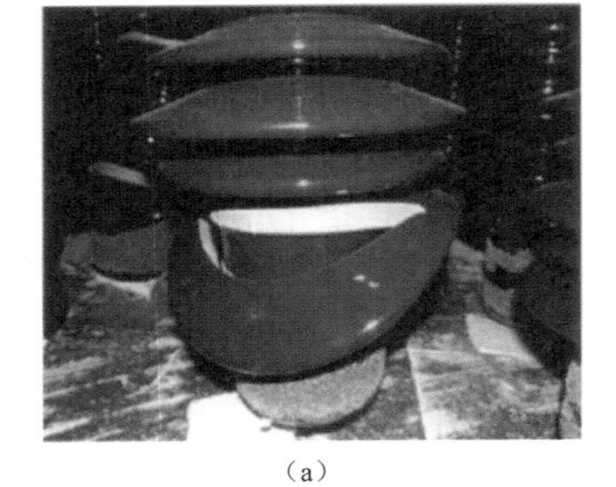 （a）  （b）
图片说明	（a）伞体开裂；（b）主体开裂
原因分析	陶瓷材料内部存在较多薄弱部位，如气孔、粗大晶粒、夹杂物、晶界、表面损伤等，这些部位容易形成裂纹，在运行过程中，受隔离开关转动拉力等影响，渐渐发展至整体断裂
检修决策	更换

表 7－27 黄　心

 典型问题图片	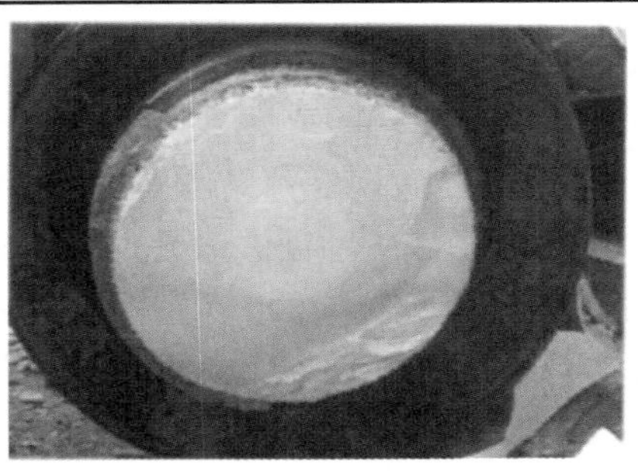 （a）

续表

典型问题图片	 （b）
图片说明	（a）、（b）500kV 隔离开关支持绝缘子黄心
原因分析	绝缘子胚体烧制时实心主体未彻底还原，胚料中弱磁性和无磁性硫酸盐或碳酸盐未能去除干净，使得胚料转入还原气氛烧成时，主体外表层中的铁被还原以低价的蓝灰色的 Fe^{2+} 存在于瓷体玻璃相中，外表层为青白色，而心部 Fe_2O_3 在还原时仍保留下来从而呈现黄色
检修决策	黄心部机电性能差，机械强度低，易形成黄心断，更换

表 7－28　　黑　心

典型问题图片	 （a）
	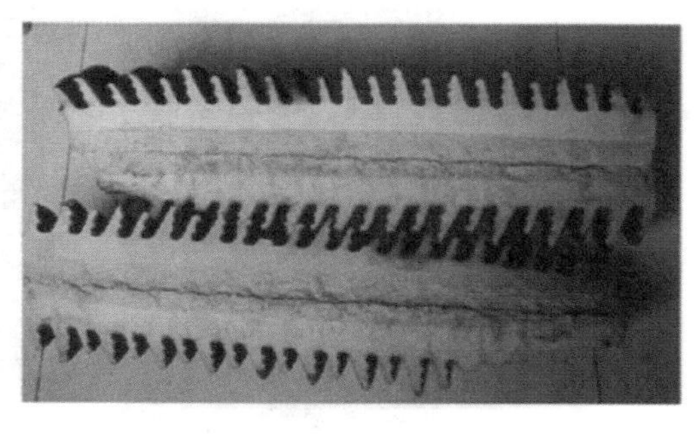 （b）

续表

图片说明	(a)、(b)隔离开关支持绝缘子黑心
原因分析	胚料含有较多有机质和碳素，在氧化阶段未能将碳素和有机质完全分解氧化，保持在胚体内的碳素在还原期无法烧掉，以高分散度在胚体中将瓷体染黑，因氧化分解时氧气从外向内扩散，所以越向里保留的未氧化碳素越多，瓷体越黑
检修决策	中央黑心若越严重，会使胚体鼓起并空心，支持绝缘子强度下降，易断裂，更换

表 7-29　　杂　　质

典型问题图片	(a) 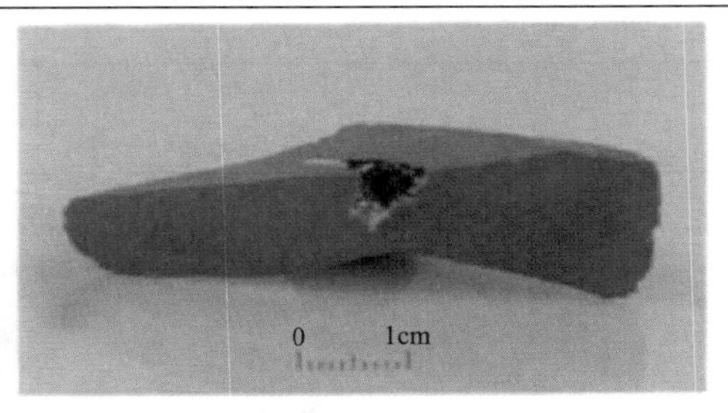(b)
图片说明	(a)泥料中混入玻璃杂质形成空洞；(b)泥料中混入铁杂质烧成后形成渣质
原因分析	电瓷材料在制造工艺过程中带入 Fe_2O_3 和 TiO_2 等杂质，在烧制处理时，杂质氧化物以聚集状态不均匀集中分布于胚体中
检修决策	存在杂质使材料易被破坏或断裂，更换

表 7-30　　青　　边

典型问题图片	(a)

续表

典型问题图片	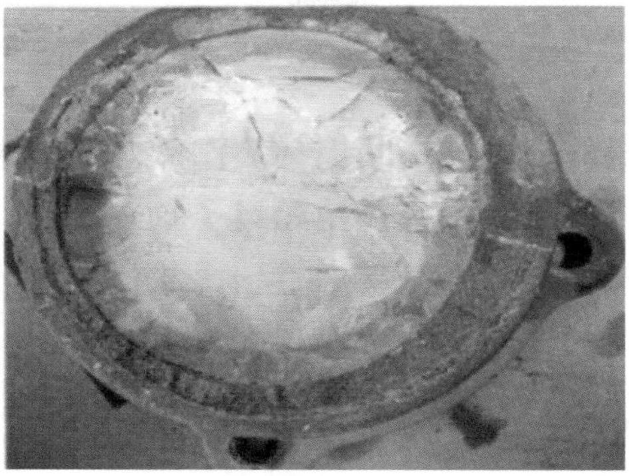 （b）
图片说明	（a）、（b）支持绝缘子因青边断裂后断口形貌
原因分析	电瓷配方中采用含铁较高的铝矾土原料，胚体在烧制过程中，由于胚体内铁质氧化成了 Fe_2O_3，若炉内气氛控制不当，使氧化阶段的碳素未能完全分解氧化，还原阶段三价铁还原不足，未能完全转变为低价铁，随着温度的提高 Fe_2O_3 逐渐生成硅酸亚铁，颜色因而变为青白灰色，并逐渐加深。在相同焙烧条件下，随着含铁量增加，烧成温度降低，烧成温度范围变窄，形成青边
检修决策	青边易导致支持绝缘子及瓷套电击穿强度和抗折强度下降，运行中易断裂，更换

第8章　隔离开关故障案例分析

8.1　生产设计类缺陷

生产设计是隔离开关运行质量技术监督的第一道关口，生产设计用材不当或结构不够合理，就可能给后面的运行维护留下隐患。

8.1.1　500kV隔离开关因可调连杆万向轴承材质不合格导致断裂无法操作

1. 事件经过

2010年10月12日，某变电站500kVⅡ段母线停电操作时发现1号主变压器500kV侧50131隔离开关A、C相能够正常分闸，B相无法动作，仍处于合闸状态，经运行人员现场观察发现该隔离开关导电底座上可调连杆两端万向轴承断裂。

设备信息：隔离开关厂家为湖南长高高压开关集团股份有限公司，型号GW36-550型。

2. 事件原因分析

检修人员停电登高检查发现，断裂部位在于连杆与隔离开关本体相连接的万向轴承的外环，且从断裂面来看，此断裂面基本上属于旧痕并已有一段时间，只不过还剩一小段连接，在分闸操作力作用下拉断。此万向轴承的内球与外环存在不同程度的锈蚀，轴承间润滑已接近干枯。

事件的主要原因是万向轴承热熔工艺不佳，提供万向轴承产品的供应商采取铸造工艺，铸造工艺的质量较差，容易存在气孔，万向轴承进行拉力试验时极限拉力均小于60kN，铸造应力缺陷造成结构强度不够。在寄送到中试所进行材质分析试验时，发现其C元素也超标，达到0.18%，远超GB/T 1220—2007《不锈钢棒》表8-1C材料成分不大于0.08%的要求。

表8-1　可调连杆的化学成分（变电站A）　wt%

成　分	C	S	Si	P	Mn	Cr	Ni
GB/T 1220—2007对0Cr18Ni9的技术要求	≤0.08	≤0.030	≤1.00	≤0.045	≤2.00	18.00～20.00	8.00～11.00

3. 事件处置及防范措施

（1）事件处置。1号主变压器500kV侧5013、5012开关转检修停电，把故障相隔离开关可调连杆及万向轴承拆掉（见图8-1和图8-2），更换成新的金属材质检测合格的隔离开关可调连杆及万向轴承部件。损坏的万向轴承送至中试院进行进一步的拉力试验和材质分析，发现确存在材质问题（见图8-3和图8-4）。同时对其他没有断裂相的可调连杆及万向轴承进行排查，确保隔离开关可以安全稳定运行。

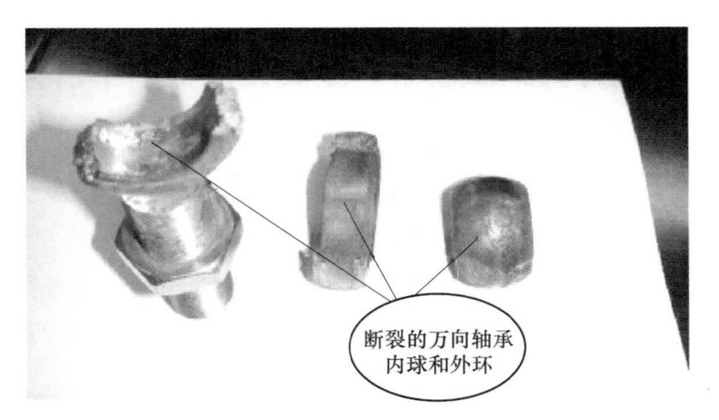

图 8－1　断裂的万向轴承内球和外环近貌

图 8－2　断裂的万向轴承位置

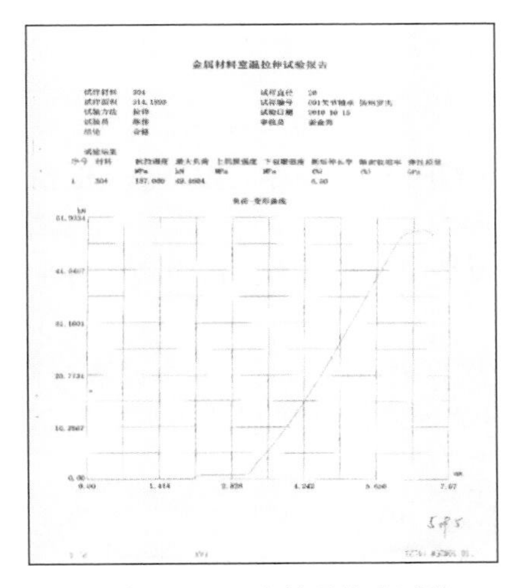

金属材料室温拉伸试验报告

图 8－3　万向轴承拉力试验

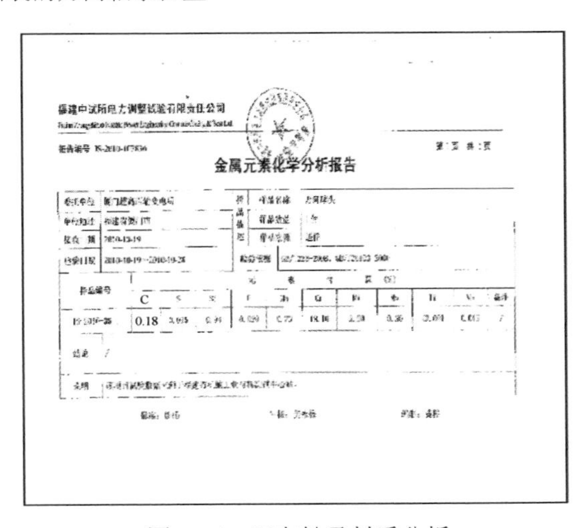

金属元素化学分析报告

C
0.18

图 8－4　万向轴承材质分析

（2）防范措施。

1）变电中心对所有同型号同批次隔离开关可调连杆进行外观检查，存在类似现象的，立即申请停电处理；暂未发现问题的，结合停电进行重点调试。

2）物资部门及设备运维管理单位从变电站基建、技改等项目源头加强物资监造抽检、到货验收，对不符合要求或可能存在安全隐患的设备坚决杜绝投入使用。

8.1.2 220kV 隔离开关绝缘子固定金具设计铸造不合格导致断裂

1. 事件经过

7 月 11 日，受强台风“玛利亚”影响，220kV 某变电站 220kV Ⅰ/Ⅲ段母分 2502 隔离开关上方 A、B 相倒挂绝缘子固定金具断裂，如图 8－5 所示，下侧管型母线脱落，导致 220kV Ⅱ、Ⅲ段母线失压，2、3 号主变压器 220kV 侧失压，Ⅰ段母线单母线运行。

设备信息：金具厂家为浙江永固集团，型号 MGG－130－Φ225 型。

图 8－5　2502 隔离开关上方 A、B 相倒挂绝缘子固定金具断裂现场

2. 事件原因分析

事件的主要原因是金具存在严重质量缺陷。

对断裂的金具进行宏观和金相检查分析，如图 8－6 和图 8－7 所示，发现 A、B 相金具存在诸多质量问题：

1）设计不合理。在两个弯角处圆滑过渡不够，应力集中，不利于铸造成型，易在弯角处产生缩孔聚集等缺陷。

2）铸造工艺不规范。冷却时速度过快，导致液态金属收缩和凝固得不到金属液的补充，也导致了金属在凝固过程中气体来不及逸出，因此金具表面和芯部特别是弯头部位存在大量的气孔和缩孔。

该金具由于设计不合理，且成型过程中冷却速度不均，内部存在大量气孔和缩孔。运行中，金具的应力都集中在气孔处，在强台风的外力作用下发生断裂，引线下垂，导致 220kV Ⅱ母与Ⅲ母之间空气净距不足，发生放电。母差保护动作，两段母线跳闸。

3. 事件处置及防范措施

（1）事件处置。

1）停电更换母线固定金具。

2）约谈供应商，督促供应商加强设备质量管控，杜绝再次发生类似问题。

（2）防范措施。

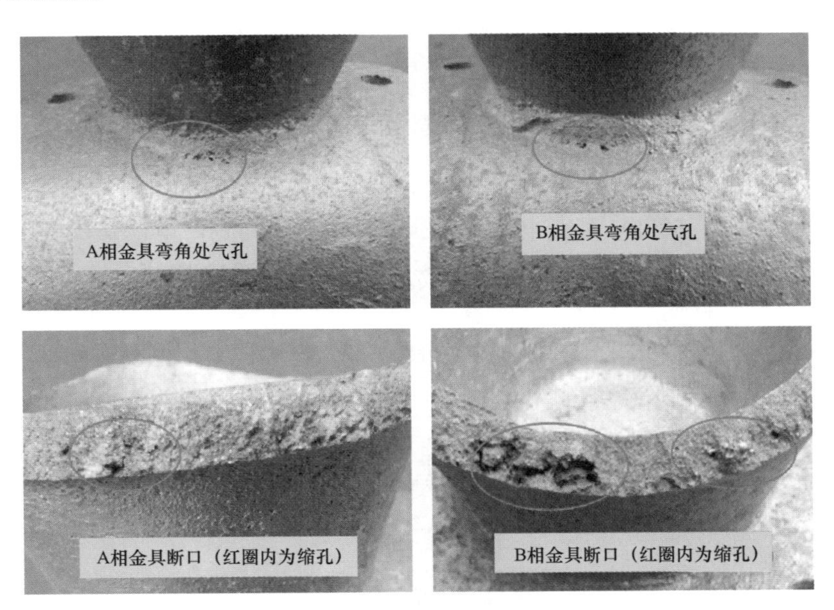

图 8－6　断裂金具宏观检查结果

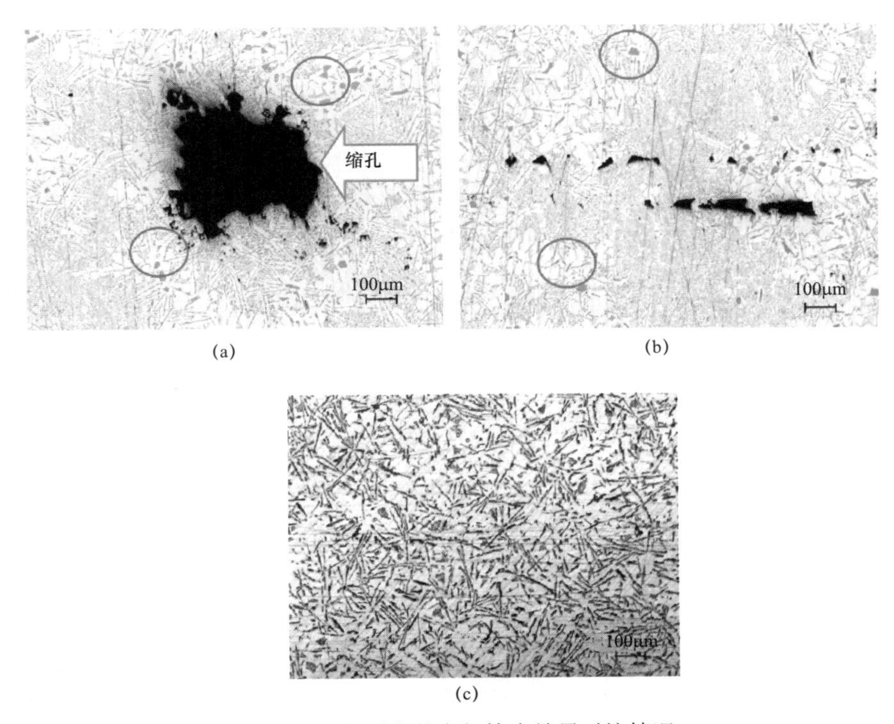

图 8－7　断裂金具金相检查结果对比情况

（a）A 相金具金相组织中缩孔照片（红圈中为块状第二相）；（b）A 相金具金相组织中成列缩孔照片（红圈中为块状第二相）；（c）对比正常的 C 相金具金相组织照片

1）对该厂家同型号同批次金具开展排查，结合停电计划，在年前完成全部更换。

2）将母线固定金具检查列为下阶段运维、检修的重点关注对象，提早发现缺陷，避免故障发生。

8.1.3 500kV隔离开关可调连杆材质不合格导致运行开裂

1. 事情经过

2012年2月8日，500kV某变电站A500kV云莆Ⅱ路间隔停电检修，在对500kV云莆Ⅱ路50312、50321隔离开关进行检修和维护过程中发现50312隔离开关B、C相及50321隔离开关C相可调连杆均存在裂纹。该隔离开关于2008年4月出厂，2008年7月投运。

2012年4月至5月期间，500kV变电站B设备大修过程中，也发现同型号隔离开关有3根可调连杆存在严重裂纹。该批隔离开关2007年10月出厂，2009年1月投运。

上述可调连杆的设计材质均为0Cr18Ni9。

设备信息：隔离开关厂家为湖南长高高压开关集团股份有限公司，型号为GW36－550SⅡD1D2W型。

2. 事件原因分析

（1）宏观检查。受检可调连杆的裂纹形貌如图8－8所示，宏观检查发现连杆外表面分布着大量的网状裂纹，部分区域出现沿轴向方向的裂纹，最长达到110mm左右，表面开裂处已出现明显的锈斑。裂纹向芯部扩展，最深已接近中心部位。

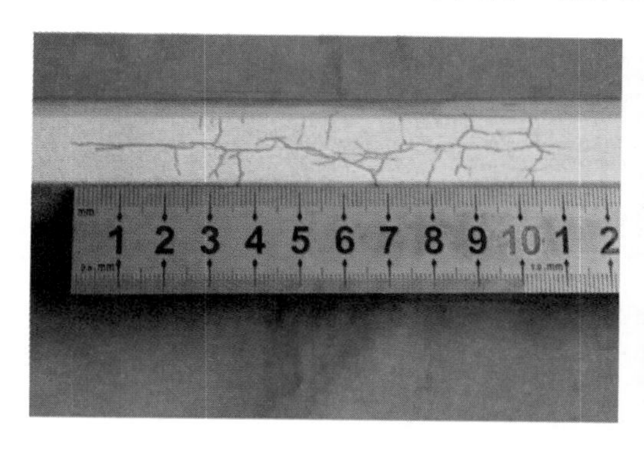

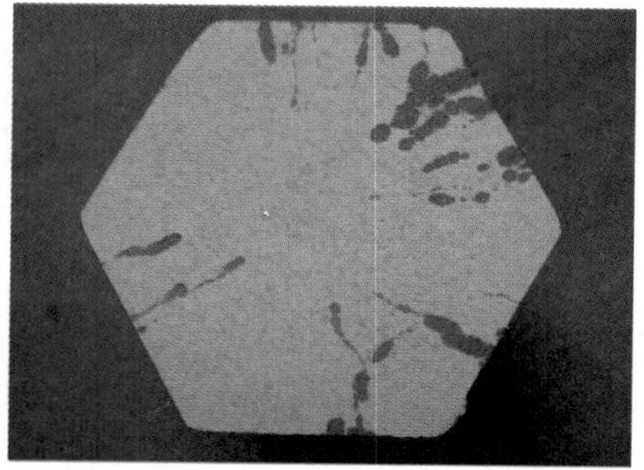

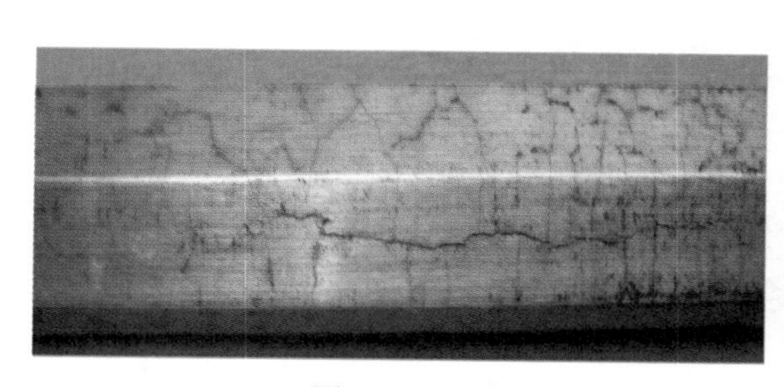

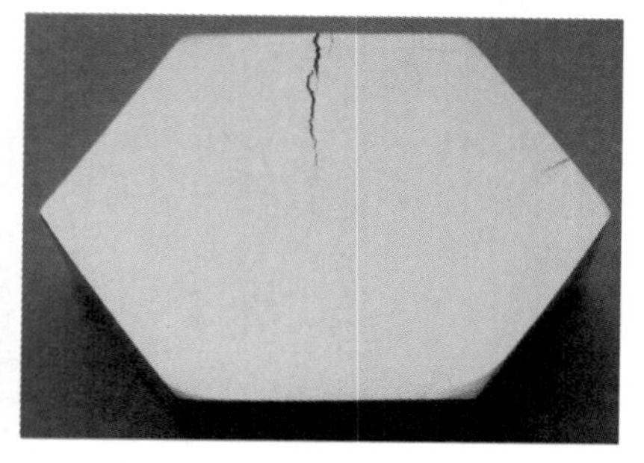

图8－8 隔离开关可调连杆表面裂纹及截面裂纹形貌

（2）化学成分分析。可调连杆的化学成分分析结果见表8－2、表8－3，其Cr元素含量和Ni元素含量偏低，C元素含量偏高，Mn元素含量严重偏高，化学成分分析结果不符合 GB/T 1220—2007《不锈钢棒》对 0Cr18Ni9 材质的要求。

表 8-2　　可调拉杆的化学成分（变电站 A）　　wt%

成　分	C	S	Si	P	Mn	Cr	Ni
可调连杆（211—2012-3-1）	0.097	0.0063	0.45	0.042	5.40	16.00	7.00
GB/T 1220—2007 对 0Cr18Ni9 的技术要求	≤0.08	≤0.030	≤1.00	≤0.045	≤2.00	18.00～20.00	8.00～11.00

表 8-3　　可调拉杆的化学成分（变电站 B）　　wt%

成　分	C	S	Si	P	Mn	Cr	Ni
可调连杆（211—2012-11-1）	0.1	0.014	0.52	0.03	3.31	16.0	7.4
GB/T 1220—2007 对 0Cr18Ni9 的技术要求	≤0.08	≤0.03	≤1.0	≤0.045	≤2.0	18～20	8～11

（3）金相试验。可调连杆的金相检查结果见图 8-9、图 8-10。其试样的金相组织是奥氏体组织，但晶界上有许多碳化物或者夹杂物的颗粒存在；在靠近表面的裂纹区域有严重的晶粒脱落现象，在裂纹尖端可以观察到裂纹沿着晶界萌生和扩展，为典型的晶间腐蚀特征。

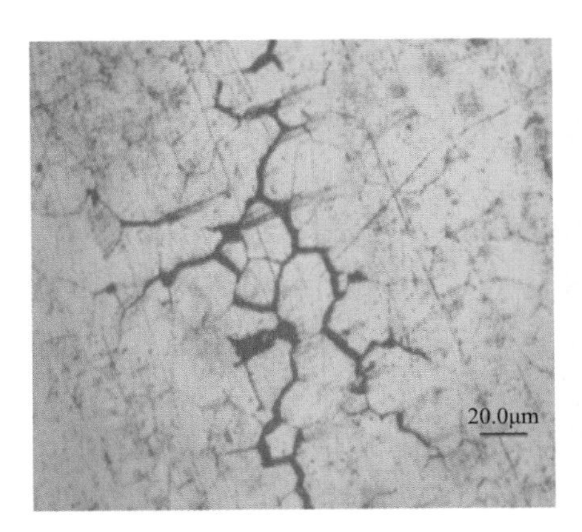

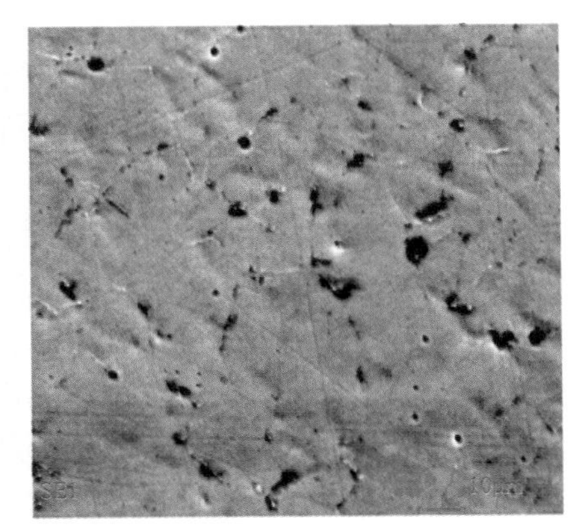

图 8-9　裂纹沿晶界萌生和扩展的形貌（变电站 A）

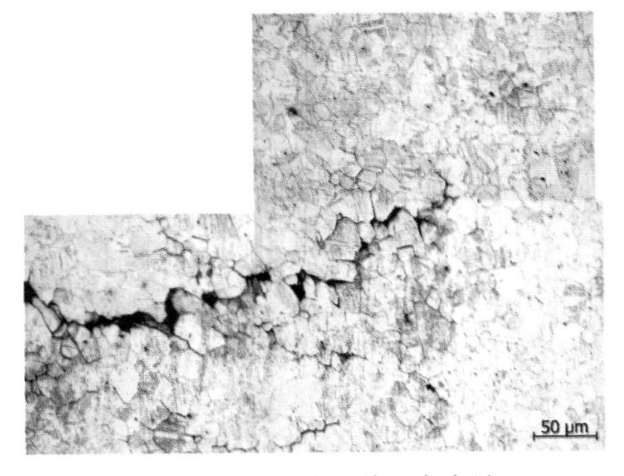

图 8-10　裂纹尖端形貌（变电站 B）

（4）硬度试验。对受检可调连杆截面及外表面进行布氏硬度测试，测试结果（见表 8–4、表 8–5）不符合 GB/T 1220—2007《不锈钢棒》的技术要求。

表 8–4　受检可调连杆的布氏硬度测试结果（变电站 A）　HBW2.5/187.5

测　点	1	2	3	平均值
外表面	300	285	300	295
截面	255	249	262	255
GB/T 1220—2007 对 0Cr18Ni9 的技术要求	≤187HB			

表 8–5　受检可调连杆的布氏硬度测试结果（变电站 B）　HBW2.5/187.5

测　点	1	2	3	4	5	平均值
截面	251	244	265	248	264	254
外表面	269	275	277	275	275	274
GB/T 1220—2007 对 0Cr18Ni9 的技术要求	≤187HBW					

（5）事件原因分析总结。宏观检查发现可调连杆外表面均匀分布有大量的网状裂纹，表面开裂处均已出现明显的锈斑，裂纹由表面向芯部扩展，并且最大裂纹深度已接近中心部位。金相检查发现，连杆的基体组织为奥氏体，但晶界上分布有许多碳化物或夹杂物颗粒，裂纹沿着晶界萌生和扩展，靠近外表面有严重的晶粒脱落现象。以上试验结果表明连杆裂纹为典型的晶间腐蚀裂纹。

对于 0Cr18Ni9 不锈钢，Cr 元素是保证其耐腐蚀性的主要元素。由化学成分分析结果可知，受检连杆的 C、Mn 含量偏高，Cr、Ni 含量偏低。不锈钢在热处理冷却过程中，C 含量偏高容易与晶界及其周围的 Cr 形成（Cr，Fe）$_{23}C_6$ 并在奥氏体晶界析出，造成晶界及临近区域的 Cr 原子浓度降低，形成贫 Cr 区，因而造成该区域材料的耐腐蚀性能明显降低；Mn 含量严重偏高，会与 C、S 形成金属夹杂物并在晶界析出，破坏晶粒间的结合力，降低不锈钢的耐腐蚀能力，使钢的强度、塑性和韧性急剧降低。

硬度测试值偏高表明受检连杆的热处理工艺执行不规范。连杆金相组织的奥氏体晶界上分布有许多碳化物或夹杂物颗粒，也是由于热处理工艺执行不规范，导致合金元素未能充分固溶到奥氏体基体中的结果。不规范的热处理工艺加剧了（Cr，Fe）$_{23}C_6$ 的形成及贫 Cr 区的出现，降低了不锈钢抗晶间腐蚀的能力。晶界附近贫 Cr 是不锈钢产生晶间腐蚀的最主要原因，晶间腐蚀破坏了晶粒间的结合力，结果引发沿晶裂纹的出现。

3. 事件处理及防范措施

（1）事件处理。500kV 变电站 A、B　GW36 型隔离开关可调连杆由于所用材料的化学成分不符合要求以及热处理工艺执行不规范，造成材料抗晶间腐蚀能力下降，导致出现晶间腐蚀并产生网状裂纹。要求结合停电对同型号隔离开关的可调连杆进行仔细排查，发现有异常的及时更换整改。

（2）防范措施。

1）建议对已投运的湖南长高高压开关集团股份公司生产的 GW36 型隔离开关可调连

杆进行检查，发现连杆开裂时应及时更换处理。对新更换的可调连杆应进行材质分析检查，合格后方可使用。

2）检修期间应加强输变电设备重要金属件的检查。

3）加强入网设备及其重要零部件的质量检测与监督工作。

8.1.4　220kV 隔离开关触头镀层以锡代银导致抽检不合格

1. 事件经过

4 月 8 日，220kV 某变电站 2 号主变压器扩建工程到货的 220kV GW7B－252D 型隔离开关现场抽检发现，隔离开关触头镀层元素为锡，不满足元素镀层元素为银的规定（见图 8－11、图 8－12）。

设备信息：该隔离开关生产厂家为江苏省如高高压电器有限公司，型号为 GW7B－252D。

图 8－11　抽检报告

图 8－12　不合格隔离开关触头

2. 事件原因分析

220kV 接地开关触头镀层为锡，不满足 DL/T 486—2010《高压交流隔离开关和接地开关》中“触头镀层元素为银”的技术标准。同时 DL/T 1424—2015《电网金属技术监督规程》中 5.2.1 规定，导电回路的动接触部位和母线静接触部位应镀银，室内导电回路动接触部位镀银厚度不宜小于 8μm，室外导电回路动接触部位镀银厚度不宜小于 20μm，且硬度应大于 120HV，母线静接触部位镀银厚度不宜小于 8μm。隔离开关触头镀银层用锡元素，易导致触头磨损、金属层脱落、接触电阻增大发热等问题。

3. 事情处理及防范措施

（1）事情处理。

1）物资供应中心督促厂家对隔离开关触头换货处理，并现场安装调试。

2）把厂家纳入不良供应商处理。

（2）防范措施。加强到货设备检测，严格确保入网设备符合相关技术标准。

8.1.5 220kV隔离开关B相可调连接螺杆断裂导致无法操作

1. 事情经过

2017年10月29日，500kV某变电站220kVⅢ段母线间隔停电检修。在转检修的操作过程中，运维人员发现220kVⅠ/Ⅲ段母分2801隔离开关B相可调连接的螺杆部位断裂。该隔离开关出厂日期为2007年10月1日，投运日期为2008年11月11日。

设备信息：该隔离开关生产厂家为湖南长高高压开关集团股份公司，型号为GW17A－252ⅡDW

2. 事情原因分析

（1）宏观检查。隔离开关及断裂可调连接的现场照片见图8－13，由图可知，隔离开关在合闸状态下，可调连接的螺杆部位主要承受拉力。可调连接的断裂螺杆及新螺杆的宏观形貌见图8－14，由图可知，断裂螺杆断口较平整，与螺杆轴线垂直，断口处覆盖有腐蚀产物，断裂螺杆外表面可见明显的腐蚀坑。作为比较，新螺杆总体呈现出银白色的金属光泽，未见锈蚀。

图8－13　隔离开关及断裂可调连接的现场照片

图8－14　可调连接断裂螺杆及新螺杆的宏观形貌

（2）化学成分分析。对受检样品取样进行化学成分分析，分析结果见表8－6。其中断裂螺杆的Cr元素含量和Ni元素含量偏低，C元素含量严重偏高，Mn元素含量偏高，化学成分分析结果不符合GB/T 1220—2007《不锈钢棒》对0Cr18Ni9材质的要求；作为对比，新螺杆的各化学元素含量在标准范围内，其化学成分分析结果符合相关标准对0Cr18Ni9材质的要求。

表 8-6　　受检螺杆的化学成分　　wt%

成　分	C	S	Si	P	Mn	Cr	Ni
断裂螺杆（148—2017-1029-1）	0.23	0.018	0.49	0.031	3.06	16.90	6.92
新螺杆（148—2017-1029-2）	0.05	0.014	0.40	0.027	1.08	18.20	8.10
GB/T 1220—2007 对 0Cr18Ni9 的技术要求	≤0.08	≤0.030	≤1.00	≤0.045	≤2	18.00～20.00	8.00～11.00

（3）金相试验。截取断裂螺杆及新螺杆的横截面制成金相样品，用 $FeCl_3$ 盐酸水溶液浸蚀，在金相显微镜下观察并拍照，检查结果见图 8-15 和图 8-16。由图可知，断裂螺杆及新螺杆的金相组织均为奥氏体组织，晶界上未见明显的碳化物或夹杂物颗粒析出。

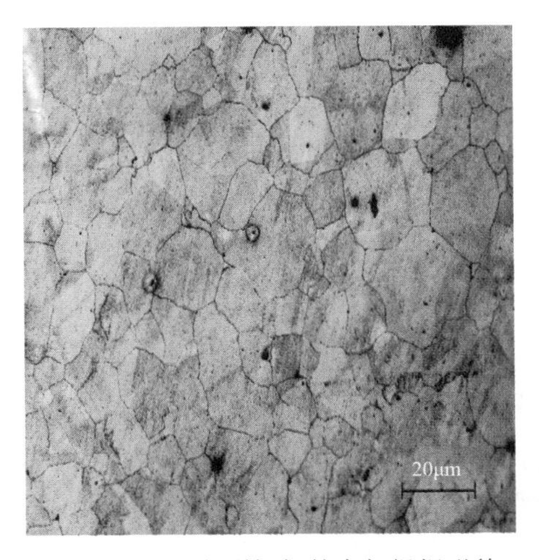

图 8-15　断裂螺杆的金相组织形貌

图 8-16　新螺杆的金相组织形貌

（4）扫描电镜分析。利用扫描电子显微镜对断裂螺杆断口进行分析，观察断口的表面微观形貌和腐蚀产物成分。螺杆断口的微观形貌如图 8-17 所示，断口上腐蚀产物的 X 射线能谱分析如图 8-18 所示。

图 8-17　螺杆断口的 SEM 形貌

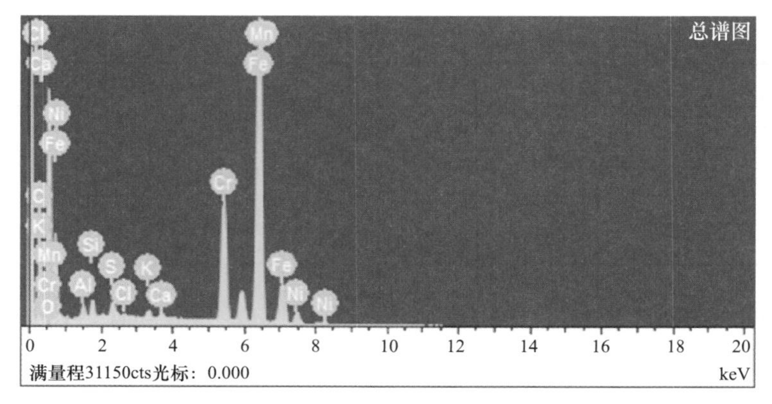

图 8－18　螺杆断口的腐蚀产物成分分析

从图 8－17 中可以看出，该断裂螺杆的断口形貌为沿晶断裂，晶粒呈冰糖状，且具有明显二次裂纹，说明断裂形式为脆性断裂。断口腐蚀产物成分分析结果表明，腐蚀产物主要含有 Fe、Cr、Mn、O、S、Cl、Ni、Al 等元素，说明硫化物和氯化物直接促进奥氏体不锈钢的腐蚀。

利用扫描电镜的背散射模式对不锈钢螺杆的横截面进行微观组织分析，其截面的微裂纹形貌如图 8－19 与图 8－20 所示。从图中可以看出，该失效部件存在内部裂纹，裂纹源于部件边缘，沿晶界向内部扩展，均为沿晶裂纹。

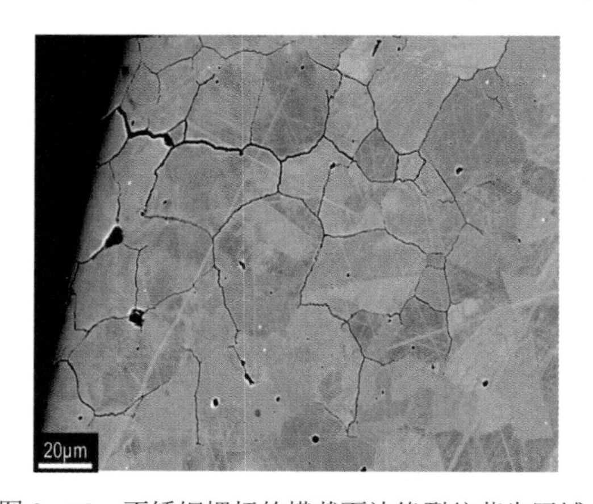

图 8－19　不锈钢螺杆的横截面边缘裂纹萌生区域

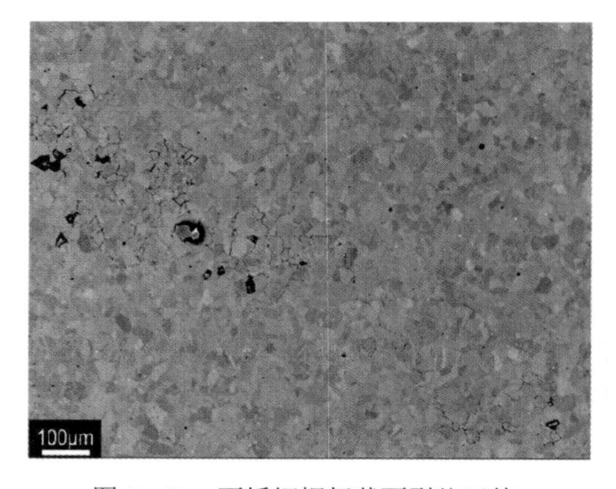

图 8－20　不锈钢螺杆截面裂纹延伸

（5）硬度试验。按照 GB/T 231.1—2018《金属材料　布氏硬度试验　第 1 部分：试验方法》的规定在 UH250 型布洛维硬度计上对断裂螺杆和新螺杆的横截面进行布氏硬度试验，试验结果见表 8－7。布氏硬度测试结果表明，断裂螺杆的布氏硬度值偏高，不符合相关标准的技术要求，新螺杆的布氏硬度值正常，在标准范围内。

（6）分析与讨论。

1）宏观形貌结果表明，失效螺杆为脆性断裂，外表面锈蚀现象说明该样品原材料的耐蚀性较差。结合扫描电镜分析结果，螺杆断口具有典型的沿晶断裂特征，且断口的腐蚀产物含有 S 和 Cl 元素，大气中的硫离子和氯离子参与了螺杆的腐蚀过程。

表8-7　断裂螺杆和新螺杆的布氏硬度测试结果　HBW2.5/187.5

测　点	1	2	3	平均值
断裂螺杆横截面（148—2017-1029-1）	198	200	190	196
新螺杆横截面（148—2017-1029-2）	184	187	183	185
GB/T 1220—2007 对 0Cr18Ni9 的技术要求	≤187HBW			

2）金相试样结果表明，断裂螺杆和新螺杆横截面的金相组织均为奥氏体，晶界上未见明显的碳化物或夹杂物颗粒析出。

3）化学成分分析结果表明，新螺杆化学成分正常，但断裂螺杆的 Cr、Ni 含量偏低，C、Mn 含量偏高。Cr 元素是不锈钢获得耐腐蚀性的主要元素，Cr 含量偏低，大大降低了不锈钢的耐蚀性能，降低了不锈钢的钝化能力，使得点蚀易扩展，成为微裂纹；Ni 含量偏低，造成奥氏体组织不稳定，加工过程中易形成马氏体组织，降低材料韧性。C 含量偏高容易与 Cr 形成碳化物，大大降低不锈钢的耐蚀性；Mn 含量偏高，会与 C、S 形成金属夹杂物，破坏晶粒间的结合力，降低不锈钢的耐腐蚀能力。

4）硬度测试结果表明，新螺杆横截面的布氏硬度值正常，但断裂螺杆横截面的布氏硬度值明显偏高，说明其塑性和韧性较差。硬度偏高与该断裂螺杆原材料中 C、Mn 含量偏高以及锻造时加工硬化有关。

综合上述宏观形貌、微观形貌、化学成分分析以及硬度测试数据表明，该隔离开关可调连接的螺杆失效断裂为应力腐蚀断裂。螺杆失效主要与材质本身有关，并在环境因素的协同作用下共同发生：

1）材质本身方面，断裂螺杆在生产过程中材质成分不合格。偏低的 Cr、Ni 含量以及偏高的 C、Mn 含量，不仅降低了材料本身的韧性，且不锈钢材料本身的耐腐蚀性也急剧下降，最终导致了螺杆的应力腐蚀断裂过程。

2）环境因素方面，隔离开关所在变电站的地理位置具有沿海工业环境特征，工业环境提供了硫离子和氯离子两种腐蚀介质；另外，隔离开关在合闸状态下，可调连接的螺杆部位主要承受拉力，在长时间的服役过程中，这两方面因素促进了螺杆的腐蚀失效。

3. 事情处理及防范措施

（1）事情处理。该 500kV 变电站 220kV Ⅰ/Ⅲ段母分 2801 隔离开关 B 相可调连接的螺杆所用材料的化学成分不符合要求，急剧降低了材料本身的耐蚀性和韧性，最终导致螺杆的应力腐蚀断裂。

现场更换可调连接之后，隔离开关可以正常分合闸。同时，结合停电计划，对同型号的隔离开关进行排查整改。

（2）防范措施。

1）更换与失效样品同批次的可调连接，若受条件限制未能及时更换的，应加强跟踪检查，及时排除安全隐患。

2）加强入网设备及其零部件的质量验收与管理工作。对于新更换的可调连接，应要求厂家提供化学成分分析报告以及硬度等相关力学性能报告。

8.1.6 220kV隔离开关多部件材质不良导致无法分合

1. 事情经过

2012年3月，某500kV变电站220kV厦梧Ⅰ路2431隔离开关例行检修过程中，发现该隔离开关操作异常，无法正常合闸。

设备信息：隔离开关厂家为河南平高电气股份有限公司，型号GW17－252W。

2. 事件原因分析

检修人员在检查过程中，发现该隔离开关滚轮已断裂，用手对导臂进行小范围推拉时，其阻力相当大，检修人员随即拆下隔离开关导电臂，并进行解体分析。

对滚轮进行宏观检查和尺寸测量，发现滚轮构件端部为管状结构，如图8－21所示，断裂发生在圆弧过渡面的根部，断口平齐，周边无塑性变形痕迹，呈典型的脆性断裂特征。滚轮构件壁厚4.37mm，外部直径29.25mm。

对上导电臂进行解体，发现其内部提升杆采用的是不锈钢，轴套为尼龙轴套。现场对滚轮、轴套进行了更换，如图8－22～图8－24所示。

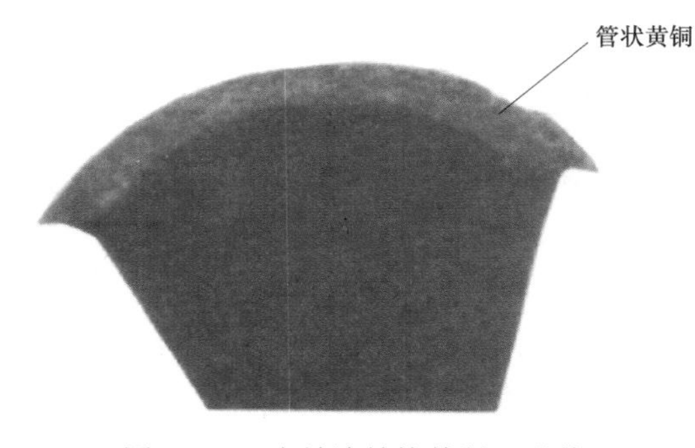

图8－21　失效滚轮构件断口形貌

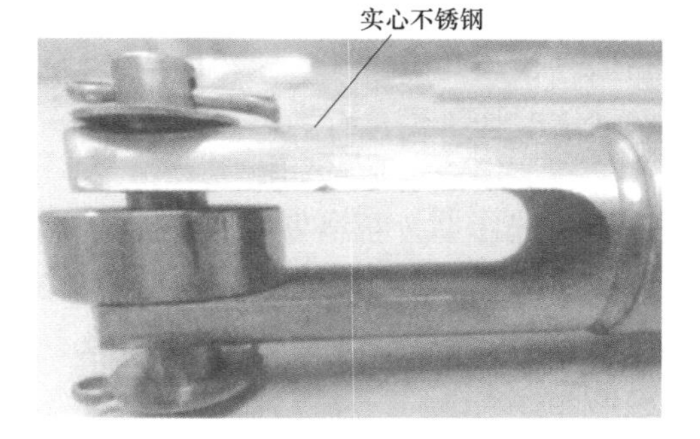

图8－22　更换的不锈钢滚轮

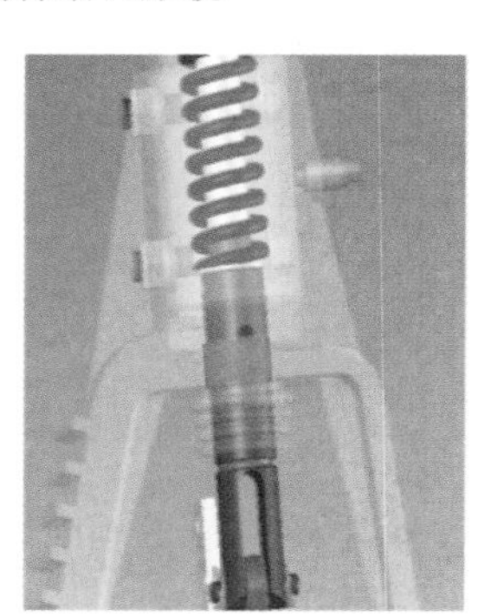

图8－23　更换的轴套位置

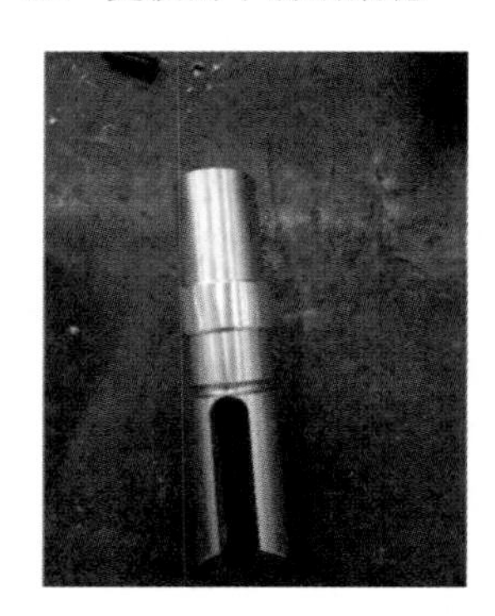

图8－24　更换后的铜接头和滑动轴套

原因分析如下：

对失效滚轮构件的成分进行分析，具体数据如表8－8所示。从表中可以看出，构件Zn、Pb含量很高，为铅黄铜，与GB/T 5231—2012《加工铜及铜合金牌号和化学成分》标准中QA110－3－1.5材质要求不符。铝青铜的抗拉强度为590MPa，而铅黄铜的抗拉强度为295～

310MPa，强度低于设计材质要求。同时，滚轮端部设计为管状耐受压力也较差。

表 8－8　　部件材质分析数据

元素	Sn	Al	Si	Mn	Zn	Ni	Fe	Pb	Cu
标准（%）	0～0.1	8.5～10.0	0～0.1	1.0～2.0	0～0.5	0～0.5	2.0～4.0	0～0.03	余量
试样（%）	0.06	—	—	—	34.78	0.28	0.41	5.89	余量

上导臂内的不锈钢提升杆和尼龙轴套，在运动一段时间后发黏卡涩，造成运动阻力急剧增大，滚轮也易被卡住无法运动到位，形成合不直或分不到位的现象。

3. 事件处置及防范措施

（1）事件处置。

1）更换为不锈钢滚轮，材质牌号 0Cr18Ni9，端部的设计由管状改为实心弧状，厚度 9.48mm，外部直径 29.42mm，以提升强度。

2）把上导电管内内部提升杆的端杆、接头换成铝青铜材质，与端杆、接头配合的尼龙轴套换成复合轴套，减小运动卡涩阻力。

（2）防范措施。

1）加大对设备关键零部件入网把关。

2）厂家优化重要零部件零件选材。

8.1.7　500kV 隔离开关导电用辊式触指材质不良导致开裂

1. 事件经过

2009 年 4 月 21 日，某 500kV 变电站运行人员发现 500kV 大泉Ⅱ路 50431 隔离开关 A 相拐臂处辊式触指外罩断裂掉落，统计后发现导电作用的辊式触指掉落 5 个（辊式触指罩内共有 16 个辊式触指），产品出厂月份为 2002 年 1 月。

设备信息：隔离开关厂家为西安西电高压开关有限责任公司，型号 GW11－550DW 型。

2. 事件原因分析

每相隔离开关均有 4 个起导电作用的辊式触指盘，其外加有防尘防污罩（分别在联动上下导电臂用的拐臂左右布置有 2 个辊式触指罩、下导电臂端左右布置有 2 个辊式触指罩，如图 8－25 所示）。

图 8－25　500kVGW11－550DW 型隔离开关辊式触指罩布置

造成隔离开关上述问题的原因为辊式触指盘材质不良，投运久了容易老化脆化，隔离开关分、合闸时，辊式触指盘会受到振动，进而导致断裂掉落。

3. 事件处置及防范措施

（1）事件处置。2009 年 5 月 4 日，检修部门会同西安西电高压开关有限责任公司技术人员进行A相拐臂处辊式触指盘更换，同时对该组隔离开关其余辊式触指盘进行检查，辊式触指盘有的已断裂（见图8－26）。此次抽查三相共12个辊式触指盘，有6个辊式触指盘已经严重断裂，内部的触指及弹簧完全散落（见图8－27），其余6个虽没断裂，但已发现有明显裂纹，说明此批次隔离开关的辊式触指已经影响设备的安全运行。

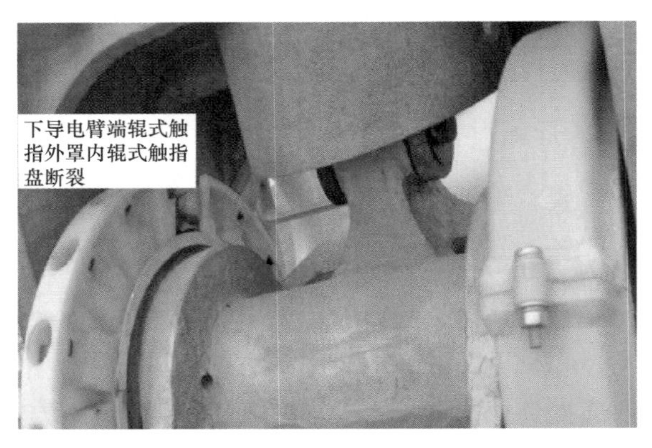

图8－26　下导电臂断裂的辊式触指盘

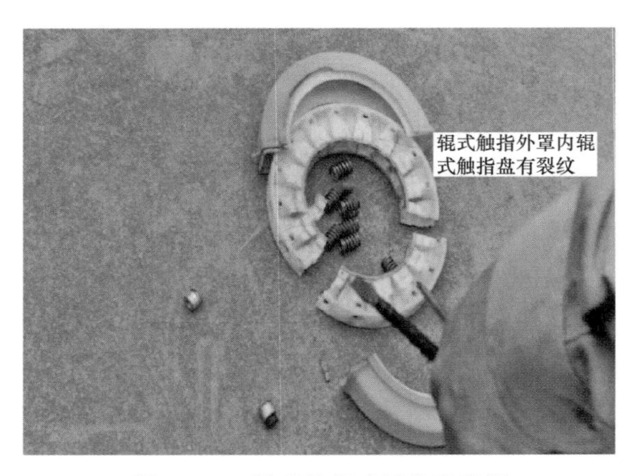

图8－27　散落的辊式触指及弹簧

（2）防范措施。

1）尽快安排停电，对本批次隔离开关的其余辊式触指盘更换，并要求厂家提供改进后的辊式触指盘。

2）将加强对此类隔离开关的巡视和红外测温工作。巡视过程中应加强对辊式触指盘的观察，及时发现脱落的辊式触指。

8.1.8　500kV隔离开关静触头导线线夹材料工艺不佳导致断裂

1. 事件经过

2014年12月7日，某500kV变电站扩建的核电间隔在验收过程中，对500kVⅡ母侧隔离开关静触头导线线夹螺栓进行力矩检查时，导线线夹发生断裂，线夹形貌如图8－28、图8－29所示。经查，隔离开关导电线夹所用材料为ZL114A，材质状态为T6，采用强度等级为 6.8 级的 M12 钢质螺栓进行安装。

设备信息：隔离开关厂家为湖南长高高压开关集团股份公司，型号为 GW35-500 型。

图 8-28　现场导线线夹照片

图 8-29　拆除后导线线夹断裂形貌照片

2. 事件原因分析

（1）宏观检查。对该导线线夹进行检查分析，查找其断裂原因时发现，受检导电线夹断口位于最外侧螺栓孔的内侧，断口附近无明显变形迹象，其断口形貌如图 8-30、图 8-31 所示。断面整体呈银灰色结晶状，晶粒较为粗大，属于新断口，具有典型的脆性断裂特征。从图 8-31 的断面上可以看到一些由中间凸台上部向两侧和下部扩展的放射线，表明裂纹起始于线夹中部凸台的上表面。此外，线夹表面涂覆有过氯乙烯铝粉漆。

图 8-30　导线线夹的断口形貌 1

图 8-31　导线线夹的断口形貌 2

（2）化学成分分析。依据 GB/T 20975《铝及铝合金化学分析方法》对发生断裂的导线线夹进行化学成分分析，结果见表 8-9。由表 8-9 中数据可知，受检导线线夹的 Fe 含量超标，其余元素含量符合 GB/T 1173—2013《铸造铝合金》对 ZL114A 的技术要求。

表 8-9　　受检导线线夹的化学成分

成分	Fe	Si	Cu	Mg	Mn	Ti	Pb
受检试样	0.42	7.50	0.058	0.48	0.072	0.12	0.004
GB/T 1173—2013 对 ZL114A 的杂质元素（质量分数）技术要求	≤0.2	无	≤0.2	无	≤0.1	无	无

（3）布氏硬度测试。用型号为 KPE－3000 的布氏硬度计对断成两块的导线线夹进行布氏硬度检测，结果见表 8－10。可见，受检导线线夹的布氏硬度值均满足 GB/T 1173—2013《铸造铝合金》对 ZL114A 的技术要求。

表 8－10　　受检导线线夹的布氏硬度值

试样编号	布氏硬度 HBW5/250/30	备注
断件 1	117、118、115	小块
断件 2	111、114、112	大块
GB/T 1173—2013 对 ZL114A 的技术要求	≥85（砂型铸造）、≥85（金属型铸造）	—

（4）有限元分析。根据厂家提供的零件图，利用有限元软件建立导线线夹实体模型，见图 8－32。

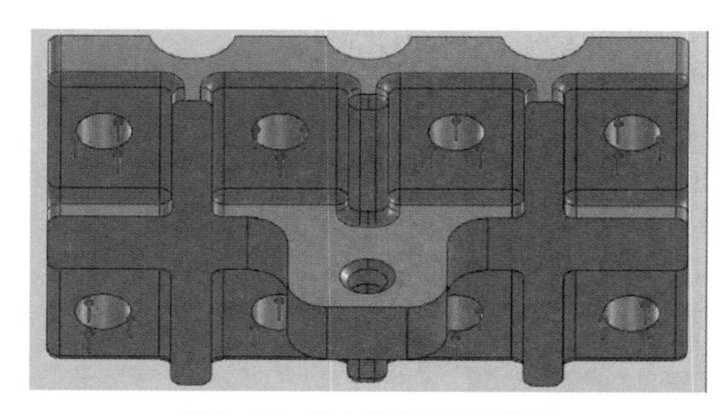

图 8－32　导电线夹的实体模型

根据《机械设计手册》有关规定，螺栓紧固力矩 T 与紧固力 F、螺栓直径 D 之间的计算公式为 $T \approx 0.2FD$。现场对导线线夹螺栓进行力矩测试时，采用的力矩值 T 为 60Nm，所用螺栓直径 D 为 12mm，则计算紧固力 $F \approx 25\ 000$N。对实体模型中 8 个螺栓孔施加向下的作用力 F 模拟导线线夹现场受力情况，如图 8－32 中箭头所示。采用实体网格进行划分，网格单元数为 32 599，节点数为 50 888，材料选用铸造铝合金。经有限元分析后，导线线夹的应力、应变、最大载荷分布图分别见图 8－33～图 8－35。

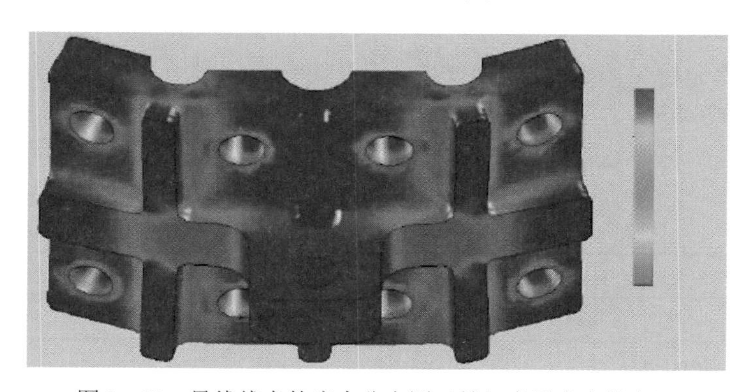

图 8－33　导线线夹的应力分布图（越红表示应力越大）

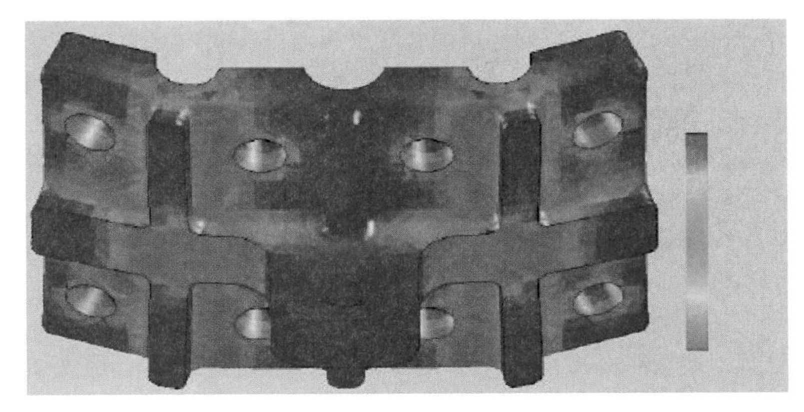

图 8－34　导线线夹的应变分布图（越红表示应力越大）

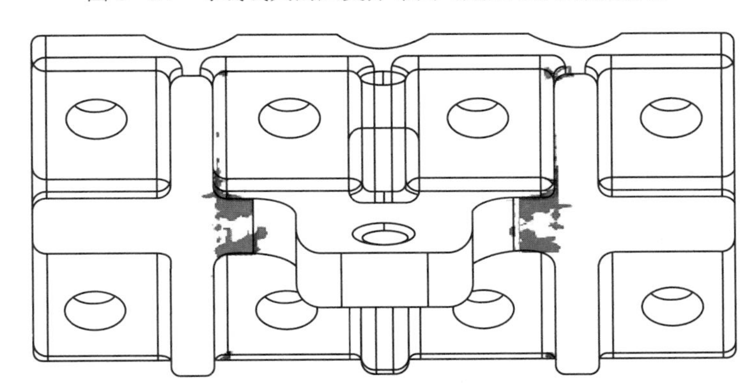

图 8－35　导线线夹的最大载荷分布图

从有限元分析结果可知，该线夹所受的拉应力峰值主要分布于 A 区域（最外侧螺栓孔的内侧）。GB/T 1173—2013《铸造铝合金》给出的 ZL114A 金属型铸造材料的抗拉强度下限为 310MPa，A 区域的应力值已超过材料的抗拉强度下限。从图 8－35 所示的最大载荷分布图可知，导线线夹加载过程中最大载荷主要分布于 A 区域，易导致此处断裂。结合应变分布图可知，C 处（线夹中部凸台的上表面）应变最大，裂纹易产生于 C 处附近。

（5）分析与讨论。

从化学成分分析结果可以看出，导线线夹中的 Fe 含量超标，Fe 是铝合金中最有害的元素之一。随着铝合金中 Fe 含量的增加，在组织中会形成硬度很高的针、片状脆性相，它的存在割裂了铝合金的基体，极易产生应力集中，降低了合金的力学性能，尤其是韧性，使零件在超载时易发生脆性断裂。

结合断口形貌与有限元分析结果可知，该导线线夹在加载过程中，最大载荷主要分布于 A 区域，故易在该区域产生裂纹。导线线夹所用的 ZL114A 铸造铝合金材料韧性较差，过载时容易发生脆性断裂。当选用直径为 12mm 的钢质螺栓进行装配时，采用 60Nm 紧固力矩，相应的紧固力约为 25 000N，导线线夹局部所承受的应力峰值已超过材料的抗拉强度下限，其局部载荷有可能超出其承载能力，从而造成导线线夹断裂。

有限元分析是在理想的状态下将整个受力系统进行简化，而现场的实际受力情况更为复杂，螺栓的紧固顺序和力值发生变化，都会对导线线夹的应力应变状态产生影响。此外，模拟时所采用的失效强度为310MPa，是导线线夹所用材料对强度要求的最低值，实际使用的合格的导线线夹强度值应高于310MPa。对每个导线线夹来说，其制造过程的差异性也会使其承载能力有所不同，故在力矩测试过程中，个别受力异常或承载能力较低的导线线夹容易产生裂纹，甚至断裂。

结论：受检导线线夹由于设计问题，造成构件局部超载，同时所用材料韧性较差，是导致本次断裂失效的主要原因。

3. 事件处置及防范措施

（1）事件处置。要求厂家提供符合要求的新的导线线夹，并对已经安装的导线线夹进行排查，及时发现有裂纹的线夹。

（2）防范措施。

1）厂家应对导线线夹进行优化设计，选用合适的零件尺寸及对应的紧固螺栓，提高其安全系数，以增强整个零件的承载能力。

2）厂家应选用韧性较好的材料和合适的加工工艺（如锻造），提高材料的综合性能。

8.1.9　220kV隔离开关分合闸卡涩导致静触头变形

1. 事件经过

2015年12月3日，某500kV变电站进行220kV母线隔离开关倒排操作，在操作220kV三梅Ⅰ路2871隔离开关时，A相隔离开关动触头上的引弧指勾住静触头造成无法分闸。

设备信息：厂家为山东泰开隔离开关有限公司，型号为GW23A－ 252DD（W）Ⅲ/2000。

2. 事件原因分析

事件的主要原因是厂家隔离开关设计不合理。旧款隔离开关引弧指无倒角，有朝内弯钩（见图8－36），加上隔离开关安装偏轴造成向左倾斜，这就使得右部引弧指在操作时容易勾住静触头（见图8－37），继而使隔离开关卡死无法操作。隔离开关卡死造成很大的阻力，并使输出轴的转矩、连杆的拉力、绝缘子的转矩同时变大。现场虽未发现主输出轴抱箍及下部三相连杆抱箍跑位、变形，绝缘子异常，然而登高检修发现2871隔离开关A相底座连杆连接轴套定位孔及其传动螺杆已经变形（见图8－38和图8－39）。

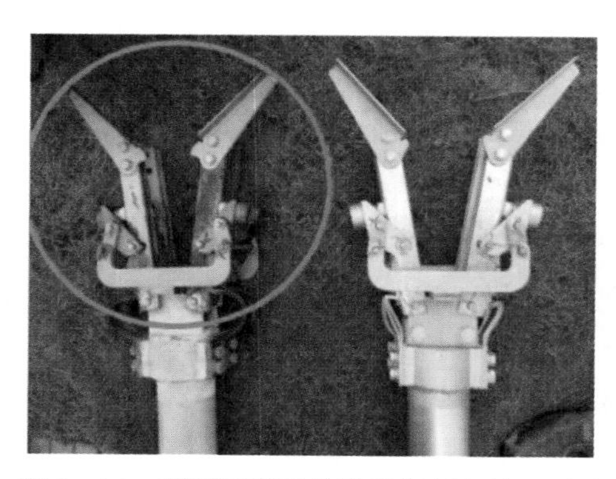

图8－36　新旧隔离开关引弧指倒角情况对比

图8－37　引弧指勾住静触头

图 8－38　底座连杆连接轴套及其传动螺栓

图 8－39　底座连杆连接轴套变形的定位孔

3. 事件处置及防范措施

（1）事件处置情况。

1）对 2871 隔离开关三相上导电臂以及 A 相静触头进行更换。

2）更换后，对三相隔离开关进行联调，并调整隔离开关偏轴问题。

（2）防范措施。

1）结合年检对其他泰开 GW23A－252Ⅲ型隔离开关不合理设计的引弧指进行更换。

2）操作中，如发现此类问题，现场运行人员应立即断开隔离开关电动机电源空气断路器，以免电动机损坏或者隔离开关产生更严重的变形。

8.1.10　220kV 隔离开关滚轮不合适导致引弧指放电

1. 事件经过

2014 年 7 月 3 日 20 时 29 分，某 500kV 变电站运行人员进行巡视时用红外测温仪测出 220kV 宁溪Ⅱ路 2682 隔离开关 A 相刀口温度为 95℃，如图 8－40 所示，温度过高，立即申报缺陷。

设备信息：厂家为河南平高电气股份有限公司，型号为 GW16－252W 型。

2. 事件原因分析

检修人员先对隔离开关的回路电阻进行测量，测量值为 115μΩ。对动触头和静触杆进行检查发现动触头的引弧指有明显的灼烧痕迹，如图 8－41 所示，说明引弧指在隔离开关运行状态下有电流通过。检修人员检查动触指与静触杆的夹紧力，发现动触指并未夹紧静触杆，可以用手轻松地松动动触指。动触指与静触杆的夹紧力不足导致了两者的接触不良。动静触头接触较差一端的引弧指由于电荷通路不畅，积累了不少电荷；而动静触头接触较好一端的引弧指由于大部分电荷已经借由静触杆形成通路，积累的电荷较少。两端引弧指之间电荷数目的多寡不同，造成两引弧指间距离最近的部分产生放电现象，因此引弧指有灼烧的痕迹。同时，接触不良又导致刀口发热。

将该 GW16 型隔离开关上导电臂进行解体，检查夹紧弹簧和复位弹簧，并未发现生锈老化的现象，可排除由于隔离开关的弹簧老化导致刀口不能夹紧的原因。最后分别换上直径为 33mm 和 34mm 的滚轮来实验，发现使用直径为 33mm 的滚轮时，动触指对静触杆的夹紧力不够，用手仍然能够移动动触指；当使用 34mm 的滚轮时，动触指的夹紧力很足，动触指在静触杆上用手已很难移动（两滚轮对比见图 8－42）。这说明较大直径的滚轮，使该隔离开关合闸行程得以完整完成。最终检修人员使用直径为 34mm 的滚轮，如图 8－43 所示。

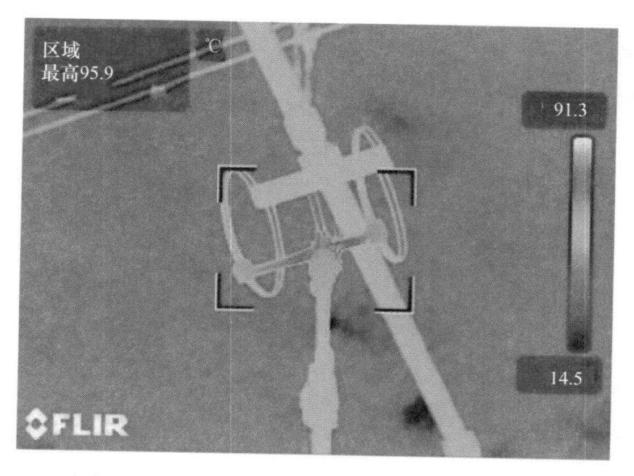

图 8-40 红外测温 2682 隔离开关 95.9℃

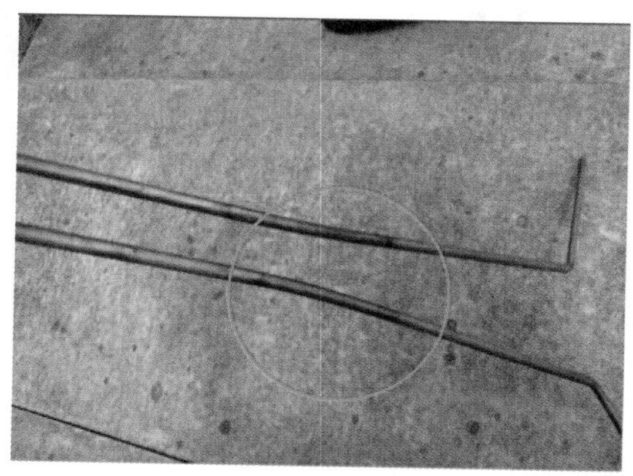

图 8-41 灼烧痕迹的引弧指

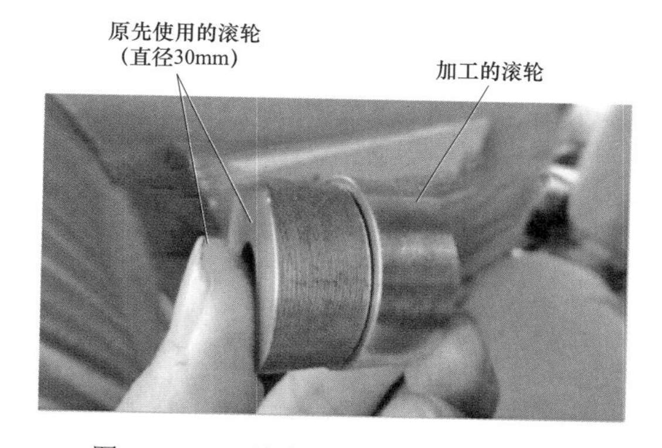

图 8-42 旧的滚轮和新加工的滚轮对比

图 8-43 换上的新滚轮

3. 事件处置及防范措施

（1）事件处置情况。

1）更换新的滚轮及烧伤的引弧指，并在隔离开关合闸时检查动、静触头咬合情况。

2）更换滚轮后，用回路电阻仪测得隔离开关的回路电阻为 78μΩ，送完电之后，运行人员用红外测温仪测温三相刀口的温度分别为 41、42、40℃，缺陷得以消除。

（2）防范措施。

1）年检时检查同型号隔离开关滚轮尺寸，检查其无磨损或未使用直径过小的滚轮。

2）隔离开关例检时，当试分合黏死时，检查隔离开关动、静触头咬合情况。

8.1.11 220kV 隔离开关曲柄轴销断裂导致带负荷拉隔离开关

1. 事件经过

2010 年 3 月 3 日，某变电站正常运行中的 2K511 隔离开关 B 相拐臂与拉杆连接轴销断裂，B 相刀头降下，其肘关节与 C 相安全距离不够导致 B、C 相短路放电，短路电流 19 000A。引起母差动作，1 号主变压器失电。据悉，该隔离开关于 2004 年 2 月 17 日出厂。

设备信息：隔离开关厂家为西门子（杭州）高压开关有限公司，型号为 PR21－MH31 型。

2. 事件原因分析

2K511 隔离开关 B 相拐臂与拉杆连接轴销断裂（断裂轴销见图 8－44、完好轴销见图 8－45），使 B 相无法保持正常合闸位置，该型隔离开关无合闸闭锁装置，在重力作用下向分闸方向运动，导致带负荷拉闸，220kV 母差保护动作。

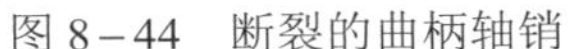

图 8－44　断裂的曲柄轴销

图 8－45　完好的曲柄轴销

断裂的销轴图纸要求采用材料为 1Cr13。为分析故障原因，对现场拆回的故障零件和另两相完好部件进行了金属成分分析、硬度检验、拉力试验、金相分析和宏观断口分析。通过试验发现如下问题：

（1）B 相断裂轴销和未断 C 相轴销的碳含量不符合图纸规定的 1Cr13 要求，分析为 2Cr13。

（2）B 相断裂轴销硬度超过上限值 9HRC。

（3）A 相抗拉强度低于图纸要求，为 568MPa。

为进一步检验所采用轴销的质量，现场抽测了 6 只新轴销，其中 5 只硬度符合图纸要求，1 只略微偏低为 18.4HRC。

经初步分析，认为造成这次故障的最可能原因为：1Cr13、2Cr13 对调质处理的要求不一样，如轴销制造时未按标准进行调质处理，可能导致轴销的硬度强度偏高、塑韧性下降；在金属加工和热处理过程中也可能产生微裂纹，由于材料硬而脆，裂纹尖端的局部高应力得不到松弛而扩展，最后导致轴销瞬间脆性断裂。

3. 事件处置及防范措施

（1）事件处置。更换新的曲柄轴销，隔离开关试分合正常，整组回路电阻正常。

（2）防范措施。

1）对杭州西门子 PR 型隔离开关进行普查，重点检查西门子隔离开关的曲柄轴销是否正常。同时，加强对此型号隔离开关检查力度，检查轴销有否变位现象，发现有异常应禁止操作，并立限汇报。

2）对用于现场更换的导电部分采用的轴销逐只进行检验（硬度、成分、探伤），并提供检验报告。

3）制造厂应加强和规范零部件的进厂检验工作。

4）结合停电年检检查轴销有否裂缝、变位及磨损程度现象；同时在年检中加强对传动回路的清洗及润滑工作，防止卡涩而产生更大的阻力使传动部位变形或变位。

8.2 安装维检类缺陷

隔离开关未按规定进行安装调整，或者运行年深日久、部件老化、维检工艺不够完善是其发生缺陷及事故的又一重要原因。

8.2.1 110kV 隔离开关电动机行程限位螺栓松动导致合闸不到位

1. 事件经过

5 月 11 日，某变电站运维人员进行倒闸操作时发现隔离开关无法合闸到位，立即申请停电检修。该设备由瑞安电力建设工程有限公司负责安装调试，2017 年 12 月投运。

设备信息：厂家为河南平高电气股份有限公司，型号 GW4－40.5 型。

2. 事件原因分析

事件的主要原因是行程限位螺栓未紧固到位。

现场检查发现，110kV I 段母线 PT1014 隔离开关电动机行程限位螺栓松动。经与施工方分析判断，该隔离开关改造调试时，施工人员未将隔离开关电动机行程限位的螺栓完全紧固，投运后由于设备振动，螺栓逐渐松动，行程变位，导致隔离开关无法合闸到位（见图 8－46）。

图 8－46　隔离开关合闸不到位处理前

图 8－47　隔离开关合闸不到位处理后

3. 事件处置及防范措施

（1）事件处置情况。

1）对该隔离开关进行检查和抢修，调整隔离开关机构行程，并紧固螺栓（见图 8－47）。

2）约谈施工单位人员，进行责任认定及批评教育。

（2）防范措施。

1）责令施工方瑞安电力建设工程有限公司对其近一年所承接的工程中的螺栓进行全面检查。

2）施工单位在业主方验收前应先进行自查验收。自查验收合格，签字确认后，方可申请由验收单位进行正式验收。

8.2.2　220kV 隔离开关静触头接线板设计不当导致发热

1. 事情经过

2017 年 3 月 23 日 12 时 56 分，运维人员对 220kV 某变电站的一、二次设备进行红外热成像例行普测，发现 220kV 彭翔Ⅱ路 2562 隔离开关 B 相静触头靠母线侧连接板发热至 122℃，如图 8－48 和图 8－49 所示。上报缺陷，联系检修人员处理。

设备信息：隔离开关厂家为河南平高电气股份有限公司，型号为 GW16－220W。

图 8－48　隔离开关发热部位红外图

图 8－49　隔离开关发热部位现场图

2. 事件原因分析

检修人员首先测量 220kV 彭翔Ⅱ路 2562 隔离开关 A、B、C 各相静触头连接板接触电阻，发现 B 相接触电阻阻值为毫欧级，而 A、C 相接触电阻阻值为微欧级，确定 2562 隔离开关 B 相静触头连接板确实存在接触不良、运行发热问题。拆开接线板，发现 220kV 彭翔Ⅱ路 2562 隔离开关 B 相静触头连接板接触面腐蚀严重（见图 8－50 和图 8－51）、接触不良，导致发热。

拆开静触头连接板，发现连接板上、下接触面布满颗粒状白色粉末，存在严重腐蚀现象。接线板边缘和螺栓孔边缘有灰尘沉积。

仔细观察静触头接线板结构，发现下连接板平面宽两头长，连接板偏薄，机械强度不足。连接板两头还装有圆圈形铝线，是典型的扁担形结构。这种扁担形结构隔离开关静触头在长期运行中，受到自身重力和风力作用，特别是隔离开关分合过程的侧向冲击力，连接板难免出现轻度变形；另外，上、下连接板的固定螺栓只有四个，距离偏大，在下连接板出现轻微变形情况下，容易导致静触头接触面上、下连接板之间出现间隙，雨水渗入；由于连接板是水平面板设计，雨水进入后不易排出，渗入的雨水与空气中的氧气等腐蚀性气体长时间作用于接线板接触面，氧化腐蚀加剧，白色氧化粉末不断堆积，接触电阻不断加大，最后致使接头发热。

图 8－50　腐蚀严重的接触面

图 8－51　接触面布满颗粒状白色粉末

3. 事情处理及防范措施

（1）事情处理。检修人员对连接板接触面进行打磨，涂抹导电膏，并将螺栓锁紧，并对连接板四周涂抹玻璃胶进行防水处理，处理后连接板接触面接触电阻恢复正常。

（2）防范措施。

1）与厂家取得联系，建议修改设计，强化上下连接板，确保电网影响安全。

2）加强同型号 26 把隔离开关红外测温，及时发现设备异常，避免设备事故发生。

3）结合设备例检等停电机会，测量静触头接线板接触电阻，并在接触面四周补涂防水玻璃胶。

8.2.3　500kV 接地开关机械卡涩导致合不到位

1. 事件经过

2017 年 7 月 20 日，某 500kV 变电站 502167 接地开关合闸操作时，B 相接地开关的动触头未插入静触头中，重新电动分合 502167 接地开关时，B 相到位但 A、C 两相未插入静触头，通过手动操作，三相接地开关均合闸到位。检修人员润滑引弧角转动部位，调整闭锁板间隙后，设备恢复正常。设备投运时间为 2009 年 1 月 19 日。

设备信息：该隔离开关生产厂家为湖南长高电气股份有限公司，型号为 GW36－550S。

2. 事件原因分析

折臂式接地开关结构如图 8－52 所示。

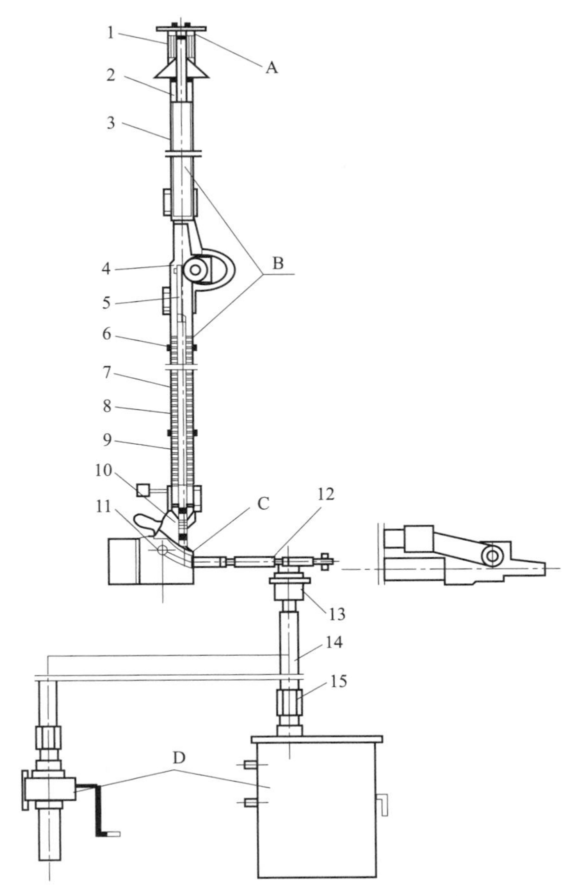

图 8－52　折臂式接地开关结构示意图

A—接地静触头装配；B—接地闸刀装配；C—组合底座装配；D—操动机构（电操或手操）
1—静触指；2—动触头；3—上导电管；4—齿轮；5—齿条；6—可调螺套；7—平衡弹簧；8—操作杆；
9—下导电管；10—可调连接；11—转轴；12—转动连杆装配；13—支座；
14—垂直连杆（60×7 热镀锌钢管）；15—接头

接地开关合闸运动过程如下：通过电动机构（或手动机构）D 上传动连杆装配 12 推动接地开关装配 B 的转轴 11 转动，从而使下导电管 9 从水平位置转到垂直位置；由于可调连接 10 与下导电管 9 的铰接点不同，从而使与可调连接 10 上端铰接的操作杆 8 相对于下导电管 9 作轴向位移，而操作杆 8 的上端与齿条 5 牢固连接，这样齿条 5 的移动便推动齿轮 4 转动，从而使与齿轮 4 连接的上导电管 3 相对于下导电管 9 作伸直（合闸）运动，上导电管 3 也由水平位置相应地转到垂直位置，将动触头 2 插入装于接地静触头装配 A 上的接地开关静触指 1 内，完成从分闸到合闸的全部动作；另外，在操作杆 8 轴向位移的同时，平衡弹簧 7 按预定的要求储能或释能，最大限度地平衡接地开关装配 B 的自重力矩，以利于接地开关的运动。

图 8－53　动触头无法进入静触头中

在接地开关电动合闸过程中，检修人员发现接地开关动触头无法插入静触头中，如图 8－53 所示，且三相接地开关均存在转动关节部位卡涩导致合闸过程阻力较大，在引弧角滑轮接触导轨后，引弧角转动部位对接地开关动触头存在一个较大的回弹力将其顶出，使动触头无法准确对位进入静触头内。而且，接地开关动作时，引弧角转动力矩偏大，如图 8－54 所示，同时，C 相两块闭锁板之间无间隙，如图 8－55 所示，合闸过程中发出较大的摩擦声。通过以上现象判断，接地开关各转动部位卡涩及引弧角转动回弹力较大是导致接地开关无法插入静触头的主要原因；C 相闭锁板间存在摩擦也是导致其合闸不到位的另一原因。

图 8－54　引弧角转动力矩较大

图 8－55　C 相闭锁板之间摩擦力较大

3．事件处置及防范措施

（1）事件处置。针对卡涩与引弧角回弹力较大问题，检修人员对接地开关所有转动部位进行除锈润滑，同时涂抹二硫化钼润滑。针对 C 相的闭锁板间隙问题，理想处理方法是重新调整隔离开关与接地开关的闭锁，使闭锁板保持合适间隙。但是现场隔离开关的静触头带电运行，在调整闭锁板后将无法试分合隔离开关，因此为不影响隔离开关分合，检修人员采用锉刀将与接地开关相连接的固定闭锁板锉掉 0.5mm 并在所锉部位涂抹二硫化钼，既保证两闭锁板之间留有间隙，又不影响隔离开关与接地开关间机械闭锁，处理效果如图 8－56～图 8－58 所示。

图 8－56　闭锁板之间打磨前无间隙

图 8－57　闭锁板之间打磨后有间隙

图 8－58　打磨后涂抹二硫化钼

（2）防范措施。为防范此类缺陷的发生，建议采取以下措施：

1）维护时，需注意对容易遗忘的引弧角转动部位进行除锈润滑。

2）维护时，需认真检查隔离开关与接地开关之间的闭锁间隙是否合适，闭锁板间是否存在摩擦。如有问题，应及时调整。

8.2.4　220kV 隔离开关绝缘子老化导致断裂

1. 事情经过

2003 年 3 月 31 日，某变电站按计划进行 2 号主变压器停电例检（220kV 东Ⅱ母线停电一天，计划 3 月 31 日晚 7 时送电）。7:50 进行 220kV 2 号母线旁 1120 东隔离开关操作，在东隔离开关刚刚分闸结束一瞬间，东隔离开关 A 相支持绝缘子下节下法兰处断裂，整个隔离开关也随着掉落到地上。其中，故障隔离开关出厂、投运时间为 1992 年，故障瓷柱出厂时间为 1996 年 8 月。

设备信息：隔离开关厂家为新东北电气有限公司，故障设备型号为 GW6－220。

2. 事情原因分析

220kV 2 号母线旁东隔离开关绝缘子为 1991 年产品，为普通瓷，运行至今已经 17 年。经事故检查发现该绝缘子铁瓷结合处的浇注部分已经老化，绝缘子断裂断面有进水痕迹，判断绝缘子有裂纹，防水胶存在部分失效现象，隔离开关操作时绝缘子抖动，裂纹发展并迅速断裂，如图 8－59 和图 8－60 所示。

图 8－59　东隔离开关 A 相支持绝缘子断裂

图 8－60　东隔离开关 A 相支持绝缘子下节下法兰断裂

3. 事情处理及防范措施

（1）事情处理。更换合格的绝缘子之后，对隔离开关进行调试，确保隔离开关可以正常分、合闸。

（2）防范措施。

1）对全站所有同型号的绝缘子进绝缘子探伤排查，发现有问题的提交计划进行更换；

2）在基建验收阶段，要加强到货验收，确保绝缘子的质量符合标准。

8.2.5　500kV 隔离开关合闸不到位导致放电烧毁

1. 事件经过

2008 年 12 月 24 日，某 500kV 变电站运行人员组织对 500kV 带电设备进行红外热成像测温时发现 50132 隔离开关 A 相动、静触头接触位置温度达 105℃（其余测温均正常，此时同型号同批次运行环境相同的 50611 隔离开关温度为 27℃），25 日 9:00 复测 50132 隔离开关相应部位时温度升到 115℃，运行人员正准备申请退出 50132 隔离开关时发现隔离开关喇叭口处冒白烟（当时电流约 400A），立即申请将 5013 开关断开。25 日巡视时发现，50611 隔离开关 A 相喇叭口也出现了温度发热甚至起火燃烧（白光，当时电流约 460A）。

设备信息：隔离开关厂家为湖南长高高压开关集团股份有限公司，型号为 GW35-550DW。

2. 事件原因分析

在手动、电动分 50132 隔离开关时，发现动、静触头黏死后无法分开。检查 50611 隔离开关现场，发现喇叭口已烧穿（见图 8-61～图 8-64），现场铝渣已散落一地。

图 8-61　50132 隔离开关烧穿后动触头现状

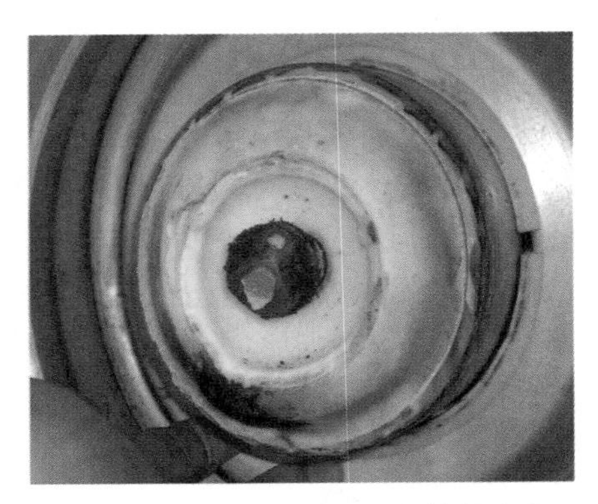

图 8-62　50132 烧完后的静触头座

图 8-63　50611 隔离开关烧穿后静触头现状

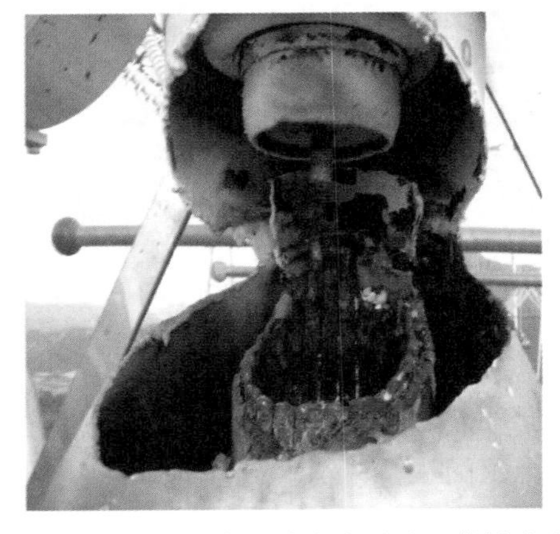

图 8-64　50611 隔离开关烧穿后动、静触头现状

随后检修人员核实设备安装尺寸，首先测量了 50132 隔离开关支撑支架封顶板到母线中心线的距离为 11 430mm，然而图纸规定尺寸需为 11 340mm；再测量隔离开关动触头的插入深度，主要测量隔离开关静触头外罩平面到动触头上红线的距离，发现插入深度比说明书及图纸规定又浅了 100mm（见图 8-65），说明书规定为“在合闸终了位置，喇叭口外罩面应在动触头红线标识范围内，触头插入深度要求为 100±20mm”。

随后，检修人员测量了 50611 隔离开关支撑支架封顶板到母线中心线的距离和隔离开关静触头外罩平面到动触头上红线的距离，发现与 50132 隔离开关类似，都存在不符合产品说明书安装数据规定的问题。

检查还发现，其他垂直伸缩式的隔离开关静触头安装，均偏高 50mm 及以上，其触头插入深度均未达到厂家要求的 100±20mm。由以上故障现象看出，故障原因是因为隔离开关合闸不到位，电流弧光对动、静触头进行烧蚀而造成的。

图 8－65　喇叭口外罩面未在动触头红线标识范围内

3. 事件处置及防范措施

（1）事件处置。更换 50132 隔离开关的动、静触头，更换 50611 隔离开关的动、静触头及其支持绝缘子，并调整到位；重新检查核实所有 500kV 隔离开关的安装尺寸，尺寸不满足的，调整静触头的高度，保证合闸到位，同时重新测量所有隔离开关的回路电阻并保证试验数据合格。

（2）防范措施。

1）以后严格按《GW35－550 户外高压交流隔离开关安装使用说明书》和《国家电网公司变电验收通用管理规定　第 4 分册　隔离开关验收细则》对基建设备进行较全面的验收工作。

2）对厂家的设备有必要时应到厂方进行学习及调研，以便对设备有进一步了解。

3）安装方、监理方、验收方三方应协同工作，切实按照产品说明书、五通规定等要求切实开展各阶段验收，验收卡数据应翔实、可靠。

8.2.6　220kV 隔离开关夹紧弹簧断裂导致无法操作

1. 事情经过

2014 年 11 月 7 日，对某 500kV 变电站 247 开关单元停电倒闸操作发现，2471 隔离开关无法电动分闸，后检修人员使用绝缘棒辅助，进行了手动分闸。

设备信息：隔离开关厂家为河南平高电气股份有限公司，型号为 GW16－220W。

2. 事件原因分析

检修人员拆除垂直连杆抱箍，发现电动机电动操动机构和手动操动机构均操作正常，初步判断隔离开关本体导电臂部分故障，进行拆卸解体。

对隔离开关上导电臂进行解体后发现，上导电臂内锈蚀严重，排水孔被锈渣堵住，夹紧弹簧断裂（见图 8－66～图 8－69）。

图 8－66　断裂的夹紧弹簧

图 8－67　导电臂内部生锈情况

图 8－68　新旧提升杆比较

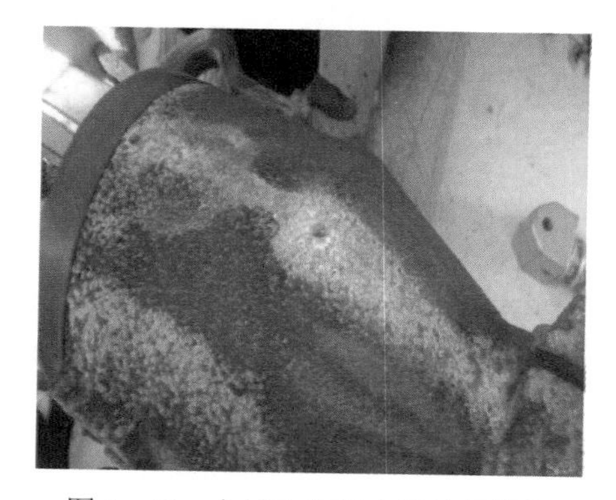

图 8－69　上导电臂排水孔被堵情况

从现场解体的情况来看，主要原因有：

（1）由于排水孔被堵，导致上导电臂内积水严重，相关零部件生锈，从而在停电操作中发生夹紧弹簧断裂情况。

（2）初步分析认为，由于弹簧材质或热处理工艺不佳等原因，弹簧在受力的情况下开裂脱落。

3. 事件处置及防范措施

（1）事件处置。隔离开关导电臂内部进行清洗，更换隔离开关导电臂内夹紧弹簧、平衡弹簧、提升杆、防雨罩等关键部件，对排水孔进行疏通，同时对夹紧和平衡弹簧涂抹二硫化钼进行防腐密封处理，防雨罩密封不严的涂抹防水胶确保防水效果。

（2）防范措施。

1）做好隔离开关导电臂及触头座排水孔打孔工作。关于排水孔，由于 GW16 隔离开关垂直式，对大部分时间处于合闸的隔离开关，将其动触头座根部排水孔封堵，防止排水孔变成进水孔，链接叉底部排水孔不得封堵；对大部分时间处于分闸的隔离开关，年检时要加强其动触头座根部排水孔疏通工作。GW17 隔离开关水平式，对大部分时间处于合闸的隔离开关，可在动触头座根部或上导臂打排水孔（见图 8－70），同时年检时要加强疏通，链接叉底部排水孔应采用硅酮密封胶封堵，防止在分闸位置时从此处进水；对大部分时间处于分闸的隔离开关，链接叉底部排水孔应采用硅酮密封胶封堵，防止进水[4]。

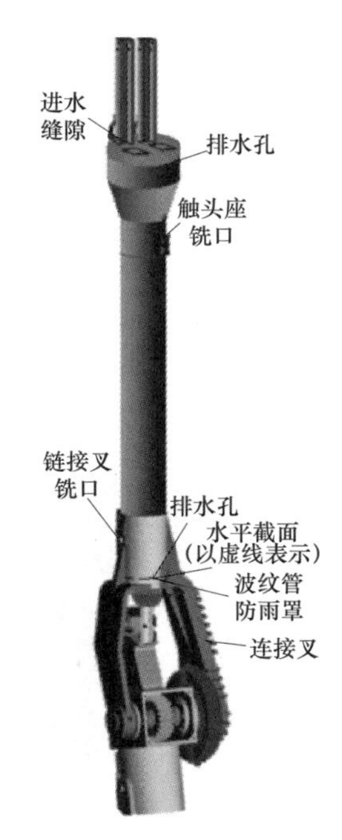

图 8－70　隔离开关导电臂示意图

2）解体检修时，需对夹紧弹簧、复位弹簧等配件在装配时涂满二硫化钼，以提高润滑能力和防腐性能。

3）动触头触指处防雨罩及顶杆处波纹管防雨罩应密封紧密（见图 8－71），若密封不太理想或防雨罩倒角与触指倒角不匹配，可用密封胶进行密封补充。

4）监造或验收时加强对夹紧弹簧等部件材质的检查。夹紧弹簧其材质推荐采用 GB/T 1222—2016《弹簧钢》中规定的合金钢或 ISO 683－14《热处理钢、合金钢和易切钢》规定的材料，选用其他材料由供需双方协商，同时，弹簧其他条件需满足 GB/T 23934—2015《热卷圆柱螺旋压缩弹簧　技术条件》的要求。

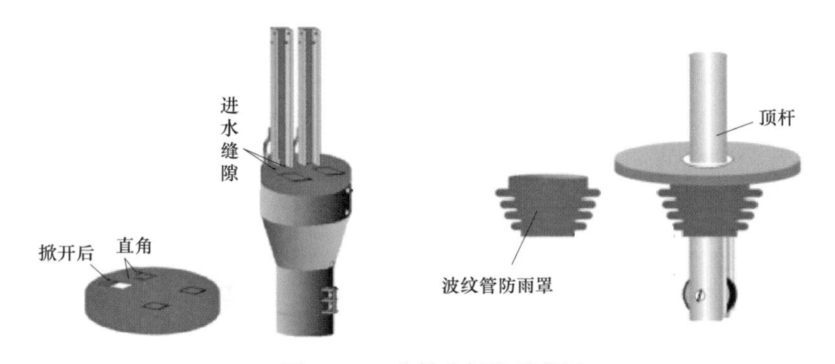

图 8－71　动触头触指示意图

8.2.7　220kV 隔离开关绝缘子输出轴与控制杆间定位孔扩张变形导致隔离开关无法操作

1. 事情经过

2009 年 5 月 8 日，220kV Ⅱ 段母线倒母操作时，2722 隔离开关 B 相无法电动手动分合，动触头咬住静触杆，后检修人员采用令克棒拉 B 相隔离开关导电臂仍无法分闸。

设备信息：隔离开关厂家为苏州 AREVA 高压电气开关有限公司，型号 SPV 型。

2. 事件原因分析

把 220kV Ⅱ 段母转检修后，检修人员发现隔离开关动触头内触指弹簧已生锈并有很多积尘（见图 8－72），经对 2722 隔离开关的各转动部位及弹簧触指进行除尘、清洗并添加润滑油后，经过几次的合分操作，隔离开关成功分闸。同时，检修班对此隔离开关的转动绝缘子输出轴与铰接臂控制杆间的部位进行解体后发现，转动绝缘子输出轴内部的定位孔有很大的扩张现象，中间轴套的定位杆轻微变形，铰接臂控制杆相连的轴套定位孔也有很大的扩张现象，其定位杆已变形严重。经分析，其原因如下：

因隔离开关在厂家出厂时传动部位已涂有黄油，基建安装时未清理掉，长期运行后由于黄油干枯，引起传动部位的严重卡涩。这导致转动绝缘子输出轴与铰接臂控制杆间的内部定位孔扩张变形，转动行程变大，增加操作出力，正常操作及令克棒操作都难以把隔离开关分开（见图 8－73）。

图 8－72　生锈的触指弹簧

图 8－73　2722 隔离开关三相令克棒操作不到位

3. 事件处置及防范措施

（1）事件处置。检修人员对 2722 隔离开关的转动绝缘子进行了更换，同时对转动绝缘子输出轴与铰接臂控制杆间的五件套（见图 8－74）进行更换后调试正常，对其他 A、C 两相进行除尘、清扫并添加二硫化钼润滑剂后重新调试正常。

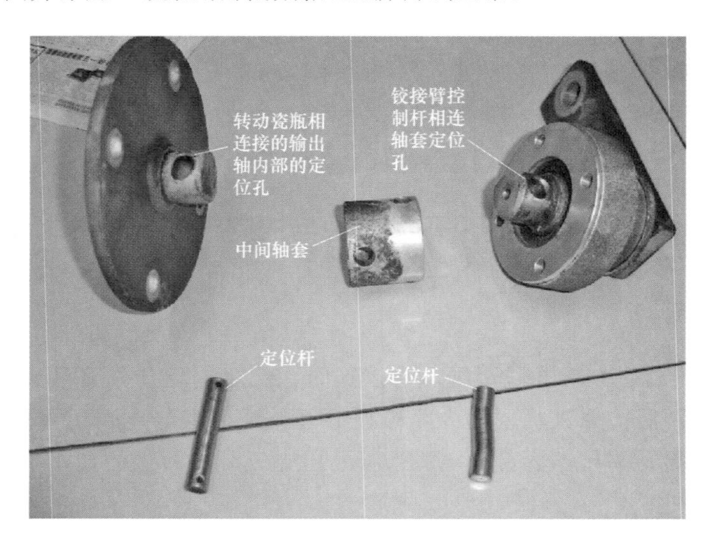

图 8－74　严重变形的铰接臂控制杆轴套定位杆

（2）防范措施。

1）应加大对隔离开关的“做操”工作，结合年检的同时把黄油清理干净并涂好二硫化钼，对定位杆已变形的传动五件套，结合停电及时进行更换。

2）把触指弹簧的备品备到位，结合停电时对锈蚀严重的弹簧一并更换；同时，购买好对应的润滑油，加强对正常在役触指弹簧的维保。

8.2.8　110kV隔离开关动、静触头未完全夹紧导致隔离开关刀口发热

1. 事情经过

2017年9月20日，某运维站利用国自智能巡检机器人巡检发现110kV母联15M2隔离开关C相刀口接头发热44.7℃（见图8－75），达到一般发热缺陷标准。

设备信息：隔离开关厂家为苏州AREVA高压电气开关有限公司，型号为SPVT型。

2. 事件原因分析

把隔离开关转检修后，检修人员在处理过程中，首先发现15M2隔离开关C相刀口，动、静触头均脏污、留有青苔，后用酒精清洗干净，发现刀口动触头触指、静触头均有灼烧痕迹（见图8－76）。

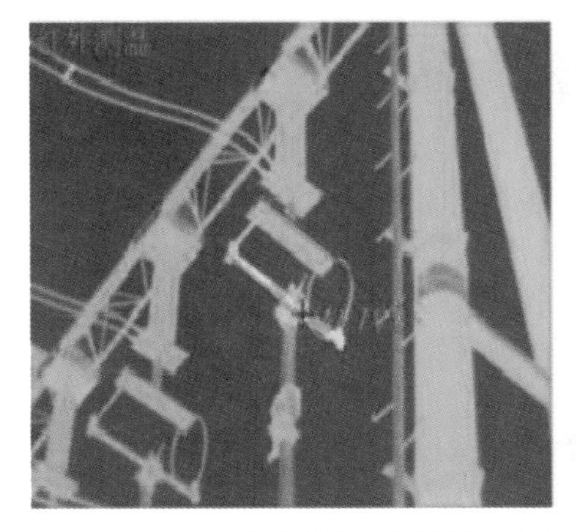

图8－75　15M2隔离开关红外测温44.7℃

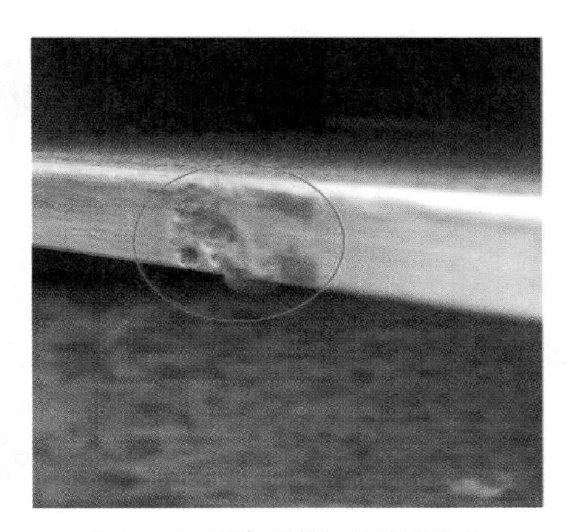

图8－76　隔离开关触头灼烧痕迹

对于刀口为何发热，检修人员经多次回路电阻测试以及分、合闸检查认为原因如下：

（1）刀口动、静触头未能完全夹紧，动、静触头仅有一侧接触（发热灼烧痕迹一侧），另外一侧留有一定空隙（见图8－77）。

（2）动触头触指弹簧均锈蚀严重，弹性减小，导致夹紧力变小。

（3）动触头原装卡簧断裂，插销掉落丢失（见图8－78），导致上导臂的夹紧力难以传递到触指处，这是隔离开关刀口无法夹紧的最主要原因。

3. 事件处置及防范措施

（1）事件处置。采用细砂纸将灼烧处粗糙部位打磨，清理烧灼毛刺，处理后刀口表面光滑。

更换锈蚀严重的触指弹簧，对其他触指弹簧涂抹专用润滑脂，防腐润滑。

图 8－77　刀口未夹紧及锈蚀的触指弹簧

图 8－78　插销丢失的动触头

更换新的插销，所有触指连接卡簧均更换为开口销，开口销开口，再次分合检查，确定刀口夹紧，夹紧力合格。

（2）防范措施。

1）加大对该型号隔离开关动、静触头主要部件保养，确保其夹紧力合格。

2）刀头触指传力部分连接插销更换为固定性能更可靠的开口销。

8.2.9　220kV 隔离开关底座接线板导电膏涂抹不当导致发热

1. 事件经过

2013 年 7 月 27 日晚，某变电站 220kV 中白Ⅱ路 2442 隔离开关发热最高达 117℃，运维中心上报紧急缺陷。28 日 6 时 35 分，检修人员开始进行发热缺陷处理，28 日 8 时 30 分完成缺陷处理，恢复送电。

设备信息：隔离开关厂家为河南平高电气股份有限公司，型号为 GW16－252W。

2. 事件原因分析

根据图 8－79 显示，初步判断是线夹与隔离开关底座靠开关侧的接线板之间存在发热情况。停电后，首先对疑似部位进行回路电阻试验，测试结果：A、B、C 三相底座靠母线侧接触面回路电阻均为十几微欧，靠开关侧数值较高，具体数据如下：A 相处理前为 106μΩ，B 相处理前为 335μΩ、C 相处理前为 858μΩ。稳妥绑住导线后，拆除发热处的过渡铝板，发现线夹与接线板之间存在一层分布不均匀且风干的导电膏，如图 8－80 所示。

事件的主要原因主要有：

（1）该线路大修前线路电流最高为 400A 左右，2442 隔离开关 C 相接线板间发热功率约为 137.28W，因另一线路停电检修，导致负荷转移至该线路，当晚最大线路电流达到 571A，2442 隔离开关 C 相接线板间发热功率约为 279.74W，接线板间发热功率增大是发热的直接原因。

（2）隔离开关底座接线板线夹安装工艺不佳。对现场接线板解体，发现隔离开关接线板间有大量涂抹导电膏的情况，导电膏涂抹过量及不当，运行时间较长，会使导电膏变质、吸尘、硬化。导电膏变质、吸尘、硬化会导致隔离开关接线板间接触电阻增大，再加上负荷电流过大，最终导致隔离开关接线板发热。

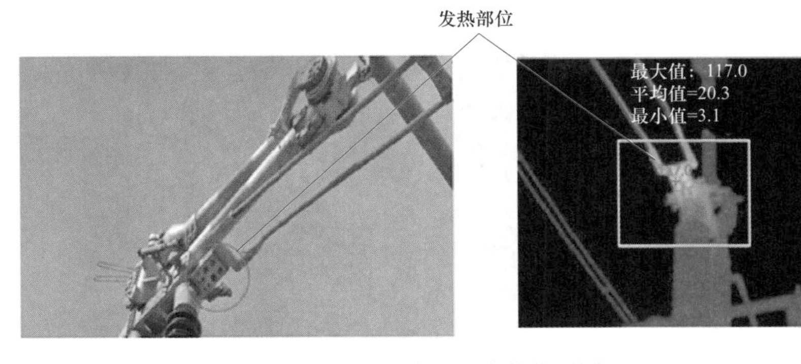

图 8-79　隔离开关发热位置图

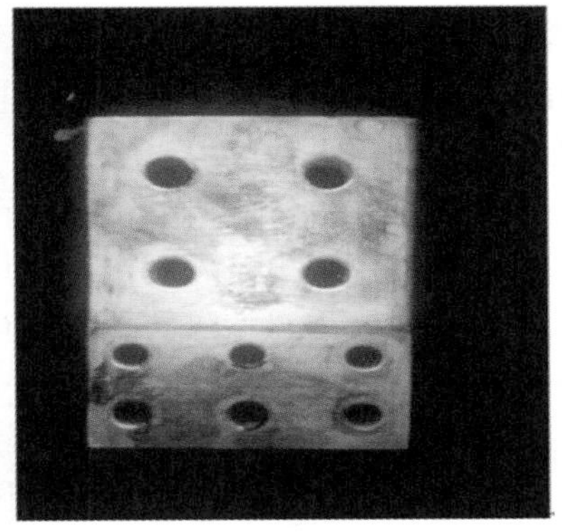

图 8-80　发热接触面拆开图

3. 事件处置及防范措施

（1）事件处置。对该接触面用钢丝刷和砂纸进行粗处理后再用百洁布进行细打磨，最后用干净的白布擦干。用规定的标准力矩紧固螺栓，进行回路电阻测试，2442 隔离开关 A、B、C 三相对应接触面回路电阻处理前后数据见表 8-11。

表 8-11　2442 隔离开关 A、B、C 三相对应接触面回路电阻处理前后数据　μΩ

2442 隔离开关	处理前	处理后
A 相接触电阻	106	3.2
B 相接触电阻	335	4.4
C 相接触电阻	858	4.0

（2）防范措施。

1）加强设备基建验收，严格要求施工人员不能在接线板处使用过厚导电膏，应将接线板接触面处理干净、平整，导电膏应涂薄薄一层，厚薄程度可用手指确定，将手指按上，刚好可以看到指纹印薄薄一层为准。导线线夹与隔离开关接线板应接触良好，测量接触面接触电阻合格，一般情况下，初次基建验收时，该接触面电阻应不大于 10μΩ；二次年检测量时，该接触面电阻应不大于 15μΩ。

2）设备停电检修前后，运维部门应安排所停电设备开展一次红外测温，重点对动静触头、线夹与接线底座接触面等导电部位开展红外测温工作，且应有相应的先后数据对比。同时，将测温检查异常的设备提交检修人员。

3）检修人员开展一次设备全面的试验工作，对隔离开关大修，要测量隔离开关的全回路电阻及主要接触部位的接触电阻。

8.2.10 500kV隔离开关合闸太深导致无法分闸

1. 事件经过

2010年2月23日，某500kV变电站在进行500kV Ⅰ段母线停电操作的过程中，发现50632隔离开关C相无法顺利分闸。运维中心上报紧急缺陷。变电检修中心立即对该缺陷进行紧急消缺。

设备信息：隔离开关厂家为湖南长高电气股份有限公司，型号为GW35－500。

2. 事件原因分析

50632隔离开关C相分闸操作到1/6行程时，由于动触头无法脱离静触头，导致静触头与管母连接线夹之间的导电带和固定金属片均被拉至变形。由于无法电动操作，检修人员进行手动操作，却也无法对该隔离开关进行分闸；最后尝试对该隔离开关进行先手动合闸再分闸的操作过程，也无法实现分闸。

检修人员检查后发现，该隔离开关动触头不在静触头正中间位置插入，插入位置极端偏向一侧，这一情况导致隔离开关在分闸过程中，动触头根本无法分离静触头。现场观察静触头的喇叭口内还有磨损的痕迹，说明由于插入的位置偏离较多，动静触头互相剐蹭磨损，分闸的整个动作过程都没有足够的空间让动触头按照原有的轨迹脱离静触头。

对该隔离开关整体仔细检查后发现原因可以分为两大部分：隔离开关内部原因和外部原因。

（1）隔离开关内部原因：

1）动触头插入静触头位置太深大偏，没有空间让动触头顺利脱离静触头。

2）由于静触头为早期产品，没有设计可摆动余度，动端头拔出时带斜度移动，造成拔出时静触头、动触头憋在一起。

（2）外部原因：

1）管母与隔离开关安装位置偏差厉害，导致管母和隔离开关支持绝缘子没有在同一垂直面上，如图8－81所示；同时，隔离开关旋转绝缘子与支持绝缘子不平行，如图8－82所示。

2）管母下沉，由于管母支持绝缘子前后位置间距较大，热胀冷缩后，管母下沉较多。

3. 事件处置及防范措施

（1）事件处置。

1）对于隔离开关静触头没有设计可摆动余度，通过增加可供静触头摆动的机构（静触头摆动角30°左右）调整，让操作过程中动触头有一定的弧度可以从静触头中间脱离出来（见图8－83和图8－84）。

图 8－81　管母与隔离开关支持绝缘子安装位置

图 8－82　旋转绝缘子与支持绝缘子不平行

图 8－83　增加摆动配件前的静触头

图 8－84　增加摆动配件后的静触头

2）对于隔离开关插入太深的问题，往上调整管母 100mm，调整高度较多，这样以后可以通过调整静触头固定的高度来调整隔离开关的插入深度。

（2）防范措施。

1）隔离开关验收过程中，需要对隔离开关各部分进行仔细验收，包括隔离开关水平度及垂直度，严格按照标准化验收执行验收程序。

2）检修预试过程中，对隔离开关进行操作时，应仔细检查传动部位是否灵活，是否有部件磨损，对于隔离开关某一调整部位被调整至极限位置，要引起重视。

8.2.11　220kV 隔离开关 RTV 材质超期导致绝缘子污闪

1. 事件经过

5 月 15 日晚 7 时许，某 220kV 变电站 2103 隔离开关在合闸后，三相上部均出现有不同程度的可见放电现象，且已扩展到3个瓷裙，同时2103隔离开关A、C相下节绝缘子也有2个瓷裙可见污闪放电，中间法兰已有对地闪络的趋势，当时现场下着细雨，为防止污闪进一步扩大危及电网安全运行，申请210单元转冷备用，迅速把异常设备停电隔离。

设备信息：隔离开关厂家为河南平高电气股份有限公司，型号为GW16－252W。

2. 事件原因分析

从当时事发现场情况及后面的现场勘查情况分析，发现是隔离开关绝缘子外表面污闪。导致这一事件的初步原因主要有：

图8－85　隔离开关绝缘子外表面脏污

（1）隔离开关绝缘子外表面RTV超过使用期限以致防污闪失效（见图8－85），RTV表面已脱层且更容易藏污纳垢，降低了绝缘子外表面憎水性，在雨水作用下形成水膜，严重时造成污闪放电并击穿，引起开关跳闸的电网安全事故。

（2）从现场勘查情况看，隔离开关因年久失修，上、下绝缘子对接法兰螺栓严重锈蚀（见图8－86），金属锈斑已附着在下绝缘子外表面，已呈现泛黄色金属斑迹，引起绝缘子表面放电。

（3）变电站地处工业区，站外分布着很多工厂，大量工业粉尘积聚在瓷裙上（见图8－87），又因停电原因年久失修，在天气及外部多重作用下造成局部污闪放电。

图8－86　隔离开关对接法兰螺栓锈蚀

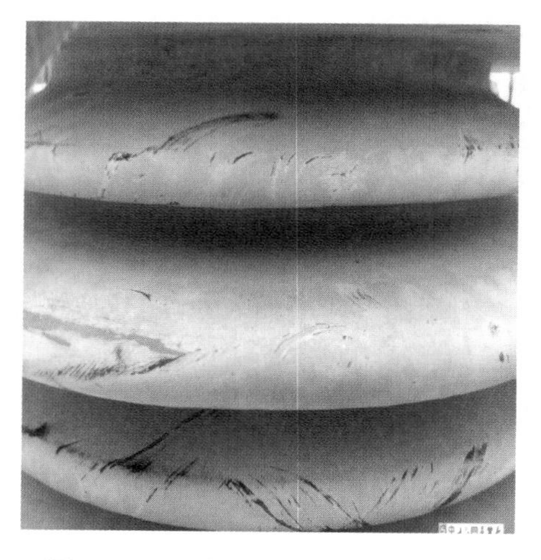

图8－87　隔离开关绝缘子外积灰严重

3. 事件处置及防范措施

（1）事件处置。

1）在缺陷消除处理前后均做隔离开关绝缘子绝缘电阻试验，方便结果进行对比。

2）隔离开关绝缘子外表面清洁处理（见图8－88）。用百洁布对隔离开关绝缘子外表面

RTV 轻轻擦拭干净，再用多功能绝缘子防护剂清洁绝缘子外表面。

3）隔离开关绝缘子对接法兰螺栓防锈处理。

4）隔离开关绝缘子擦拭清洁后表面亮度良好，现场憎水性试验效果良好（见图 8－89）。检修后，对隔离开关支持绝缘子、转动绝缘子进行绝缘电阻试验，从现场试验数据看，绝缘子瓷裙间绝缘电阻明显提高。

图 8－88　对隔离开关绝缘子进行清洗及螺栓防腐

图 8－89　清洗完的隔离开关绝缘子

（2）防范措施。

1）对早期绝缘子外表面喷涂 RTV 的设备作全面排查，超使用年限的列入年度计划停电处理。

2）结合例检做好设备防腐防锈工作，特别是绝缘子法兰紧固螺栓除锈防腐工作，对生锈螺栓予以更换，做到修必修好。

3）结合例检做好设备除尘除垢工作，特别是绝缘子清扫工作，做到逢停必扫。

8.2.12　220kV 隔离开关动、静触头黏连导致无法分闸

1. 事件经过

某日，500kV 某变电站运行人员在进行 259 间隔停电转检修操作时，出现 2591 隔离开关 B 相动触头黏住静触杆无法分闸（见图 8－90）。在申请 220kV Ⅰ段母线转检修后，检修人员对该隔离开关进行检查处理。

设备信息：隔离开关厂家为河南平高电气股份有限公司，型号为 GW16－252W。

2. 事件原因分析

在申请 220kV Ⅰ段母线转检修后，检修人员对 2591 隔离开关进行分闸操作，发现 2591 隔离开关 B 相动触头触指严重烧伤而黏住静触杆，致使运行人员电动分闸操作过程中主传动杆扭力过大而使机构箱上方四连杆扭曲变形（见图 8－91），经进一步对 2591 隔离开关 B 相上导电臂解体检查，发现其复位弹簧严重生锈、提升杆腐蚀且锈污堵塞、动触头内各开口销均不同程度生锈。

图 8－90　无法分闸的 2591 隔离开关 B 相

检修人员在进行手动分合闸时还发现机构齿轮箱内发出异常声响，在对齿轮箱进行拆解时发现固定在主传动杆上的自动加油油杯固定螺栓断裂，导致油杯卡在丝杠与主传动杆齿轮之间，引发隔离开关无法正常分合闸，并伴有异常声响。

3. 事件处置及防范措施

（1）事件处置。检修人员更换了 2591 隔离开关 B 相的触指及机构箱上方的传动连杆，拆解机构齿轮箱更换了油杯固定螺栓并添加润滑油。同时对三相的上导电臂进行了解体检查，更换了三相隔离开关的内部提升杆，对三相静触头进行清洗，调试后隔离开关能进行正常分合闸，处理后三相回路电阻合格。

（2）防范措施。

1）结合例检加强对触指的检查，发现有烧伤触指（见图 8－92）应立即进行更换，防止烧伤触指黏住静触杆隔离开关无法分闸。

2）结合例检做好机构齿轮箱检查工作，注意齿轮箱的润滑工作，防止卡涩造成无法分合闸。

图 8－91　变形的连杆

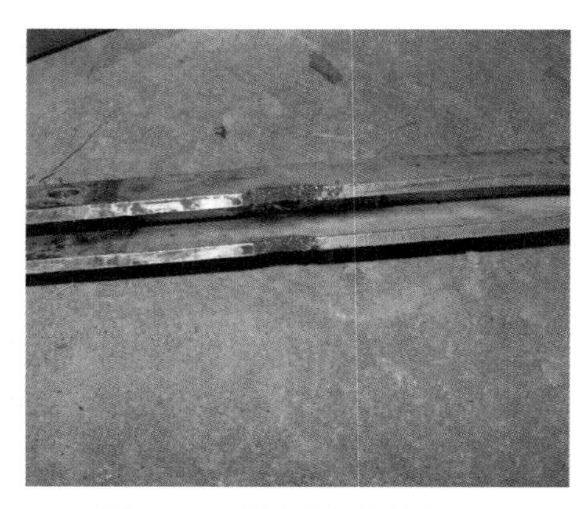

图 8－92　严重烧伤的触指

3）在隔离开关倒闸操作过程中，如果发现异常，在查明原因前应立即停止操作，防止扩大故障。

8.2.13　500kV 隔离开关齿轮箱限位销被锯掉导致合不到位

1. 事件经过

2007 年 3 月 3 日，某 500kV 变电站运行人员进行 500kV 线路启动送电，过程中发现 50532 隔离开关 A 相合不到位，其上导电管倾斜 15°左右。该隔离开关 1997 年生产。

设备信息：隔离开关厂家为平顶山高压开关厂，型号为 GW16－500/3150 型。

2. 事件原因分析

停电，对 50532 隔离开关解体检查时发现：齿轮箱靠下导电管的上端移位，造成齿轮箱变位。检修人员拆下导电管和齿轮箱进行分析，认为齿轮箱变位的原因是基建安装时，齿轮箱与下导电管的两个定位螺栓的前端定位销被锯掉，仅剩螺纹部分造成定位螺栓无法从齿轮箱插入下导电管的定位孔内，丧失了定位的功能。而日常运行时，仅靠定位螺栓的前端面与下导电管的摩擦力实现定位，随着材料的老化及长时间导致的蠕变，这种靠摩擦力维持的压力定位很快就会逐步减弱以致丧失，齿轮箱与下导电管的机械一体性变得不牢固（这时主要依靠螺栓实施的抱紧力），这逐渐引起滑移，经多次操作后齿轮箱与导电管逐渐变位，导致曲臂无法完全张开伸直。

3. 事件处置及防范措施

（1）事件处置。重新安装齿轮箱与下导电管的两个定位销，重新调试隔离开关，保证隔离开关分合闸到位，整组回路电阻正常。

（2）防范措施。

1）建设公司安装人员对设备结构原理以及部件重要性认知不足，责任心不够强。今后凡在安装过程中遇到问题，任何人不得擅自进行破坏、改变零部件原有结构，必要时可向厂家进行技术咨询。

2）基建安装单位针对可能被“处理过”的产品，列出清单，以便运行单位排查更具有针对性。

3）停电检修时，检修人员应对同类型号进行上述问题的排查，重点是对平顶山高压开关厂 2002 年及以前的 GW16 型产品，一旦发现定位螺栓被锯掉，应及时采取措施。

4）厂家在 2003 年进行了完善化改造，并在全国推广实施，用户单位应按厂家提供的完善化方案进行改造。

5）在隐患未消除前，加强红外热成像检测，对该型号产品进行跟踪，如发现触头有异常严重的发热，应注意是否有上部定位螺栓松脱的可能性，必要时申请停电处理。

8.2.14　220kV 隔离开关夹紧弹簧锈蚀、复位弹簧断裂导致无法合闸

1. 事件经过

2013 年 3 月 8 日，某 500kV 变电站 2861 隔离开关三相手动、电动均合闸不到位。检修人员更换复位弹簧、夹紧弹簧及提升杆后，设备恢复正常。隔离开关投运日期为 2008 年 12 月 30 日。

设备信息：隔离开关厂家为湖南长高高压开关集团股份公司，型号为 GW17A－252DW。

2. 事件原因分析

因三相合闸不到位，检修人员初步判断 2861 隔离开关合闸行程不足，调整电动机垂直连杆抱箍位置后，B 相动触头触指未夹紧，如图 8－93 所示。调整 B 相可调连杆后，动触头触指仍未夹紧，判断 B 相导电臂存在故障。

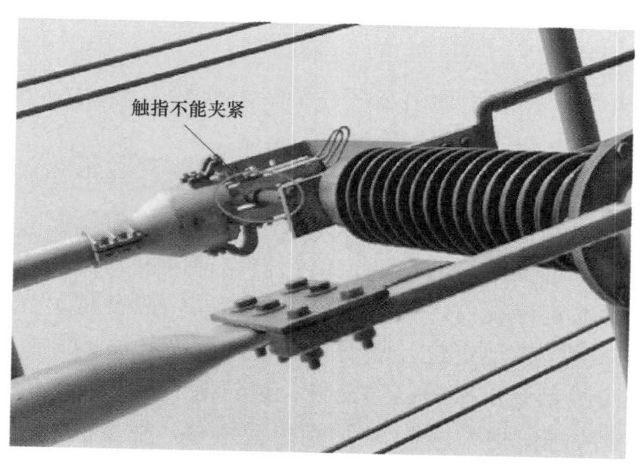

图 8－93　2861 隔离开关 B 相动触头触指未夹紧

解体检修 2861 隔离开关过程中，检修人员发现隔离开关三相上导电臂因密封不严，导致管臂内进水内部部件锈蚀，B 相尤为严重，夹紧弹簧根部有锈蚀现象，如图 8－94 所示，复位弹簧大约在 1/3 处断裂，如图 8－95 所示。

图 8－94　夹紧弹簧根部锈蚀

图 8－95　复位弹簧大约在 1/3 处断裂

3. 事件处置及防范措施

（1）事件处置。检修人员更换复位弹簧、夹紧弹簧及提升杆后，设备调试合格。

（2）防范措施。为防范此类缺陷的发生，建议采取以下措施：

1）为防止导电臂内积水导致弹簧锈蚀，应在隔离开关合适位置钻排水孔，维护时，应疏通排水孔。

2）维护时，需检查隔离开关防水性能，按照规程要求检查保养隔离开关。

8.2.15　220kV 隔离开关复合轴套卡涩导致无法合闸到位

1. 事件经过

2015 年 2 月 2 日，某 500kV 变电站 2542 隔离开关 C 相无法分闸，220kV 2 号旁路 25K2 隔离开关无法分闸，同时两者均无法合闸到位。检修人员清洗润滑复合轴套后，设备恢复正常。隔离开关投运日期为 1998 年 5 月 1 日。

设备信息：隔离开关厂家为河南平高电气股份有限公司，型号为 GW16－220W。

2. 事件原因分析

检修人员检查发现以下情况：

（1）2542 隔离开关伞齿轮完好，基座、管壁及双四连杆等部位二硫化钼硬化且积尘严重，如图 8－96～图 8－99 所示。

（2）2542 隔离开关 C 相动触指卡死且烧伤严重，如图 8－100 所示，触指无法张合。

（3）检查导电臂，发现隔离开关夹紧弹簧及拉杆外观正常，动触头内壁有积灰，如图 8－101 所示，卡涩位置在动触头内复合轴套与复位拉杆之间。

（4）复位拉杆表面存在与复合轴套的刮痕，顶部氧化，与复合轴套间摩擦力增大易卡死，如图 8－102～图 8－104 所示。

图 8－96　隔离开关伞齿轮检查，齿轮完好

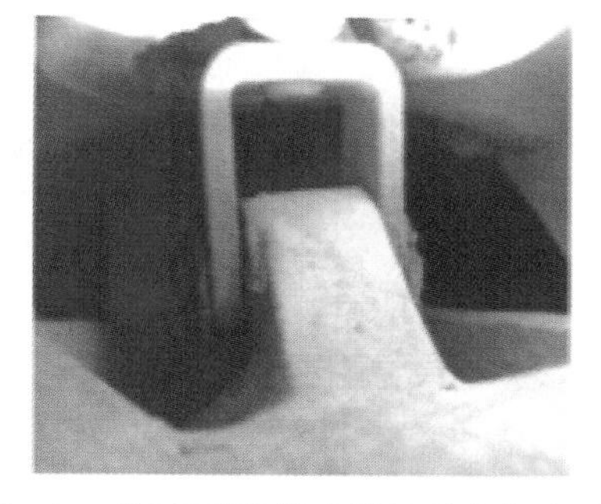

图 8－97　隔离开关基座及管壁内积尘严重

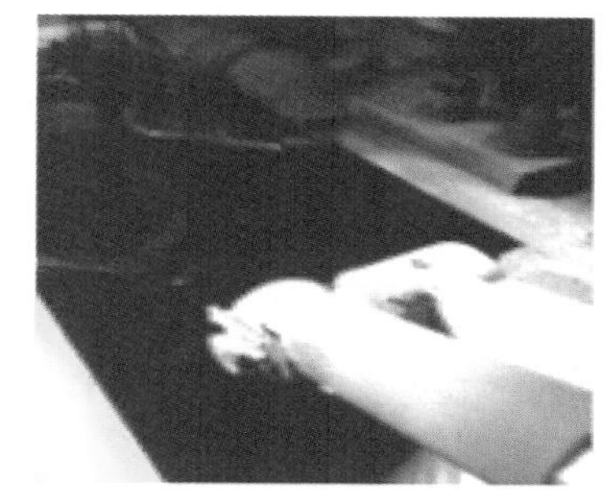

图 8－98　隔离开关双四连杆转动处积灰严重

图 8－99　隔离开关双四连杆转动处积灰严重

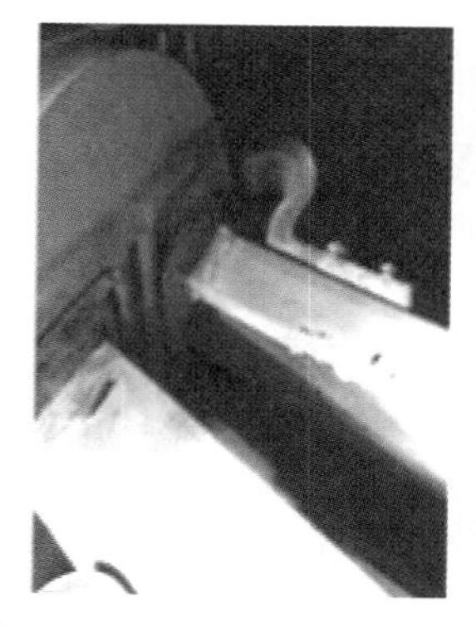

图 8-100　2542 隔离开关 C 相动触指烧伤，触指无法张合

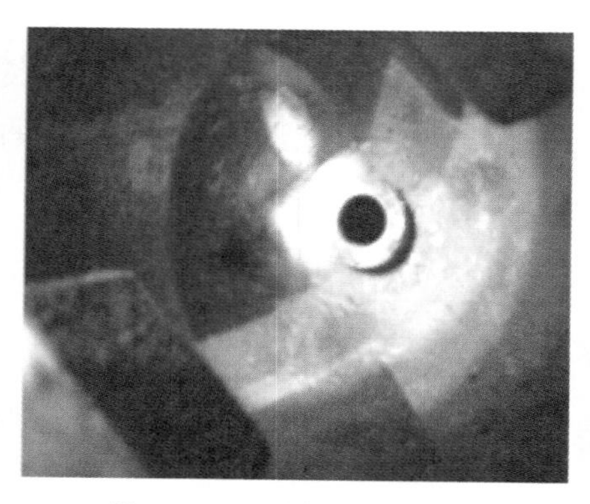

图 8-101　动触头内壁积灰

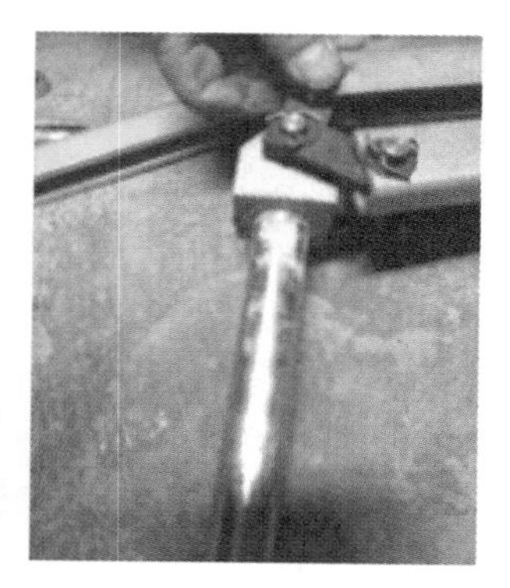

图 8-102　复位拉杆表面存在刮痕，顶部氧化

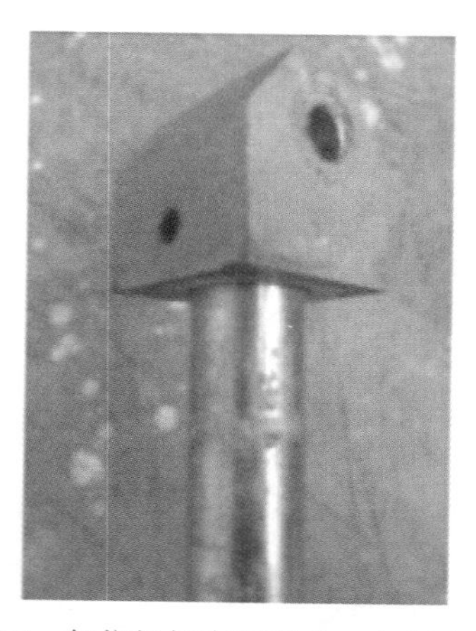

图 8-103　复位拉杆表面氧化，与复合轴套卡死

图 8-104　复位拉杆表面存在刮痕

3. 事件处置及防范措施

（1）事件处置。针对检查情况，检修人员进行了以下处理：

1）现场更换 2542 隔离开关 C 相的复合轴套、复位拉杆及烧损的隔离开关动触指；

2）为减轻触头内复合轴套卡涩，清洁后涂抹凡士林润滑动触指处轴销、复位拉杆表面及复合轴套；

3）检查动触指张合灵活后，安装防雨罩并用密封胶封死开口部位防止进灰；

4）相同方法检查处理 220kV 2 号旁路母线 25K2 隔离开关，调试合格。

（2）防范措施。通过解体检修 2542 隔离开关、25K2 隔离开关，确认无法分闸的主要原因为动触头内复合轴套卡涩，复合轴套与复位拉杆之间摩擦力增大，造成隔离开关合闸时上导电臂不直，同时无法分闸。正常情况下，在合闸时，破冰钩挂住上导电臂滚轮，靠下导电臂的最后行程带动上导电拉杆使滚轮落入凹槽，合闸到位，而现在因复位拉杆与复合轴套存在摩擦力，下导电臂的行程力不足，使滚轮无法落入凹槽，导致上导电臂不直。在分闸时，同样是该位置摩擦力，致使复位弹簧的作用力不足，无法使动触指完全打开，导致动触指卡住静触杆无法分闸。

为防范此类缺陷的发生，建议采取以下措施：

1）结合停电打开隔离开关防雨罩，通过长油嘴管对动触头内复合轴套清洁润滑，并检查触指的张合灵活。

2）若旧的复合轴套卡涩严重，可采用 22mm 的钻头拆除旧复合轴套，更换新复合轴套，或者更换动触头。

8.2.16　35kV 隔离开关刀口接触不良导致发热

1. 事件经过

2010 年 3 月 7 日，某 500kV 变电站运行人员在例行巡视中，用热成像仪测到 35kV 4 号电抗器 3561 隔离开关 A 相静触头刀口温度为 133℃（见图 8－105 和图 8－106），B 相温度为 26.8℃，C 相温度高到 20.5℃。该 3561 隔离开关 A 相负荷电流为 1435A，A 相隔离开关温度超标且相对温差超标 δ_t＝80.8%，属于 I 类缺陷。

设备信息：隔离开关厂家为湖南长高高压开关集团股份公司，型号为 GW4D－40.5DW/1600A。

图 8－105　3561 隔离开关外观图

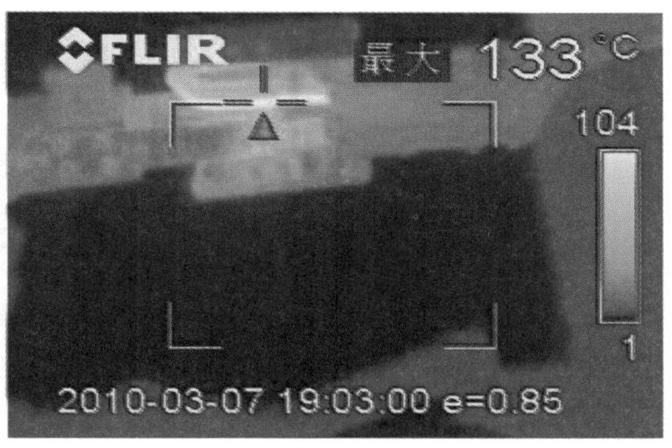

图 8－106　3561 隔离开关发热点红外图

2. 事件原因分析

停电后，对 3561 隔离开关进行回路电阻测试，测得值为 A 相 122.5μΩ、B 相 96.4μΩ、C 相 95.3μΩ，其中 A 相数值超过规定值较多。在对 3561 隔离开关 A 相进行解体中发现：公触头和母触头间涂有大量的润滑脂，积尘较多，外压弹簧扭曲度大，公母触头中心线不一致，接触面接触不良等。

通过图 8－107、图 8－108，我们大致可以看出产生触头发热的主要原因：

（1）由于公母触头接触部分涂有大量的润滑脂，年深日久触头积尘较多，导致隔离开关接触面接触不良。

（2）由于产品加工工艺精度低、公差大等原因，引起触头弹簧扭曲倾斜度偏大，导致刀口夹紧力不稳定。

（3）该 GW4 隔离开关是水平开启式单断口结构，在合闸过程中，对动、静触头的相对位置要求严格，现场动、静触头的安装中心线不一致，也是导致夹紧力不足的原因之一。

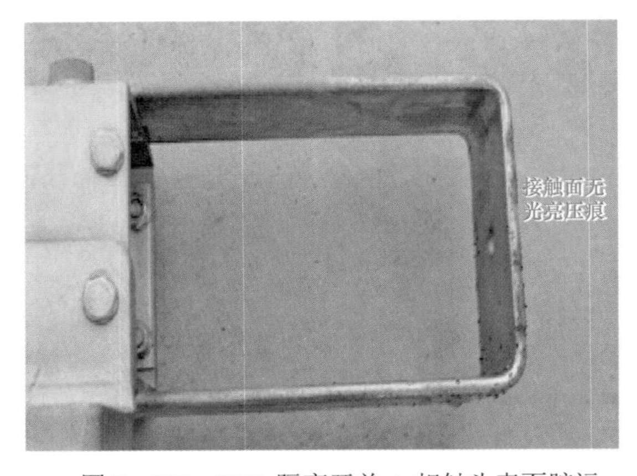

图 8－107　3561 隔离开关 A 相触头表面脏污

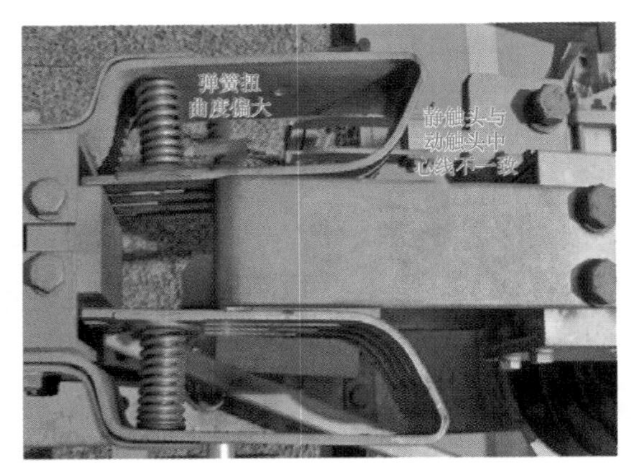

图 8－108　3561 隔离开关 A 相触头接触情况

3. 事件处置及防范措施

（1）事件处置。对 A 相隔离开关进行检修处理：接触面用细砂纸打磨，导电表面均匀涂抹一层薄薄的导电膏，安装过程中对动、静触头水平度、插入深度及工艺都严格按产品说明书规定执行，连接部位紧固螺栓按标准打力矩。

（2）防范措施。

1）基建验收加强把关，及时发现问题。

2）加强设备选型管理，对投运不久就发生各种缺陷的设备，留意分析其原因。

8.2.17　220kV 隔离开关静触杆装配不佳导致隔离开关发热

1. 事件经过

2011 年 4 月 17 日，某 500kV 变电站运行人员使用红外热像测温仪对 2 号联络变压器 220kV 侧 25B2 隔离开关 A 相静触杆测温，结果显示，A 相静触头导电杆两端接触面严重发热，最高温度达到 186.6℃，B 相温度为 40.3℃，C 相温度为 20.2℃。根据《变电设备管理缺陷规定》，归类为 I 类缺陷，进行紧急处理。

设备信息：隔离开关厂家为河南平高电气股份有限公司，型号为 GW16－220W。

2. 事件原因分析

检查静触杆抱紧下铝块发现，下铝块与静触杆之间并不是严丝合缝，两者配合可见明显缝隙，出现较大偏差（如图 8－109 所示），这一结果使静触杆与抱紧下铝块的接触面积减少，几乎成线接触。根据 $R=\rho l/S$，接触面积的锐减导致了接触电阻相应增大，从而使隔离开关运行时相应发热。可推断，抱紧下铝块与静触杆配合不紧密是 25B2 隔离开关 A 相发热的主要原因。

图 8－109　抱紧下铝块与静触杆存在较大缝隙

3. 事件处置及防范措施

（1）事件处置。松开母线夹板装配与导电板的 8 个紧固螺栓，卸下整个静触头进行检查。

在拆卸下来的静触头上选择好接触电阻的测量点，进行接触电阻值的测量，并记录。图 8–110 中的五处测量点分别是：① 母线装配夹与静触头导电板的接触面。② 左侧钢芯铝绞线与导电板的接触面。③ 右侧钢芯铝绞线与导电板的接触面。④ 左侧静触杆抱紧下铝块与钢芯铝绞线、静触杆的接触面。⑤ 右侧静触杆抱紧下铝块与钢芯铝绞线、静触杆的接触面。25B2 隔离开关静触头三相的接触电阻测量结果见表 8–12 所述。

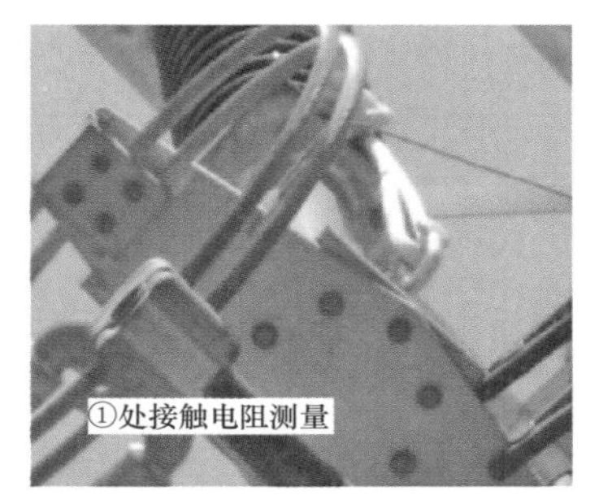

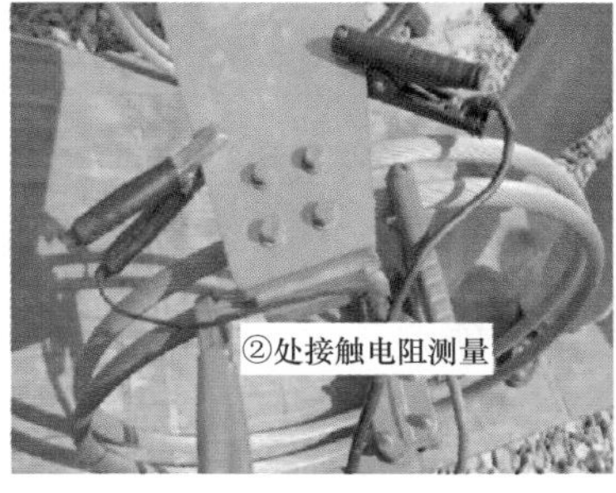

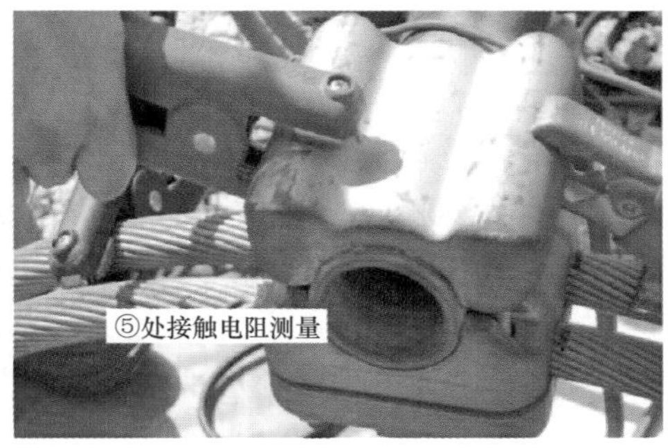

图 8–110　各接触面测量

表 8–12　　接触面接触电阻

相别	接触面测量点（μΩ）				
	①	②	③	④	⑤
A	0.4	41.3	35.1	超量程	超量程
B	3.9	112.5	31.5	163.8	289.2
C	2.7	29.1	23.9	38.1	46.3

后经钢丝刷、砂纸处理抱紧下铝块的接触面，至接触面光滑平整，同时调整抱紧铝块和静触杆的接触情况，至两者接触紧密。其后，按拆卸的逆顺序，回装抱紧铝块、钢芯铝绞线、静触杆之间的紧固螺栓，打上 60～75N · m 的力矩，再次测量各接触面的接触电阻，数据比对如表 8–13 所示。最后，测量数据合格，将整个静触头回装至管母处，检查隔离

开关试分合顺畅。

表 8-13　　接触面接触电阻比对

相别	接触面测量点（μΩ）				
	①	②	③	④	⑤
处理前 A 相	0.4	41.3	35.1	超量程	超量程
处理后 A 相	0.4	5.7	4.1	2.8	2.6
处理前 B 相	3.9	112.5	31.5	163.8	289.2
处理后 B 相	0.7	5.1	6.9	4.2	3.1
处理前 C 相	2.7	29.1	23.9	38.1	46.3
处理后 C 相	0.4	7.9	7.1	6	4.1

（2）防范措施。

1）正确使用导电膏。导电膏不宜涂的过厚，而只需薄薄的一层，以发挥其润滑和密封的最佳功效。

2）紧固螺栓。由于电气触头表面并非绝对平整，从微观角度看仍然凹凸不平，接触面只有在足够压力作用下才能使凹凸面都有效接触，若是接线板、线夹的螺栓紧固的不够，势必会增加接触电阻。同时，接触不紧密也容易使得接触面暴露在空气中，受到空气、水分等因素的影响，造成接触面表面层氧化，从而增加接触电阻。因此，在进行一些电气试验后，务必应对螺栓进行紧固。

3）加强防氧化处理。年检时注意钢丝刷和砂纸对接触面氧化产物的清洁；同时也可以使用二硫化钼等做好边缘接触面等缝隙处的密封，防止空气、水分进入对接触面造成氧化腐蚀。

4）年检大修中注意对隔离开关动触头夹紧弹簧的检查。运行中触头长期受热，电气触头和紧固件的机械强度会逐渐减弱，使接触面压力减小。

8.2.18　500kV 隔离开关静触头导流板氧化腐蚀导致发热

1. 事件经过

2014 年 6 月 20 日，某 500kV 变电站运维人员红外测温发现，50222 隔离开关 A 相静触头红外测温温度达 117℃，50222 隔离开关 B、C 相的红外测温温度为 43.8℃、37.1℃。该隔离开关投运日期 2000 年 3 月 20 日。

设备信息：隔离开关厂家为河南平高电气股份有限公司，型号为 GW17-500DW。

2. 事件原因分析

在对 50222/50231 隔离开关 A 相静接触头进行解体检查前作业人员先对 50222 隔离开关 A 相静接触头各导电部分进行了回路电阻测试，测试的各夹线点如图 8-111 所示，回路接触电阻测试发现 AO 间回路电阻最大为 3800μΩ，AB 间为 618μΩ，EK 间为 152μΩ。回路电阻测试后，现场对 50222 隔离开关 A 相静接触头（见图 8-112）进行了解体检查，图 8-113、图 8-114 为隔离开关 A 相静触头底座及导流板解体后的照片，从照片上看，隔离开关静触头底座与导流工字板间接触面已严重氧化，两者接触面上均有厚厚的白色氧化层。

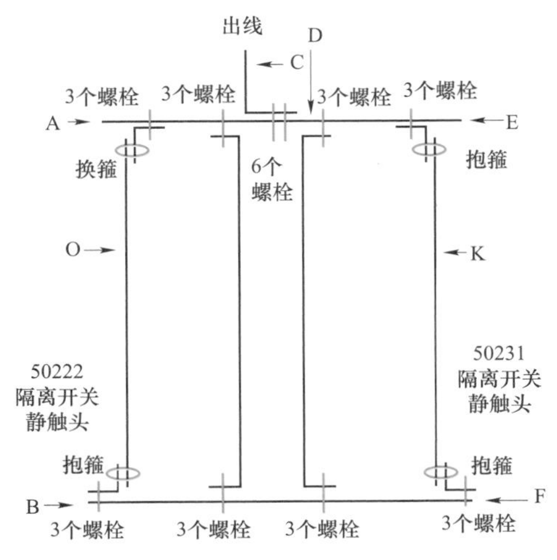

图 8－111　50222 隔离开关静触头结构图

图 8－112　50222 隔离开关静触头实物图

图 8－113　隔离开关静触头底座解体后照片

图 8－114　隔离开关静触头导流板解体后照片

造成 50222 隔离开关发热的根源是静触头各接触面接触不严密，导致在长期运行电压下表面氧化严重、接触面接触不良而发热。而接触面接触不严密是由于静触头设计尺寸有所偏差，安装时螺栓紧固不够，紧固受力不均。

3. 事件处置及防范措施

（1）事件处置。现场将 50222/50231 隔离开关 A 相静触头整体拆下并进行了更换，更换后对新换静触头各点间的回路电阻测量，确认隔离开关静触头状况良好、缺陷消除，50222/50231 隔离开关 A 相静接触头更换前后接触电阻对比见表 8－14（对应测试点见图 8－111）。

表 8－14　　50222 隔离开关 A 相静接触头更换前后接触电阻对比

测量位置	更换前	更换后	测量位置	更换前	更换后
AB	618μΩ	31μΩ	EF	77μΩ	26.7μΩ
AO	3800μΩ	12μΩ	EK	152μΩ	16.2μΩ

（2）防范措施。

1）对于老设备，建议在设备首检、年检过程中加强对接触面的检查，尤其是导线线夹与接线板之间、隔离开关静触头与导流工字板间回路接触电阻的测量。

2）对以后新建的设备，建议在验收时增加对接触面的检查，并对隔离开关所有螺帽打力矩紧固检查。

8.2.19 500kV 隔离开关因动触头卡死导致伞齿根部柱销断裂无法分闸

1. 事件经过

2018 年 10 月 17 日，某 500kV 变电站 50132 隔离开关分闸操作时出现 B 相隔离开关分闸不到位缺陷。现场检查 50132 隔离开关 A、C 相均在分闸位置，B 相分闸至中间位置无法继续分闸（如图 8－115 所示），但监控后台位置、机构箱输出轴及转动绝缘子均在分闸位置。

图 8－115　50132 隔离开关 B 相无法合闸

设备信息：隔离开关厂家为河南平高电气股份有限公司，型号为 GW16－500DW。

2. 事件原因分析

检修人员对 B 相隔离开关进行手动试分合，发现隔离开关上导电臂提升杆未复位，触指未张开并卡在静触杆上，导致无法分闸；分闸过程中，机构箱及旋转绝缘子输出角度均正常为 90°。根据缺陷检查情况，检修人员在做好安全措施后，重点检查隔离开关动触头及传动底座（见图 8－116），发现动触头座内触指卡涩严重，无法分闸，需人为助力方可打开，如图 8－117 所示；同时拆除传动底座齿轮箱盖板，从观察孔中（如图 8－118 所示）可观察到伞型齿底部用于固定的 C 形弹性圆柱销已断裂（如图 8－119 所示），导致双四连杆无法正常传动。

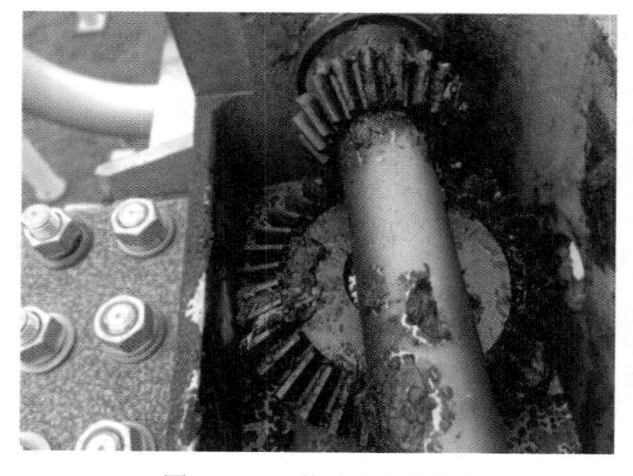

图 8－116　传动底座齿轮盒

图 8－117　人为协助进行分闸

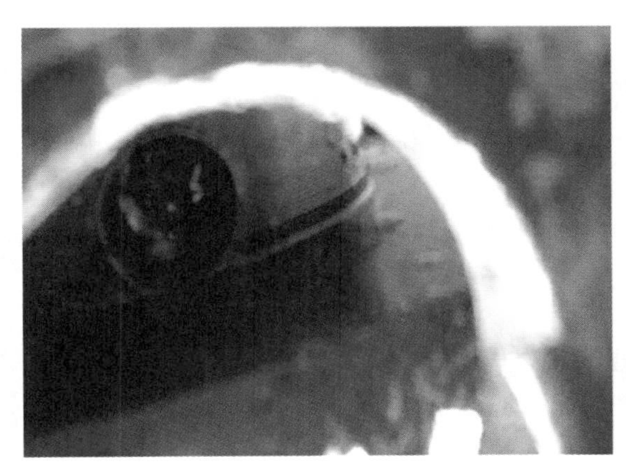

图 8－118　已断裂 C 型弹性圆柱销

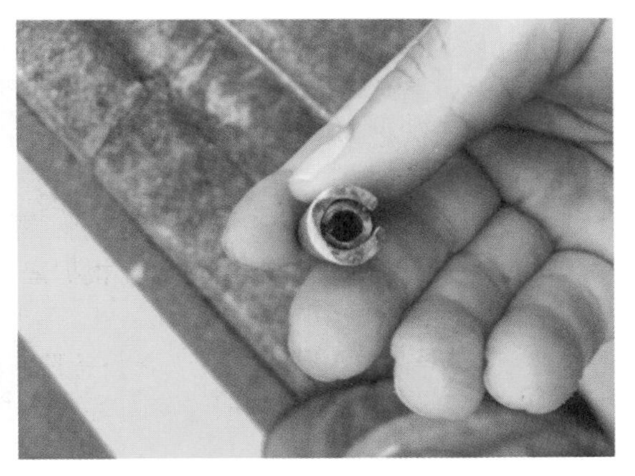

图 8－119　拆下断裂的圆柱销

检修人员立即拆除上导电臂并进行解体，检查复位弹簧、夹紧弹簧及提升杆均正常。但在动触头座内发现大量杂物、沙尘，触指及其端杆处有氧化腐蚀现象，如图 8－120、图 8－121 所示，导致触指及其端杆卡死在触头座里面，无法正常活动。

图 8－120　动触头座内触指情况

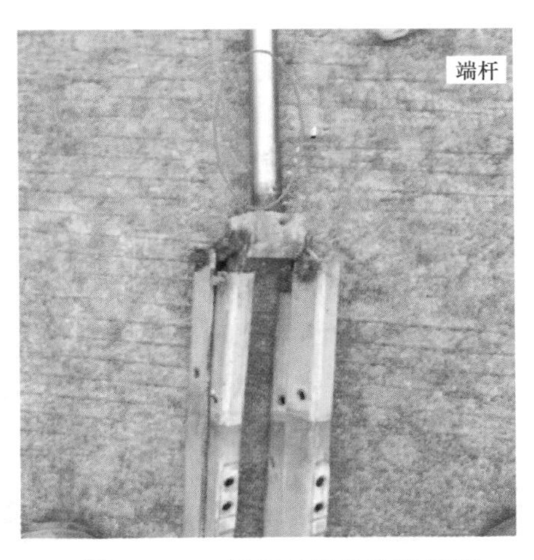

图 8－121　端杆处氧化腐蚀情况

由上述解体处理过程可知，50132 隔离开关动触头座内存在大量杂物及沙尘，造成触指及其端杆卡死在触头座内，无法正常活动，从而隔离开关分闸时触指无法正常张开；同时在电动机持续输出力矩的作用下，引起固定伞型齿轮与旋转绝缘子的 C 形圆柱销断裂，造成双四连杆无法继续传动力矩，隔离开关无法正常分闸。

3. 事件处置及防范措施

（1）事件处置。检修人员对触头座及触指进行清洗回装，触指可正常张合。但由于触头座及端杆存在腐蚀情况，为保证设备安全可靠，更换安装新上导电臂备品及伞型齿的 C 形弹性圆柱销。

手动、电动试分合正常及回路电阻测试合格后，缺陷消除，设备正常送电。

（2）防范措施。

现场检查 50132 隔离开关动触头座顶部防雨罩完好，未出现破损情况，推断内部杂物及沙尘应是安装过程中带入的，鉴于日常例检无法发现隔离开关导电臂内部情况，拟落实以下防范措施：

1）50132 隔离开关 A、C 相解体检查隔离开关动触头座内部情况；站内其他同型号同时间出厂的平高隔离开关结合例检，根据隔离开关触指活动端杆情况抽样解体检查隔离开关动触头座内部情况。

2）检查平高该型号隔离开关备品备件储备情况，同时由于隔离开关长期未操作容易造成卡涩，按照运检部要求定期安排隔离开关进行试分合操作。

3）加强基建阶段隔离开关验收把控，必要时抽样打开防雨罩对触头座内部情况进行检查验收。

4）对运行年限长、问题多的隔离开关逐年安排机构箱、导电臂等大修。结合母线停电，安排边开关或线路轮停，对母线侧隔离开关安排例检。

8.2.20 500kV 隔离开关可调连接圆柱销断裂导致操作卡涩

1. 事件经过

2012 年 4 月 24 日，某 500kV 变电站 50221 隔离开关例行检修时，检修人员发现 A 相隔离开关在操作时有轻微卡涩现象，随后对 A 相各转动部位细致检查，发现可调连接圆柱销已断裂成三段。经更换新轴销后，设备恢复正常。该隔离开关投运日期为 2000 年 3 月 20 日。

设备信息：隔离开关厂家为河南平高电气股份有限公司，型号为 GW17－500DW。

2. 事件原因分析

检修人员检查发现隔离开关轴销断裂面存在新旧痕迹，如图 8－122 所示。圆柱销的实际位置如图 8－123 所示，断裂位置的实际图片如图 8－124 所示。

图 8－122　圆柱销断裂照片

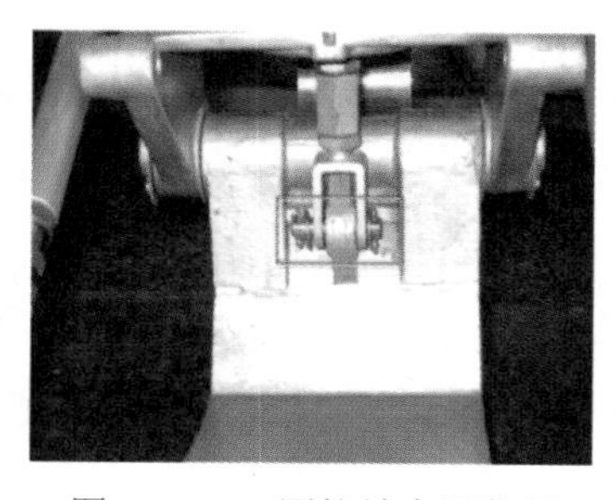

图 8－123　圆柱销实际位置

图 8－124　断裂位置实际图片

分析断裂的圆柱销，其已断成三段，其中一个断面存在明显铜锈，另一个断面是新的。圆柱销断裂的实际照片如图 8－125～图 8－127 所示。旧断痕上的锈蚀情况可说明圆柱销早已断成两段，而近期 50221 隔离开关操作频繁，仅靠一半的圆柱销固定来保证分合，受力较大，且因一端断裂，导致圆柱销固定不佳，在隔离开关运动过程中，容易受力不平衡，造成新断痕产生。

图 8－125　断成三段的圆柱销

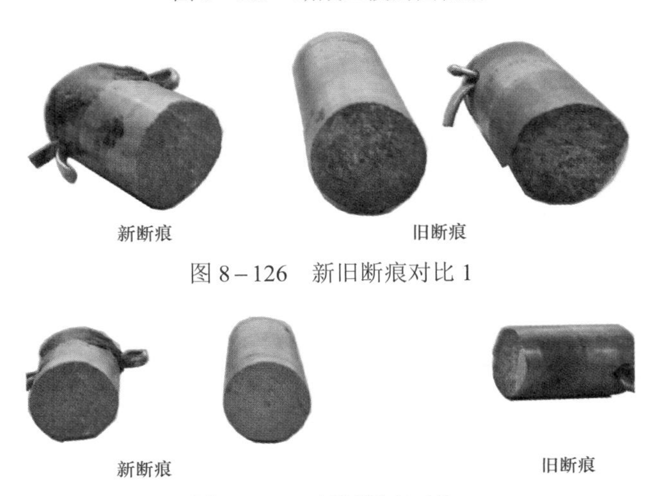

图 8－126　新旧断痕对比 1

图 8－127　新旧断痕对比 2

3. 事件处置及防范措施

（1）事件处置。GW17 型隔离开关为水平式结构，在分合过程中受平衡弹簧、夹紧弹簧共同力的作用，在此作用力作用下，无法直接将操作杆拉下复装圆柱销。因此，只有拆卸隔离开关上导电臂及中间接头装配，并将平衡弹簧释能，使圆柱销在未受力情况下才能复装。因此检修人员对该隔离开关进行了解体大修，并更换了圆柱销。

（2）防范措施。

1）例检中，需细致检查各轴、销等转动、受力部位，并按规定做好润滑措施；

2）隔离开关调试过程中，应先手动操作，再电动操作，在手动操作中，应注意操作力矩大小，如遇卡涩情况，应停止，待查明原因后，再行操作，避免使用暴力，防止损坏设备。

8.2.21　220kV 隔离开关因滚轮卡涩无法分闸缺陷处理分析

1. 事件经过

2017 年 6 月 27 日，检修人员在 24A 开关由运行转检修操作过程中发现 220kV 侧 24A3 隔离开关无法分闸，检查发现 24A3 隔离开关机构箱内部齿轮损坏、静触头上的滚轮卡涩无法滚动。检修人员更换了新的机构箱和调整滚轮尺寸后，24A3 隔离开关恢复正常。该隔离开关额定电流 3150A，投运日期为 2007 年 12 月 20 日，机构箱型号为 CMM。

设备信息：隔离开关厂家为苏州 AREVA 高压电气开关有限公司，型号为 SPO2T。

2. 事件原因分析

转检修后，检修人员对 24A3 隔离开关进行详细的检查。检查发现 24A3 隔离开关 B 相静触头上的左下角和右上角的滚轮无法滚动，导致 24A3 隔离开关分闸卡涩（如图 8－128、图 8－129，SPO2T 型号隔离开关在分闸的过程中，动触头边沿会触碰到滚轮，通过滚轮的滚动完成动触头离开静触头的动作）。通过拆除滚轮发现，不滚动的滚轮长度轻微变长，导致滚轮两个侧面受到挡板和平垫片的压力而无法滚动。

图 8－128　动触头与滚轮接触

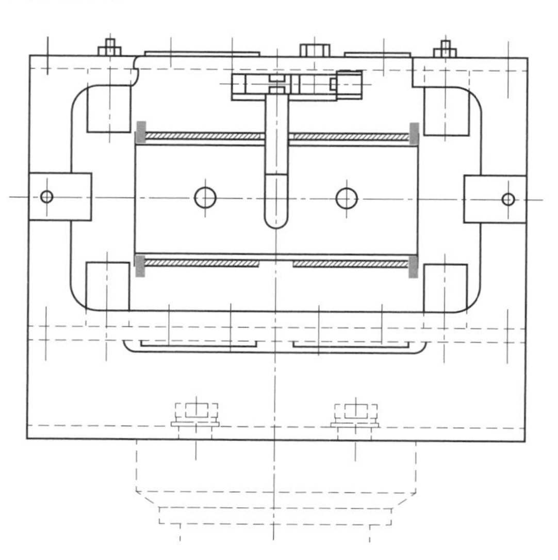

图 8－129　静触头正视图（红色长方形为滚轮）

24A3 无法分闸的原因是静触头上的滚轮因投运时间久、长期受动触头挤压从而长度变长，导致滚轮两侧受到挡板和平垫片的压力无法滚动，动触头分闸时与无法滚动的滚轮接触，原本的滚动摩擦变成滑动摩擦，而滑动摩擦力是远大于滚动摩擦力的，从而导致分闸时隔离开关卡涩，损害了机构箱内部齿轮，造成 24A3 无法分闸。

3. 事件处置及防范措施

（1）事件处置。为了避免可以滚动的滚轮以后也出现由于变长导致滚轮无法滚动的情况，现场将 ABC 三相共 12 个滚轮全部拆除，打磨掉约 2mm 的长度后重新安装，如图 8－130 和图 8－131 所示。

检查还发现合闸到位时 24A3 隔离开关 A 相、C 相的动触头端部面与触头弹簧轴线都大于 20mm，如图 8－132～图 8－134 所示（其中 A 相为 35mm，B 相为 5mm，C 相为 30mm，如图 8－139 所示动触头端部面与触头弹簧轴线距标准为小于等于 20mm）。考虑到静触头绝缘子受到长导线的拉力作用，平移绝缘子需要拆除长导线工作量巨大，结合现场工期紧的状况，决定采用轻微调整绝缘子底座 4 个螺栓的长度（见图 8－138），轻微改变绝缘子的垂直度来调整插入深度。在保证绝缘子垂直度在合理阈值的前提下，调整完的 24A3 隔离开关 A、C 相的动触头端部面与触头弹簧轴线都小于 10mm，大大提高了动触头的插入深度量，如图 8－135～图 8－137 所示（其中 A 相为 7mm，B 相为 5mm，C 相为 2mm），符合厂家说明书小于等于 20mm 的要求。

图 8－130　处理前滚轮细节图

图 8－131　处理后滚轮细节图

图 8－132　调整前 A 相动触头端部面与触头弹簧轴线距 35mm

图 8－133　调整前 B 相动触头端部面与触头弹簧轴线距 5mm

图 8－134　调整前 C 相动触头端部面与触头弹簧轴线距 30mm

图 8－135　调整后 A 相动触头端部面与触头弹簧轴线距 7mm

图 8－136　调整后 B 相动触头端部面与触头弹簧轴线距 5mm

图 8－137　调整后 C 相动触头端部面与触头弹簧轴线距 2mm

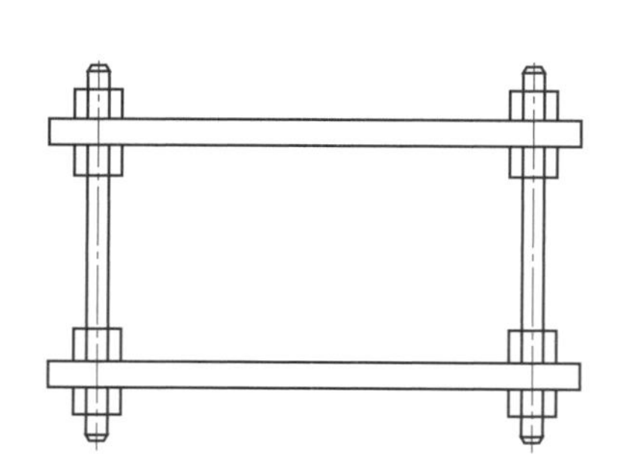

图 8－138　隔离开关静触头底座示意图

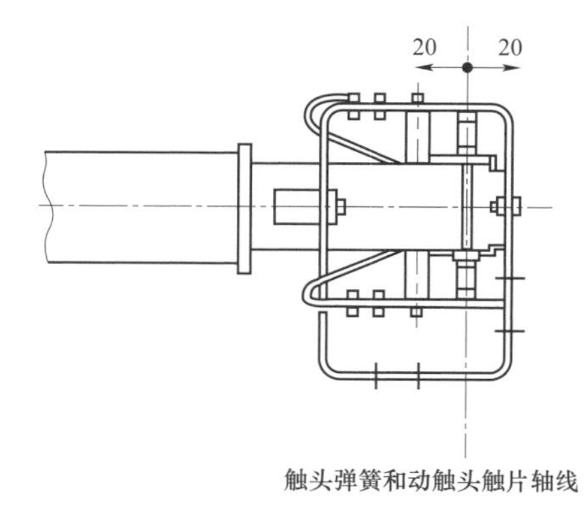

图 8－139　动触头端部面与触头弹簧轴线距标准示意图

（2）防范措施。

1）厂家应使用不会变形或者保留有充分空间裕度的滚轮，防止在运行中出现橡胶滚轮变形，卡涩动触头，使其无法分闸的事故。

2）在隔离开关新装、例行检修中，应加强对该类型隔离开关滚轮的检查，及早发现有轻微卡涩的滚轮，避免扩大为无法分闸。

8.2.22　500kV 隔离开关静触杆与底部铝板接触材质不合格导致运行发热

1. 事件经过

2011 年 3 月 22 日，某 500kV 变电站在红外测温时发现 50131 隔离开关 C 相静触头基座处（静触杆下部抱箍）发热，至 21:13 时最高温度达到 119℃（见图 8－140）。经检修人员现场检查，初步判断为隔离开关静触杆抱箍断裂所致。隔离开关于 2003 年 6 月投产。

设备信息：该隔离开关生产厂家为西安西电高压开关有限责任公司，型号为 GW11－550BDW。

2. 事件原因分析

翌日早，停电后，检修人员到隔离开关 C 相静触头基座处检查，发现静触杆抱箍并未断裂（见图 8－141），但底部抱箍固定螺栓已严重生锈，其中一螺栓铁锈已被烧红（见图 8－142 和图 8－143）。螺栓都为 4.8 级，非热镀锌螺栓。

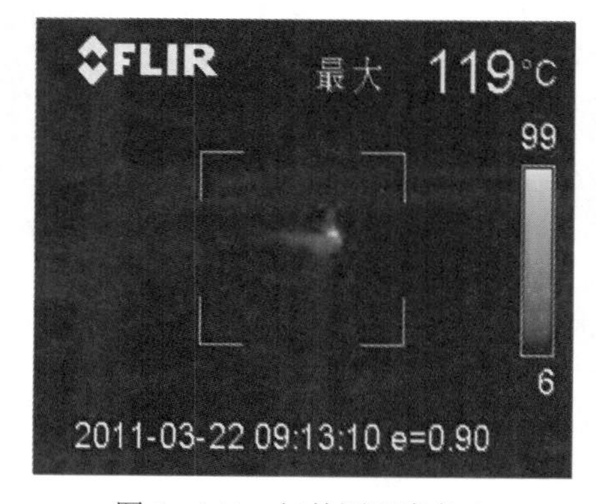

图 8－140　红外测温发热点

图 8－141　静触杆下部抱箍

图 8－142　静触杆抱箍图 1

图 8－143　静触杆抱箍图 2

检修人员测量静触杆抱箍与底部铝板接触电阻，发现达到 4.48mΩ，隔离开关动触片至静触杆接触电阻仅为 18μΩ，由此判断应为静触杆抱箍与底部铝板接触不良导致该部位发热严重。将静触杆、弓型板及均压环均拆除后，检修人员发现静触杆抱箍与底部铝板接触部位严重氧化，以至于静触杆抱箍底面与底部铝板的接触面达不到未氧化时的 1/3。检修人员将氧化层刮开后，发现该抱箍底面镀有一过渡片铜膜，而底部铝板未加铜铝过渡片，导致铜铝直接接触，因此加速了接触面的氧化（见图 8－144、图 8－145）。

图 8－144　底部铝板

图 8－145　静触杆与抱箍

本次的发热缺陷主要是由于厂家配件直接采用铜铝接触，施工时又未加铜铝过渡片，同时，运行时电流通过，金属温度较高，在自然条件的作用下加速了金属的电解反应，使接触面严重氧化导致接触电阻加大，运行时电流变大引起了发热。同时，固定螺栓未使用热镀锌和达到 8.8 级硬度要求是发热缺陷产生的次要原因。

3. 事件处置及防范措施

（1）事件处置。检修人员加工了同样厚度的铝板将该小过渡片铜膜进行更换处理，同时对各个接触面打磨处理，将新静触杆、弓型板及均压环重新装回后，再次测量静触杆抱箍与底部铝板的接触电阻为 14.1μΩ，整组隔离开关从静触头导线线夹到动触头座导线线夹之间的回路电阻为 122.7μΩ，回路电阻已合格，同时将螺栓都更换为热镀锌螺栓。对 A、B 两相也进行了类似处理。

（2）防范措施。

1）加强对该型号隔离开关及与其连接导线的测温工作。

2）加强基建工程中设备过渡板材质结构的验收工作。

8.2.23 220kV 隔离开关动、静触头夹紧力不足导致严重发热

1. 事件经过

2013 年 8 月 26 日 19 时，某 500kV 变电站运维人员红外测温时，发现 1 号联络变压器 220kV 侧 23A1 隔离开关 A 相在环温 30℃、负荷电流为 1415A 的情况下发热，温度为 103℃（见图 8－146），其他 B、C 两相在同样负荷电流下，温度为 41.4℃和 43℃。22 时左右，再次测温，负荷电流为 1322A 时，A 相 88.4℃，B 相 36.7℃，C 相 38.4℃。9 月 2 日，隔离开关温度有所缓和下降。9 月 3 日 15 时，检修人员再次进站进行精测，测得温度为 212℃。隔离开关投运日期为 2007 年 9 月。

设备信息：隔离开关生产厂家为苏州 AREVA 高压电气开关有限公司，型号为 SPV。

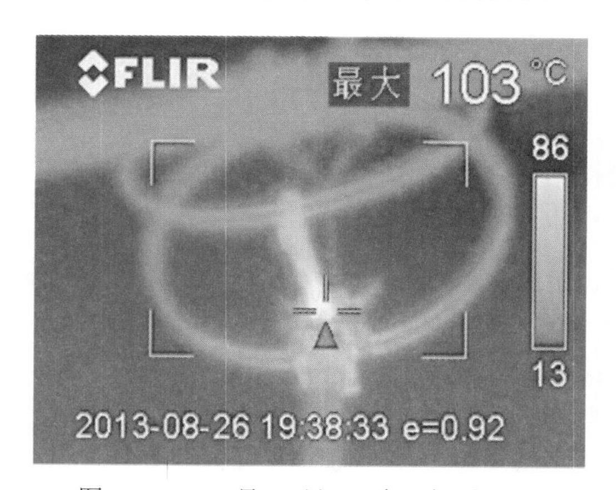

图 8－146　8 月 26 日 19 时 A 相测温图片

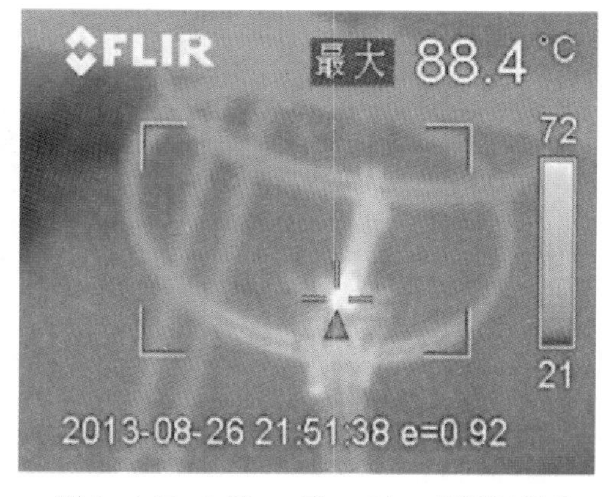

图 8－147　8 月 26 日 22 时 A 相测温图片

2. 事件原因分析

隔离开关转检修后，检修人员首先对 23A1 隔离开关 A 相进行处理，检查过程中手动试分合正常，但登高检查发现该相隔离开关动触头导向橡胶块融化，黑色橡胶熔化后冷凝在触指刀口部位，静触杆上存在凹凸不平痕迹，表面有灼伤（见图 8－148 和图 8－149）。

将该相隔离开关动触头卸下后详细检查，发现隔离开关动触头八片动触指后的压紧弹簧七片已熔毁，只有一片动触指后的压紧弹簧情况较好，但弹簧已存在锈蚀。隔离开关其他部位，如上导电管内部拉杆、弹簧等部件完好。

在原因分析中，检修人员认为该相隔离开关动触头的某一片触指压紧弹簧出现疲软，导致该片触指与静触头的接触面压力减小，接触电阻增大，在该部位局部发热。触指夹紧

图 8－148　原动、静触头接触点灼伤

图 8－149　触指夹紧弹簧垫块熔化、刀口存在凝固后的橡胶

弹簧处黑色胶垫慢慢微熔。随负荷电流减小，微熔的胶垫又逐渐凝固，触指压紧弹簧起作用，这时，在负荷电流减小及压紧弹簧压力稳定后，该刀口处温度反而存在降低。这也是 8 月 27 日～9 月 2 日，隔离开关温度有所缓和的原因。9 月 3 日，因负荷电流增大，隔离开关温度升高，该隔离开关触指压紧弹簧胶垫又逐渐熔软，动刀口与静触杆的接触压力越来越小、发热量越来越大、温度越来越高，形成恶性循环，最终导致其他动触指处压紧弹簧胶垫也开始熔软。整个隔离开关动触指因各胶垫的熔化，触指与静触杆接触压力减小，刀头部位开始急剧发热，温度激升至 212℃。

3. 事件处置及防范措施

（1）事件处置。更换三相隔离开关上导电管及静触杆，对隔离开关动触头处触指压紧弹簧涂专用润滑脂进行防腐润滑保养。对动触指及静触杆表面进行了清洗除尘，隔离开关合闸时检测其夹紧力，同时对隔离开关处理前后的回路电阻进行测试对比，见表 8－15。

表 8－15　　23A1 处理前后回路电阻值

23A1 隔离开关	A 相（μΩ）	B 相（μΩ）	C 相（μΩ）
处理前回路电阻值	143.7	103.4	146.8
处理后回路电阻值	92.9	84.6	92.3

（2）防范措施。

1）做好备品储购。

2）该类隔离开关刀头部位发热时，应及时跟踪测温，当温度激升时，要结合停电进行消缺。

3）在停电维护时，注意检查动触头处的触指压紧弹簧及胶垫，若弹簧锈蚀严重及胶垫有熔化现象，及早更换隔离开关动触头。

8.2.24　220kV 隔离开关提升杆卡涩、铸铝件腐蚀导致无法分闸

1. 事件经过

2010 年 6 月 30 日早，某 500kV 变电站运行人员在进行 220kV Ⅳ段母线倒排操作时发

现 2642 隔离开关 A 相分不开，动触头死咬住静杆，B、C 相则在半分状态。检修人员到位后，手动操作分闸无果，借助令克棒协助分闸无果（见图 8－150），最后申请将 220kV IV 段母线及 264 开关转检修后，进行该组隔离开关缺陷处理。隔离开关投运日期为 2004 年 6 月 3 日。

图 8－150　检修人员用令克棒进行辅助分闸，无果

设备信息：隔离开关生产厂家为苏州 AREVA 高压电气开关有限公司，型号为 SPV。

2. 事件原因分析

检修人员现场登高检查，发现该 A 相隔离开关传动杆及动触头铸铝件等部位均存在腐蚀现象，且转动部位润滑油已干枯（如图 8－151、图 8－152），对该相除锈、润滑、试分合多次后终于将隔离开关分闸。对隔离开关进一步解体后，检修人员还发现一些其他问题：该组隔离开关提升杆穿过上导电臂管的间隙过小（见图 8－153），提升杆与管口处积灰严重，上部铜轴套太短，下部未装铜轴套（见图 8－154），分闸时三相未同时进行，多次试分合，扭曲力导致转动绝缘子上部法兰盘的轴销孔变形（见图 8－155）。其他部件如上导电臂内的复位弹簧完好无锈蚀。

图 8－151　传动铸铝件腐蚀严重、润滑油干枯

图 8－152　动触头铸铝件腐蚀

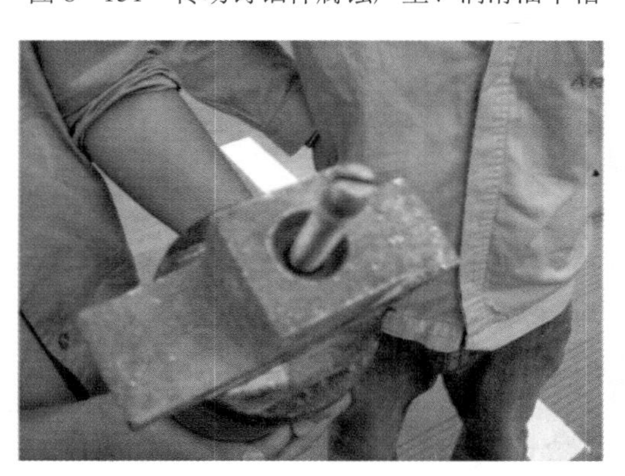

图 8－153　提升杆穿过上导电臂管的间隙过小

图 8－154　下导电臂传动杆口未加铜轴套

图 8－155　新法兰盘及变形的法兰盘轴销孔

初步分析，无法分闸的原因有：

（1）隔离开关本体防腐性能差引起铸铝件腐蚀严重，导致部分关节活动卡涩。

（2）厂家在出厂前涂的黄油经风吹日晒及粉尘的侵蚀后变干枯导致传动、转动部位卡涩，使得隔离开关分、合不到位。

（3）下导电管壁口与传动杆接口处未装铜轴套、上导电管壁口与提升杆接口处的铜轴套太短，都导致了靠近动触头处的提升杆与管壁口容易让粉尘侵蚀而使传动时增大阻力。

3. 事件处置及防范措施

（1）事件处置。进行隔离开关传动杆、动触头铸铝件等其他严重腐蚀部位更换、静触头清洗、提升杆与管壁的接口进行清洗、上导电臂提升杆出口孔大小进行微扩（由原来的 16.5mm 扩孔到 18mm）、所有的传动及转动部位进行清洗并添加二硫化钼润滑，更换法兰盘、补增长度合适的防尘铜套。最后，试分合操作正常无卡涩，测试三相隔离开关整组回路电阻值为 A 相 121μΩ，B 相 111μΩ，C 相 132μΩ。

（2）防范措施。

1）结合年检进行隔离开关的传动、转动部位的清洗、润滑工作。

2）加大红外测温巡视检查力度。

3）要求厂家按上述处理要求对在运各同型号隔离开关进行各种防卡涩措施处理。

8.2.25　220kV 隔离开关动、静触头积尘严重导致烧蚀发热

1. 事件经过

2008 年 5 月，某 500kV 变电站运行人员在设备红外线测温巡视时发现在运中的 500kV 3 号主变压器 220kV 侧 26C3 隔离开关三相动、静触头接触部位存在发热现象，温度高达 123℃左右，而同负荷同环境温度条件下，母线侧隔离开关相应部位温度为 56℃左右，26C3 比母线侧在运的隔离开关温度高出 1 倍。隔离开关于 2004 年 6 月 3 日投运。

设备信息：该隔离开关生产厂家为苏州 AREVA 高压电气开关有限公司，型号为 SP02T。

2. 事件原因分析

检修人员现场检查发现，导致 500kV 3 号主变压器 220kV 侧 26C3 隔离开关发热的原因主要是三相隔离开关的动触头与静触头间积尘较多，同时动、静触头某些部位还残留有

多量的导电膏润滑脂（见图 8－156）。经现场进行隔离开关动触头与静触头间的积尘及润滑脂清洗后，发现动、静触头表面因为之前运行温度过高，有较为严重的烧蚀现象（见图 8－157），这是导致隔离开关发热的主要原因。

图 8－156　表面残留导电膏的触指

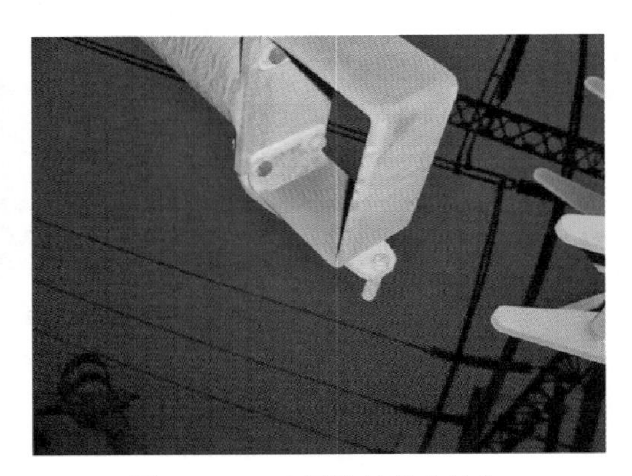

图 8－157　表面烧蚀的动触头

3. 事件处置及防范措施

（1）事件处置。进行了发热隔离开关的动、静触头的更换及调试，进行了转动部位的润滑，动、静触指接触摩擦部分涂层薄薄的凡士林，回路电阻测试合格，投运后运行温度都在 20℃左右，红外测温正常。

（2）防范措施。

1）加强基建安装验收，对其工艺欠缺、细心度不够部分，如转动部位无涂抹二硫化钼润滑脂保护及动、静触头涂抹过多的凡士林等问题及时指出，督促整改。

2）提高人员的检修质量意识，加强对检修人员小修作业的质量管理，杜绝太相信厂家的质量承诺而没能把小修工作做细、做全。

8.3　二次回路类缺陷

除了一次机构在生产设计和安装维检不够完善会造成隔离开关操作控制故障，二次元器件及回路的问题也是造成隔离开关缺陷及事故的重要原因，下面进行列举。

8.3.1　500kV 隔离开关电动机引出线绝缘老化导致相间短路

1. 事件经过

2016 年 11 月 11 日，某 500kV 变电站 50532 隔离开关无法电动分闸，检修人员检查发现隔离开关机构箱、开关单元汇控柜、交流配电箱对应隔离开关交流电源空气断路器均跳开，试送后，再次操作无果。后续临近数个间隔同类型隔离开关也出现此类问题。该隔离开关投运日期为 2009 年 1 月 19 日。

设备信息：隔离开关生产厂家为湖南长高高压开关集团股份公司，型号为 GW35－550DW。

2. 事件原因分析

检修人员现场检查发现，隔离开关机构箱电动机电源引出线绝缘层破裂、烧黑、甚至电源引出线部分外露，导致了相间短路，对站内同类型隔离、接地开关展开排查，发现出厂日期为2007年10月的机构箱均存在电动机引出线绝缘层严重老化、破损等问题。

检修人员试分合50532隔离开关过程中，当按下分闸按钮，发现电动机电源空气断路器立即跳闸。检查电动机回路（见图8－158），用万用表测量电动机A、B相之间绝缘电阻为0，说明两相已短接，打开电动机引出线保护壳，发现三根绝缘引出线橡胶护套已僵硬，绝缘层炭化龟裂，引线头部有烧黑痕迹，A、B两相引出线搭接在一起发生短路，如图8－159所示。

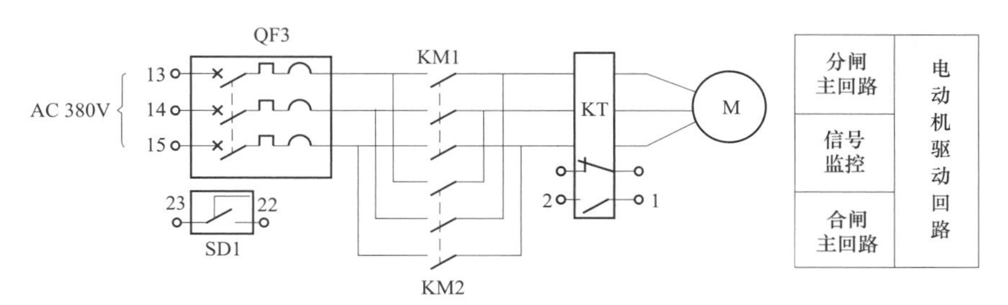

图8－158　CJ12型电动机回路图

QF3—高分断小型断路器；SD1—电源故障信号开关；KM1—分闸用交流接触器；KM2—合闸用交流接触器；KT—电动机综合保护器；M—三相交流电动机

分析造成电动机引出线绝缘龟裂的主要原因是：

（1）电动机引出线与电源线相连接，且密闭在一个狭小的保护壳内，电动机运行发出的热量集中在保护壳内，散热效果差，加速引出线绝缘层老化。

（2）电动机引出线绝缘材料采用橡胶护套，引出线通流发热，导致橡胶护套炭化龟裂，绝缘层受损。

（3）机构箱内加热板与电动机引出线距离过近，受热加速电动机引出线橡胶护套龟裂。

图8－159　电动机引出线

3. 事件处置及防范措施

（1）事件处置。

1）拆除电动机引出线与电源线连接的保护壳，如图8－160所示，剥下包裹电源线的透明蛇皮套，将电动机引出线和外部接入的电源线先剪开，使之互相隔离，剪断前应注意电源线与电动机引出线的配对方式，如接线错误可能导致电动机反转，造成设备损坏。

2）在电动机引出线、电源线自由端1cm位置处剥线，如图8－161所示，并打磨电源线使之表面粗糙，便于锡珠滴落焊接，套上热缩管及黄蜡管，注意热缩套尺寸应合适，留有10%收缩裕度。

3）将电动机引出线与对应的电源线用软铜线可靠连接，如图8－162所示。

4）牢固焊接电动机引出线与电源线，如图8－163所示，测量电动机电阻，A、B、C三相之间电阻均为18Ω左右，单相对地绝缘电阻合格。

图 8－160　拆下保护壳

图 8－161　剥线

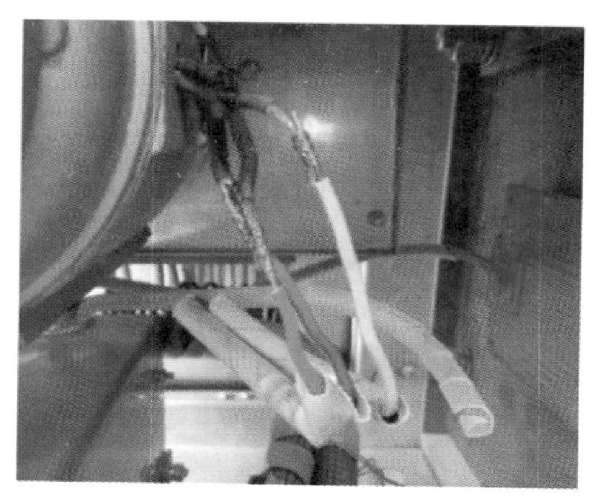

图 8－162　绑扎

图 8－163　焊接

5）热缩套套至电动机引出线洞内，有效防止电动机引出线触碰电动机外壳短路接地，从中间向两侧均匀热缩套管，如图 8－164 所示。

6）黄蜡管塞至电动机引出线洞内，防止 A、B、C 三相相互接触，起到双重保护作用，如图 8－165 所示。

图 8－164　热缩

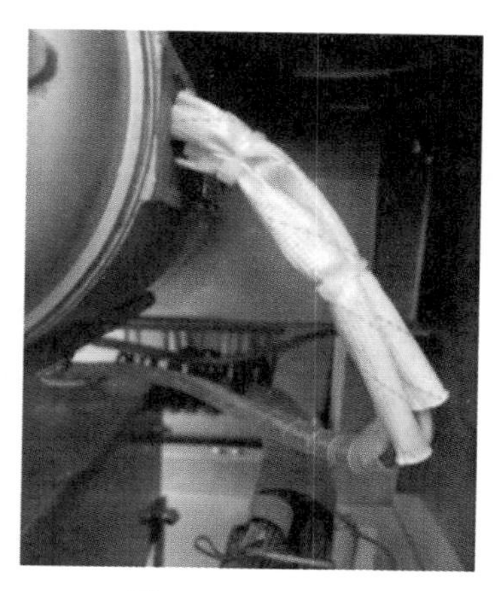

图 8－165　固定

（2）防范措施。电动机引出线与电源线连接部位的绝缘处理很关键，直接影响电动机运行的可靠性和安全性。热缩套是坚固、半硬的管材，具有防水、防油等特性，受热回缩能够有效包裹导线。在每根引出线上都套一层热缩套，外面再套上一层黄蜡管，双重保障下，确保电动机可靠运行。

为防范此类缺陷的发生，建议采取以下措施：

1）基建时，应加强对该部位接线工艺的验收。

2）维护时，应加强机构箱内二次接线的检查。

8.3.2　220kV 隔离开关急停触点接触不良导致遥控异常

1. 事件经过

2011 年 7 月 31 日，某 500kV 变电站运行人员在停电操作时，发现 220kV 田童Ⅱ路 2622 隔离开关无法遥控分闸，最后手摇分闸。隔离开关投运日期为 2009 年 5 月 9 日。

设备信息：隔离开关生产厂家为湖南长高高压开关集团股份公司，型号为 GW6－252W，电动操动机构型号为 CJ12－C。

2. 事件原因分析

根据运行人员提供的信息，遥控与近控分闸均无法动作，检修人员检查了一下该隔离开关的控制回路是否为通路。当查到外部联锁的停止遥控部分时，出现异常。

“停止遥控”一般属于外部闭锁回路（见图 8－166），是为了防止误操作而对该隔离开关的闭锁。如该设计图（见图 8－167），该 2622 隔离开关的外部联锁回路中，只有两种情况可以实现 2622 隔离开关控制回路中外部联锁的“停止遥控”回路实现接通：① 线路正常操作，开关三相断开（开关三相的动断触点 QFa、QFb、QFc 接通）＋2626 丙接地开关断开（2626 丙接地开关的动断触点 01G 接通）＋2626 乙接地开关断开（2626 乙接地开关的动断触点

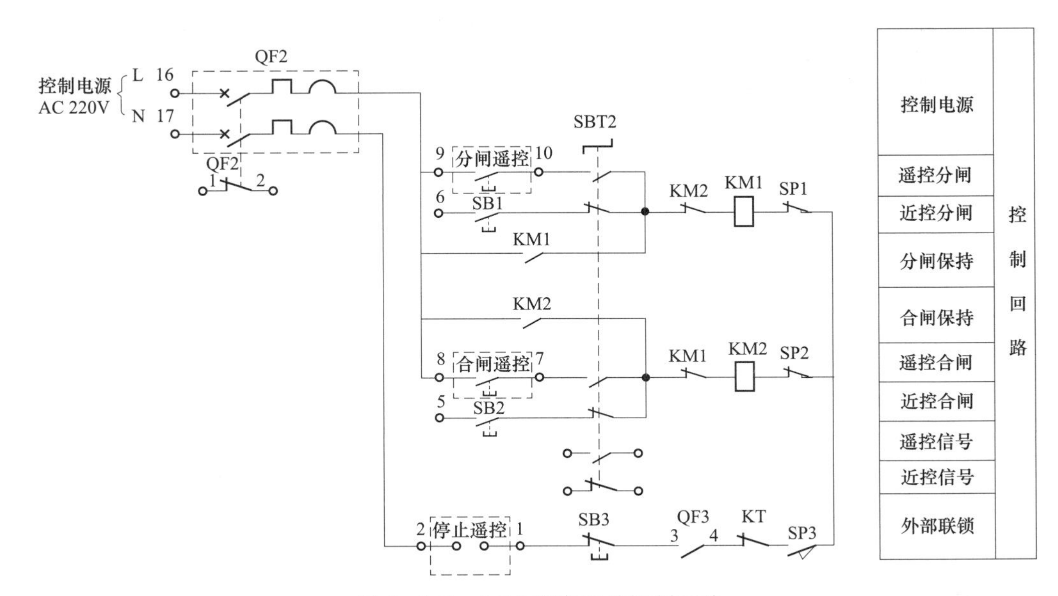

图 8－166　2622 隔离开关控制回路

031G 接通）+急停按钮未按（急停按钮 2KA 动断触点接通），设计降低了带负荷拉隔离开关和带地线合闸的可能。② 倒母操作。2621 隔离开关合上（2621 隔离开关动合触点 1G 接通）+2626 丙接地开关断开（2626 丙接地开关的动断触点 01G 接通）+2626 乙接地开关断开（2626 乙接地开关的动断触点 031G 接通）+急停按钮未按（急停按钮 2KA 动断触点接通），该通路保证了在 2621 隔离开关合上的情况下，倒母操作 2622 隔离开关成为可能。在对 1G、QFa、QFb、QFc、01G、031G、2KA 各个触点进行通断测量时，发现急停按钮 2KA 按钮内部的动断触点接触存在问题，不通。拆开急停按钮触头外罩后，发现其中 4 个触头上均有氧化物（见图 8－168 和图 8－169）。

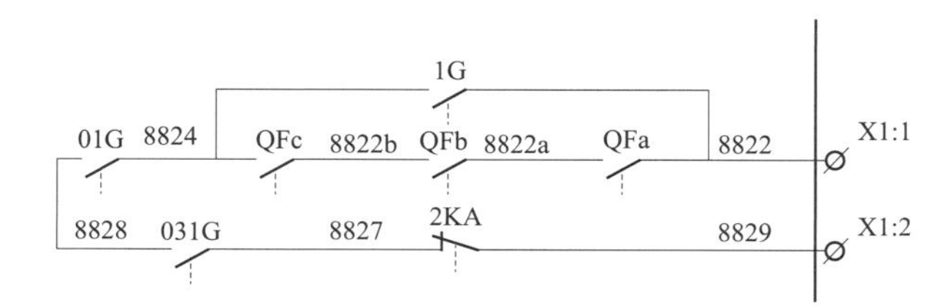

图 8－167　2622 隔离开关外部联锁回路

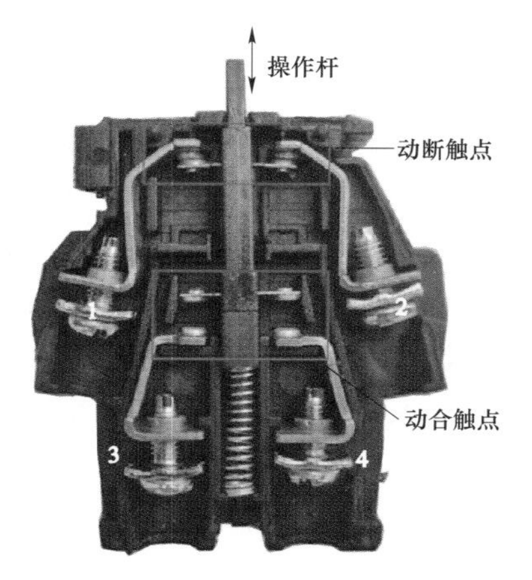

图 8－168　停止按钮解体后

图 8－169　停止按钮触头存在氧化物

3. 事件处置及防范措施

（1）事件处置。用酒精擦拭停止按钮触头的氧化物，组装回去。处理完毕后，用万用表电阻挡测量该急停按钮的动断触点两端，正常时电阻为 0，按下显示无穷大，说明此动断按钮处理完毕后恢复正常。将处理完毕的急停按钮组装回该回路，分段测量回路的导通，最后证明回路正常，进行隔离开关分合正常。

（2）防范措施。

1）对于老设备，在设备年检过程中加强对隔离开关二次元器件的维护保养，要测试二次元器件相应触点的导通性是否正确。

2）加强对二次元器件备品的管理，出现缺陷的时候能够及时更换新的元器件，保障设备的正常运行。

8.3.3　500kV 接地开关行程开关损坏导致合闸后无法分闸

1. 事情经过

2016 年 4 月 20 日，某 500kV 变电站 500kVⅡ段母线 5217 母线接地开关例行检修，一次检修班组现场检查发现，隔离开关合闸状态时，后台信号正常，但从合闸态开始分闸时，A 相隔离开关无法电动分闸，初步判定 A 相隔离开关操动机构发生故障。

设备信息：隔离开关生产厂家为河南平高电气股份有限公司，型号为 JW5－550W。

2. 事件原因分析

该隔离开关操动机构型号为 CJ7A，单相操作电气原理如图 8－170 所示，以遥控分闸为例，其工作原理如下：当隔离开关处于合闸状态欲进行远方分闸时，投入电脑钥匙，按下分闸按钮，分闸控制回路（AC380 电源－分闸遥控－SBT2－KM1－KT1－KM2－SP1－SP3－SB3－停止遥控－外部连锁）接通，KM1 励磁，其 13－14 触点闭合，形成自保持，隔离开关分闸。若欲进行就地分闸，只需将转换开关 SBT2 切换至“就地”，插入电脑钥匙，按下汇控箱内 SB1 就可进行就地模式操作，合闸与分闸操作控制回路类似，不再详述。

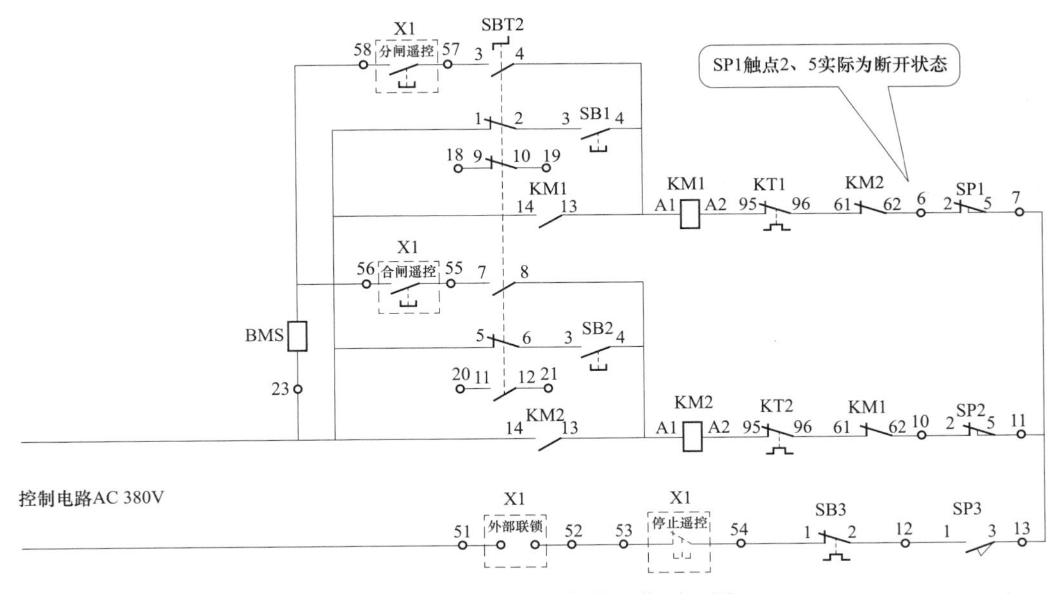

图 8－170　CJ7A 操动机构工作原理图

现场对隔离开关控制回路进行通断测量检查发现，隔离开关处于合闸状态时，分闸行程开关 SP1 本应为导通，实际为断开状态，进一步检查发现 SP1 内部触点损坏（图 8－171、图 8－172），触点端部滚轮已裂为两半，更换整个触点结构部件后（见图 8－173 和图 8－174），控制回路恢复，三相试分合后，后台信号正确。

3. 事件处置及防范措施

（1）事件处置。由于该行程开关型号老旧，备品准备困难，在此次处理中，采用拆卸技改更换下的完好的行程开关触点进行更换，使设备可以正常运行。

图 8－171　行程开关 SP1 内部触点损坏 1

图 8－172　行程开关 SP1 内部触点损坏 2

图 8－173　更换触点后的行程开关 SP1

图 8－174　恢复行程开关 SP1

（2）防范措施。

1）对老旧设备，在年检过程中，要对机构箱内继电器、行程开关等进行试动作，确保触点正常切换。

2）针对不同型号的隔离开关机构，应报买机构箱内相应的行程开关备品，以便出现缺陷时可以迅速处理。

8.3.4　35kV 隔离开关接线不良导致保护器动作无法电动

1. 事情经过

2015 年 3 月 24 日，某 500kV 变电站间隔年检期间，检修人员发现 35M4 隔离开关（见图 8－175）在电动行程进行到 1/3 时停止运行，此时电动机综合保护器（见图 8－176）保护灯亮，保护动作切断控制回路，接触器发出衔铁释放弹起声。

设备信息：隔离开关生产厂家为江苏省如高高压电器有限公司，型号为 GW4A－40.5（D）（G.W）。

图 8－175　隔离开关本体

图 8－176　电动机综合保护器

2. 事件原因分析

GDH－1 电动机构保护器在检测到电压不平衡或控制回路电流过大时，会动作切断控制回路以保护电动机等元件。针对这一特性，检修人员展开分析：① 电压不平衡，可能是电动机缺相或接触不良等；② 控制回路电流过大，可能是回路接地或相间、三相短路，抑或机构卡涩造成控制电源持续输出等。

检修人员先对隔离开关进行手动分合闸试验，隔离开关运动顺畅，手摇过程中无卡涩现象。排除机构卡涩造成保护动作现象；接着检修人员对回路进行检查，判断是否因为回路绝缘不良造成短路，电动机电流超出动作值，发现回路绝缘良好；再者，检修人员对接触器触点进行紧固并清洗，判断是否因为接触器主触点接触不良，引起电动机短时缺相，三相电压不平衡造成保护器动作，触点清洗后，再次试分、合隔离开关，仍然存在分、合闸过程中途停止现象，排除了由于接触器主触点的原因。

接着，检修人员对控制及电动机回路（见图 8－177）接线继续进行摸查，发现 KM1－1 处电压只有 AC 48V（即接触器主触点 1 处电压 48V），其余两处 KM1－3，KM1－5 电压 AC 220V。

顺着接线向源头查询，发现机构内 L1 所取电源（见图 8－178）为 AC48V，比正常电压 AC 220 低了许多。顺着电缆号头，查找端子箱内电源，终于发现由于接线接触不良（见图 8－179）造成了该相电压过低，从而导致电动机三相电压不平衡，电动机保护器动作。将端子接线重新接好后，隔离开关电动试分合正常。

3. 事件处置及防范措施

（1）事件处置。将松动的电源接线进行重新紧固后，隔离开关能够电动分合，缺陷消除。

（2）防范措施。

1）例检时除了检查各元器件完好情况外，还要检查接线良好情况。

2）端子排接线时，容易接的太深或接的太浅，太深易咬到绝缘皮，太浅容易接触不良，两者都容易导致控制电压过低，应进行检查。

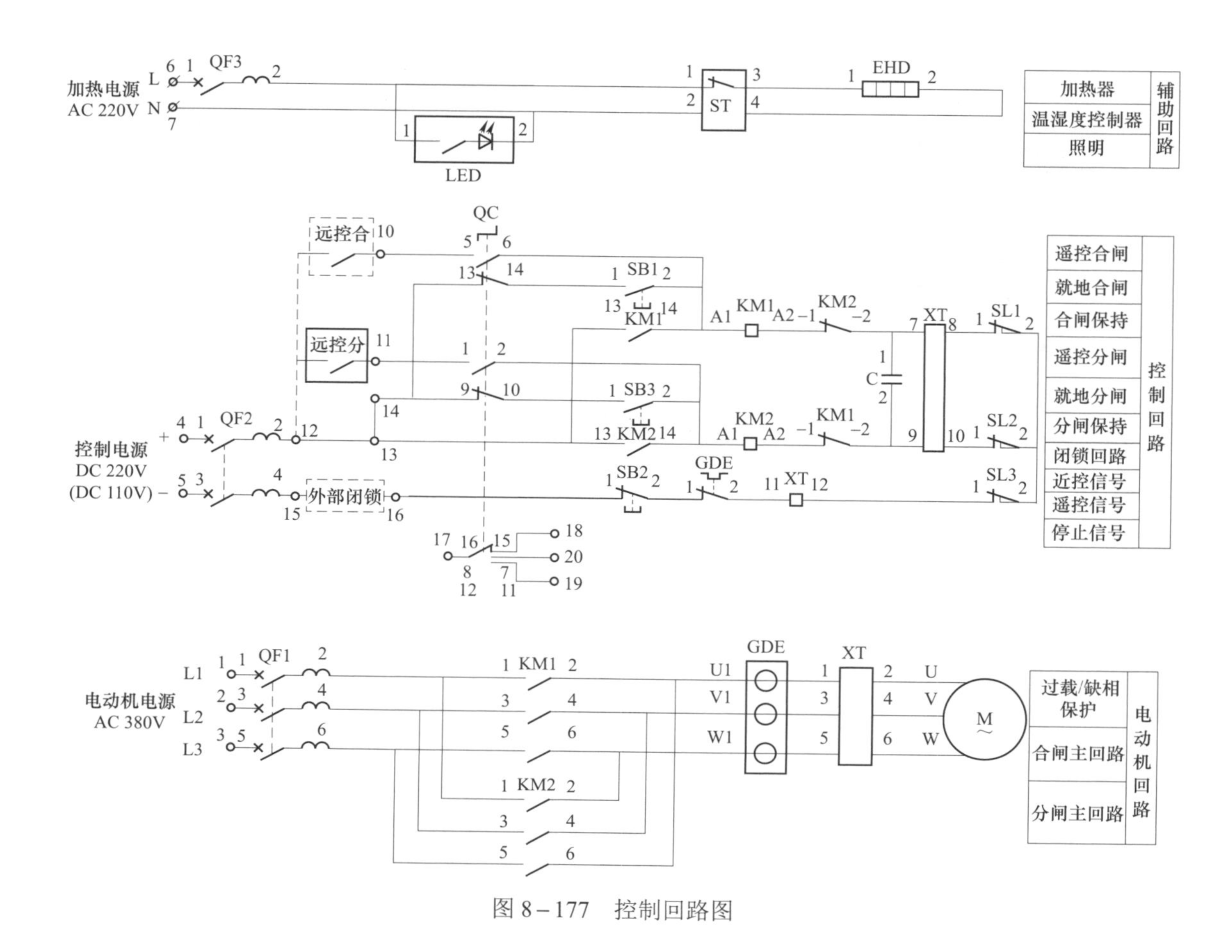

图 8－177　控制回路图

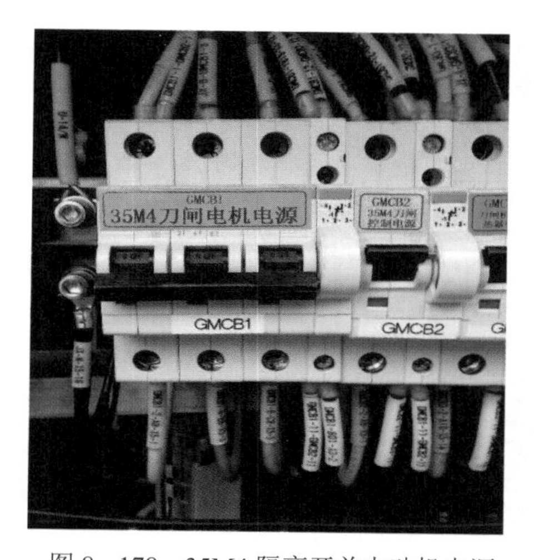

图 8－178　35M4 隔离开关电动机电源

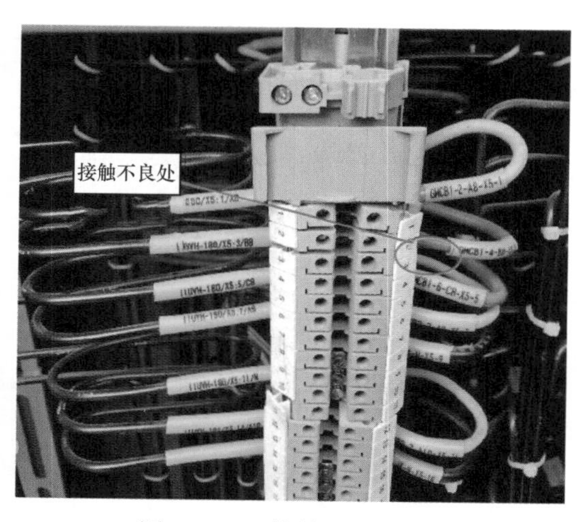

图 8－179　接触不良处

8.3.5　500kV 隔离开关热继电器交直流回路绝缘不够导致直流失地

1. 事件经过

2016 年 3 月 20 日，某 500kV 变电站报“1 号直流主屏接地，220kV 小室 1 号直流分屏接地，500kV 小室 1 号直流分屏接地”缺陷，即整站 220V 1 号直流母线失地”，为 I 类缺陷，易引起开关误动、拒动。后经过回路排查，确认为 50131 隔离开关 A 相机构箱（见图 8－180）内型号 3UA59 的热继电器 F11 原因所致。

设备信息：隔离开关生产厂家为西门子（杭州）高压开关有限公司，型号为 PR51。

图 8－180　机构箱元器件布置图

2. 事件原因分析

检修人员发现，在 50131 隔离开关 A 相机构箱内，型号为 3UA59 的热继电器 F11 内塑料薄挡板生长铜绿，绝缘不够，造成热继电器交流动断触点（交流回路 N 端）与测控直流信号动合触点（直流回路公共端正电源）短路，实际对地电阻仅 198Ω。

对拆除下来的 3UA59 热继电器进行解体。解体后如图 8－181～图 8－185 所示，薄挡片在运行过程中发生轻微积尘，长铜绿，造成与薄挡片同时接触的直流触点和交流触点间爬电，从而引起直流失地。

造成本次直流失地的原因有：

（1）该热偶继电器设计结构不合理，薄挡片型式设计、材质问题及厚度不足，易造成爬电。薄挡片及触点材质问题，造成易吸尘积尘长铜绿，引起绝缘能力降低。

（2）热继电器接线不合理。同一继电器两副临近触点分别供交直流回路使用，如果触点击穿易造成交直流互串。

（3）机构箱运行工况不良。机构箱内部存在潮气和尘土，导致薄挡片在运行过程中发生轻微积尘长铜绿。

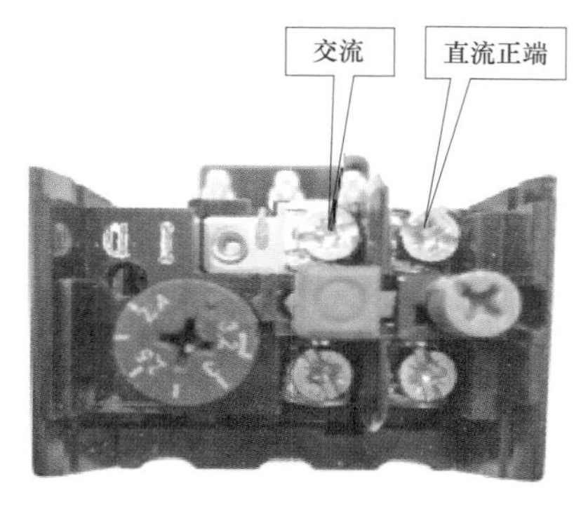

图 8－181　3UA59 热继电器正面图

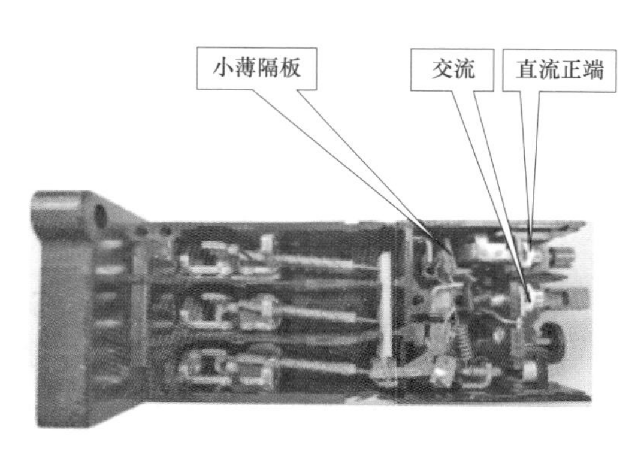

图 8－182　3UA59 热继电器俯视图

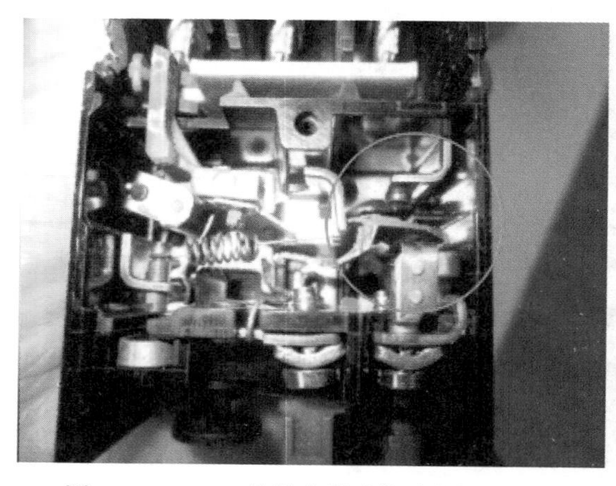

图 8－183　F11 热继电器动作时的触点状态

图 8－184　直流正端与交流电源都与薄挡片接触

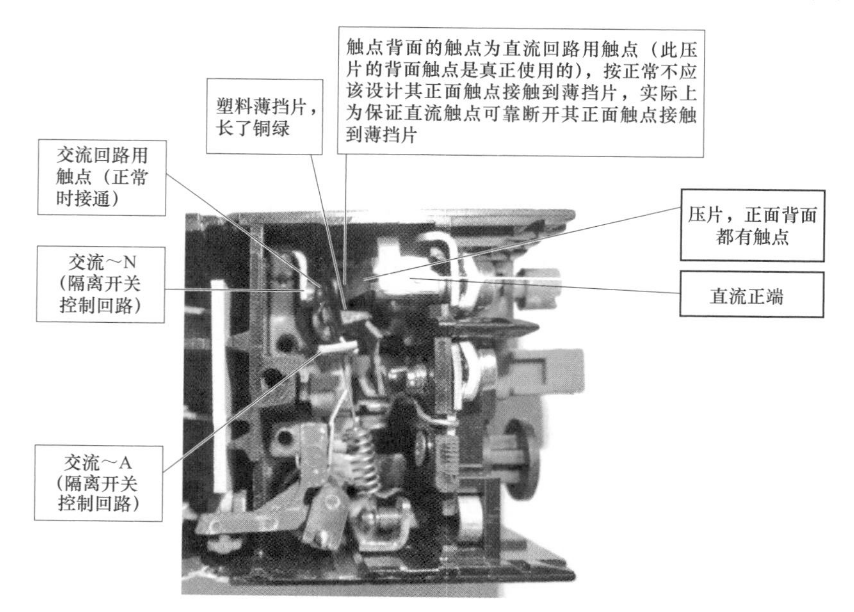

图 8－185　热继电器触点位置图

3. 事件处置及防范措施

（1）事件处置。暂时解除直流信号二次回路，“隔离开关（或接地开关）电动机故障”信号一般在操作隔离开关（或接地开关）时发生电动机过流过热，导致隔离开关操作回路自动断开，仅作故障告警辅助判断用，非事故类信号，暂时取消的影响比直流回路失地或交流串直流的风险影响小很多。

（2）防范措施。

1）协调生产商，重新选型设计合适的热继电器，批量更换此种型号热继电器。

2）考虑成批更换继电器时间长，可采取先解除此类机构箱内的相关直流信号二次回路的方式杜绝异常的发生。

3）有效开展机构箱的定期检查和定期除尘、除潮处理工作。

4）加强机构箱体防潮防水检查，有密封圈失效应及时更换。

参 考 文 献

［1］谢育鹏，黄冬林，刘涛. GW16 型高压隔离开关运动机理及常见故障分析. 电气时代，2016（9）：86–87.

［2］陆佳政，周卫华，等. 电力设备红外诊断典型图谱及案例分析. 北京：中国电力出版社，2013.

［3］蔡成良. 输变电设备无损检测技术. 北京：中国电力出版社，2010.

［4］孙亚辉. GW16（17）型隔离开关防水方法研究与实践. 高压电器，2016（2）：103–106.